编审委员会

"十四五"职业教育国家规划教材

大气污染治理技术

张小广　姚伟卿　彭艳春　主编

王　静　王克亮　副主编

化学工业出版社

·北京·

内容简介

本书将大气污染治理相关核心岗位能力转化为教材内容，以大气污染治理入门、烟粉尘治理技术及行业应用、工业 VOCs 废气治理、燃煤电厂烟气脱硫、燃煤电厂烟气脱硝及废气收集输送系统设计 6 个项目26 个典型学习型工作任务，用简单明了的语言和丰富的图片、二维码链接视频和动画、工程案例、思维导图等互动环节，将理论知识、实践能力、课堂思政、工匠精神、职业素养及中国传统文化有机糅合，最大限度地实现关键知识、实用技能和岗位技能、岗位素养的对接，知识性、趣味性强，通俗易懂，实用性广，符合当前职业教育学习特点。

本书配套的二维码链接视频资源和部分文字资源可在化学工业出版社的官方网站免费下载学习。

本书贯彻生态文明思想，践行绿水青山就是金山银山的理念。推动绿色发展，促进人与自然和谐共生，充分体现了党的二十大精神进教材。

本书为普通高等教育本科和职业教育高职、中职环境类和化工类专业的教学用书，也可作为从事环保和化工行业的工程技术人员及管理人员的用书。

图书在版编目（CIP）数据

大气污染治理技术/张小广，姚伟卿，彭艳春主编. —北京：化学工业出版社，2020.7（2025.2 重印）
高职高专规划教材
ISBN 978-7-122-36757-0

Ⅰ. ①大⋯　Ⅱ. ①张⋯②姚⋯③彭⋯　Ⅲ. ①空气污染控制-高等职业教育-教材　Ⅳ. ①X510.6

中国版本图书馆 CIP 数据核字（2020）第 077981 号

责任编辑：王文峡　　　　　　　　　　　　文字编辑：丁海蓉
责任校对：边　涛　　　　　　　　　　　　装帧设计：韩　飞

出版发行：化学工业出版社（北京市东城区青年湖南街 13 号　邮政编码 100011）
印　　装：北京云浩印刷有限责任公司
787mm×1092mm　1/16　印张 13¾　字数 348 千字　2025 年 2 月北京第 1 版第 9 次印刷

购书咨询：010-64518888　　　　　　　售后服务：010-64518899
网　　址：http://www.cip.com.cn
凡购买本书，如有缺损质量问题，本社销售中心负责调换。

定　　价：42.00 元

前言

职业教育的春天来了，从《国家职业教育改革实施方案》（简称"职教20条"），到中国特色高水平高职学校和专业建设计划（简称"双高计划"），再到2019年政府工作报告中的"扩招100万"，高职教育的受众也随之发生变化。"工欲善其事，必先利其器"，作为一线职教教师，拥有能与现代产业体系对接、体现核心岗位能力、具有较强的实用性和适用性的教材是进行高质量教学的不二法宝。

本书在全球教育信息化和我国生态环保"打赢蓝天保卫战"的大背景下，依托广东省环境工程技术品牌专业建设项目，多家企业专家、一线工程师与多校老师共同联手，编制以培养职业岗位能力为宗旨，以学生易懂、愿学的内容展现方式，摒弃传统教材内容陈旧、形式僵化及表现形式单一的顽疾，将入职3~5年内核心岗位能力的知识和技能需求内化为教材内容，将课堂思政、工匠精神与理论、实践能力培养有机结合，最大限度地实现关键知识、实用技能与岗位技能、岗位素养的对接。

本书在编制理念和教材内容上明显区别于市场上的现有教材。此书以体现岗位能力的工作或典型案例为载体，提出学习型工作任务，打破知识的学科体系，借助"项目——任务完成过程"有序组织相关知识和技能。一方面自然融入课堂思政、工匠精神，提高学生职业素养，实现全面发展；另一方面所需任务知识以符合现代青年认知规律的图表、动画、思维导图、微课及企业工程案例等多维度全方位的丰富表现形式展现，通过"情景导入""试一试""想一想""查一查""找找看""知识链接""任务小结""项目思维导图"及"项目技能测试"等灵活多样化的体例为学生提供自主学习的氛围，增强学生的学习兴趣和自信心，在引导、启发而非生硬说教中提高学生的知识技能和职业素养。

本书贯彻生态文明思想，践行绿水青山就是金山银山的理念。推动绿色发展，促进人与自然和谐共生，充分体现了党的二十大精神进教材。

本书由张小广、姚伟卿、彭艳春任主编并统稿，王静、王克亮任副主编。全书共六个项目，其中项目一由长沙环境保护职业技术学院彭艳春编写，项目二由广东环境保护工程职业学院王静编写，项目三由广东环境保护工程职业学院王克亮编写，项目四和项目五由广东环境保护工程职业学院姚伟卿编写，项目六由广东环境保护工程职业学院张小广编写。广州广一大气治理工程有限公司教授级高工冯肇霖、广东溢丰环保科技有限公司邱培超厂长及广东建设职业技术学院舒生辉对全书六个项目中涉及的工艺、图片及案例内容的编写进行了全程的指导和帮助，并提出了很多宝贵意见，在此表示衷心的感谢！

本书可作为普通高等教育本科、中等职业教育和高等职业教育环境类和化工类专业的教学指导用书，也可作为环保和化工类工程人员及管理人员的自学用书。

近日，国家教材委员会印发了《全国大中小学教材建设规划（2019—2022年）》，本教材的编写也是贯彻该规划中《职业院校教材管理办法》的一次努力尝试。编写团队的每位成员对编写工作不遗余力，但限于编者水平、经验和时间，书中难免存在疏漏与不妥之处，敬请各位读者批评指正，谢谢！

编者

目录

序号	二维码名称	页码
1	2-1　袋式除尘器的安装	48
2	2-2　粉尘是如何被"电"到的？	67
3	2-3　只需六步，教你正确运行静电除尘器	73
4	3-1　活性炭吸附技术	103
5	3-2　催化燃烧技术	103
6	3-3　光催化技术	103
7	4-1　听石灰石小老弟讲解湿法脱硫原理	124
8	4-2　浅谈吸收塔	126
9	4-3　南方某电厂废气脱硫工艺系统现场介绍	139
10	5-1　环保领域中的催化剂	167
11	5-2　南方某电厂废气脱硝工艺系统现场介绍	174

项目一

大气污染治理入门

酸雨

古木阴中系短篷，杖藜扶我过桥东。

沾衣欲湿杏花雨，吹面不寒杨柳风。

这首《绝句》是南宋僧人志南创作的诗，描写了诗人在微风细雨中拄杖游春的乐趣，大自然的精灵——丝丝细雨的存在增添了清凉幽静的美感。

而今人们或许正在被"酸雨"所困扰。什么是酸雨？最早的酸雨通常指 pH 值低于 5.6 的降水，现在泛指大气中酸性物质以湿沉降或干沉降的形式从大气中转移到地面上。不管是以雨、雪形式降落地面的湿沉降还是重力沉降、微粒碰撞和气体吸附等形式的干沉降，酸雨中绝大部分酸性物质是硫酸和硝酸，而这两者主要来源于大气污染物二氧化硫（SO_2）和氮氧化物（NO_x）。

酸雨最早出现在北欧国家，随后扩展到整个欧洲，而今已成为全球性的大气环境问题，我国酸雨污染也比较严重。我国西南、华南地区形成了继欧洲和北美之后的世界第三大酸雨区，并有向华中、华东、华北蔓延的趋势，甚至有的地方一度到了"逢雨必酸"的程度。酸雨的危害是多方面的（图 1-1），它对生态系统、建筑桥梁和人体健康都有直接和潜在的危害，如农作物大幅度减产，树木、植被的生长环境的恶化，土壤中大量营养物质的流失，土

(a) 鱼类死亡

(b) 建筑腐蚀前后对照图

(c) 树木枯萎

图 1-1　酸雨的危害

壤中加快溶出的金属进入水体也增加了人类饮用水污染的风险。

酸雨的形成比较复杂，不仅与酸性气体的排放量成正相关，还与降雨特点、地形和大气运动特点有关。需要注意的是：我国能源结构中以煤使用量比例最高，因煤的燃烧导致大量的二氧化硫排放，故我国的酸雨具有 pH 值低、硫酸根浓度高的特点，属于硫酸型酸雨，而欧美国家则呈硝酸根浓度高的特点，故欧美国家的酸雨基本上属于硝酸型酸雨。

据《2019 中国生态环境状况公报》显示，2019 年全国 469 个监测降水的城市（区、县）中，酸雨频率平均为 10.2%，降水 pH 值年平均范围为 4.22～8.56，酸雨城市比例为 16.8%，酸雨类型总体仍为硫酸型。酸雨区面积约 47.4 万平方千米，占国土面积的 5.0%，主要分布在长江以南、云贵高原以东的地区，主要包括浙江、上海的大部分地区，福建北部、江西中部、湖南中东部、广东中部和重庆南部。

环保人＆环保事

PM$_{2.5}$检测数据的前世今生

PM$_{2.5}$，即人体可吸入细颗粒物。多数人外出时都会习惯性地点开手机应用，查看当日的空气质量，但大家知道 PM$_{2.5}$检测数据的前世今生么？

[2008 年 3 月] 美国驻华大使馆开始建立空气监测站，其中就包含 PM$_{2.5}$检测，为相关人员提供空气质量参考数据，而此时 PM$_{2.5}$并未列入我国环境空气质量指标。

[2009 年 6 月] 有媒体报道，自美国驻华大使馆设立空气监测站后，PM$_{2.5}$的检测数据同时在 Twitter（推特）上公布。这时，中国官方公布的空气质量数据暂时只 PM$_{10}$，国人对 PM$_{2.5}$这个词比火星还陌生。有关平台对外公布 PM$_{2.5}$数据后，引起小范围关注。（新华社）

[2010 年] 国家环保部（现生态环境部）发布的《环境空气质量标准》征求意见稿中，细颗粒物 PM$_{2.5}$的浓度标准只被放在了附录中作为参考指标。北京市环保局发布的空气质量指数，即以 PM$_{10}$为基础计算得出，少量民众对当前空气质量开始产生质疑。

[2011 年 8 月] 因已引起广泛关注，环保部（现生态环境部）拟将 PM$_{2.5}$指数纳入国家环保模范城考核标准，但未强制要求，不是硬性规定。

[2011 年 10 月] 糟糕的雾霾天气让部分北京市民难以忍受，这时美国大使馆的 PM$_{2.5}$数据被广泛关注。美国大使馆的数据多次超过了 300，标示为"有毒害""超过标准无法检测"。与中国官方公布的"良"和"轻度污染"产生严重冲突，大量市民表示不满。

[2012 年 1 月 21 日] 北京市官方首次发布 PM$_{2.5}$监测数据——历史性的一天。

[2012 年 4 月] 广州市官方公布的 2011 年 PM$_{2.5}$超标天数只有 22 天。这一数据一直受到怀疑，官方解释可能是由于南方的气候高温、高湿，美国通过认证的仪器出现"水土不服"问题。

[2013 年 3 月] 北京多次雾霾引起广大市民对 PM$_{2.5}$的广泛讨论，引起政府的高度重视。

[2014 年 1 月] 北京市人民代表大会 22 日表决通过《北京市大气污染防治条例》，降低 PM$_{2.5}$被首次纳入立法。

[2014 年 2 月] 北京市当月出现多次雾霾天气，PM$_{2.5}$数据爆表。空气质量极其糟糕。

　　[2014 年 3 月] 两会多次提到 PM$_{2.5}$，随后 PM$_{2.5}$ 被人民广泛重视和熟知，政府表示高度重视并采取进一步措施。

项目导航

　　大气是人类赖以生存和发展的基本环境要素，蓝天白云是广大人民群众对生态文明最质朴的理解。目前我国的大气污染还较为严重，没有了蓝天白云，全面建成小康社会、建设生态文明的美丽中国、实现中华民族复兴的中国梦就无从谈起。作为环保专业的相关人员，要从事大气污染的治理工作，首先应该了解它的污染来源及其危害等基础知识，其次要能看懂环保部门每天发布的空气质量日报和企业的大气环境监测报告，并掌握常见的大气污染源——工业锅炉的烟气量、污染物排放量的计算过程，选择、对照相关标准，判断工业企业是否超标排放。

技能目标

　　1. 了解大气污染、大气污染源和大气污染物的概念，清楚主要大气污染物的危害；
　　2. 会选择大气环境质量相关评价标准和排放标准；
　　3. 能看懂空气质量日报和大气环境监测报告；
　　4. 能自行查阅工业锅炉烟气量、污染物排放量的相关计算方法和计算依据；
　　5. 根据具体情况采用不同方法计算出锅炉燃烧产生的典型污染物的排放量。

知识目标

　　1. 熟悉大气污染基础知识；
　　2. 会解读大气污染治理环境管理文件；
　　3. 掌握空气质量日报各项内容的含义，会解读大气环境监测报告的相关内容；
　　4. 理解物料衡算法和产排污系数法在锅炉烟气污染物排放量计算中的使用；
　　5. 掌握锅炉燃烧排放的污染物总量的计算方法。

任务一　了解大气污染及其危害

情景导入

　　要能科学地给公众介绍什么是大气污染，首先要对大气污染的相关知识有系统的认知。本节通过对大气污染防治相关的专业名词和术语进行介绍，让大家明白大气污染是如何产生的以及大气污染会造成哪些危害。以生活区或周边的某一排污单位为目标企业，以企业环保部门一名普通员工的身份，完成如下学习型工作任务：

　　（1）该企业有哪些大气污染源？
　　（2）该企业会产生哪些大气污染物？如果超标排放会对周边环境造成哪些影响？

请认真学习本任务的基础知识，完成项目中的调查内容。

🚩 试一试

首先，来分组做一个"憋气"的小游戏，游戏规则请大家分组自行制定哦。游戏结束后请大家谈谈不能自由呼吸空气时的感受。（友情提示：憋气本身是对人体呼吸系统的一种锻炼，身体状况较好的人憋气时间会相对比较长，但一些患有慢性病或某些功能发育不全的人，可能会对身体造成伤害。切记不要强行憋气。）

洁净的大气是人类赖以生存的必要条件之一。一个普通人在没有任何食物和水的情况下，能维持 3 天的生命，如果只喝水，能生存 7 天，但超过 5min 不呼吸空气，便会死亡。人体每天需要吸入 $10\sim12m^3$ 的空气。

大气有一定的自净能力，因自然过程进入大气的污染物通常可以由大气自我净化移除，从而维持洁净的大气。但是，随着工业及交通运输业等的不断发展，大量的有害物质被排放到空气中，改变了空气的正常组成，超出了空气自净能力范围，空气质量每况愈下，人们的健康也受到了严重影响。

一、大气污染的定义

大气污染（atmospheric pollution）又称为空气污染。

大气污染是指大气中一些物质的含量达到有害的程度以致破坏生态系统和人类正常生存和发展的条件，对人或物造成危害的现象。换言之，只要大气中某一种物质存在的量、性质及时间足够对人类或其他生物、财物产生影响，就可以称其为大气污染物，而其存在造成的现象，就是大气污染。

按照 ISO 的定义："空气污染通常是指由于人类活动和自然过程引起某些物质进入大气中，呈现出足够的浓度，达到了足够的时间，并因此影响了人体舒适、健康和福利，或危害了生态环境。"所谓对人体舒适、健康的危害，包括对人体正常生理机能的影响，引起急性病、慢性病甚至死亡等；而所谓福利，则包括与人类协调并共存的生物、自然资源以及财产、器物等。

大气污染物由人为源或者天然源进入大气（输入），参与大气的循环过程，经过一定的滞留时间之后，又通过大气中的化学反应、生物活动和物理沉降从大气中去除（输出）。如果输出的速率小于输入的速率，污染物就会在大气中相对集聚，造成大气中某种物质的浓度升高。当浓度升高到一定程度时，就会直接或间接地对人类、其他生物或材料等造成急性、慢性危害，大气就被污染了。

人为大气污染分为还原型（也称煤炭型）和氧化型（也称汽车尾气型）两种，其中：煤炭型常发生在以煤炭和石油为燃料的地区，主要污染物是 SO_2、CO_2 和颗粒物；汽车尾气型大多发生在以石油为燃料的地区，污染物的主要来源是汽车排气、燃油锅炉以及石油化工生产。

 想一想

朋友们，若你的家乡和学校所在地区发生了大气污染，请试着分析可能是哪种大气污

染，说说看吧。

二、大气污染源的定义及其分类

大气污染物的发生源简称为大气污染源。按污染物质的来源可分为天然污染源和人为污染源，如图 1-2 所示。天然污染源指因自然原因向环境排放污染物的地点与地区，如排出火山灰、SO_2、H_2S 等污染物的活火山，自然逸出瓦斯气和天然气的煤田和油气井，发生森林火灾、飓风和海啸等自然灾害的地区等。人为污染源是指人类生活和生产活动形成的污染源。在大气污染控制工程中，主要研究的对象是人为污染源。

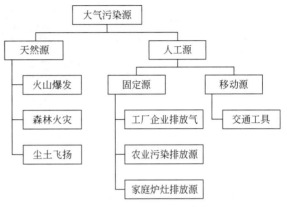

图 1-2　大气污染源的分类

人为污染源有多种分类方法，按污染源空间分布可分为点污染源、线污染源、面污染源和区域性污染源。点污染源即污染物集中于一点或相当于一点的小范围发生源，如某个工厂烟囱排气造成的污染等；线污染源是指相当于在一条直线或长带（主要指繁忙的交通干线或航线）上向空气排放污染物的污染源；面污染源即在相当大的面积内有多个污染物发生源，如居民区的炉灶等；区域性污染源，即更大面积范围内，甚至超出行政区域的大气污染物发生源，如工矿区及其附近或整个城市的大气污染。

按照人们的社会活动功能，可将人为污染源分为生活污染源、工业污染源、农业污染源和交通污染源。另外，还有按照污染源的相对高度分为高架点源、低架点源和复合污染源等的分类方法。

三、大气污染物的定义及其分类

在一定程度上可以这样说，凡是能使空气质量变差的物质都是大气污染物。目前已知的大气污染物有 100 多种。

1. 按存在状态分为颗粒态污染物和气态污染物

（1）颗粒态污染物

污染大气的颗粒物质又称气溶胶，环境科学中把气溶胶定义为悬浮在大气中的固体或液体物质，或称为微粒物质或颗粒物质。图 1-3 为电子显微镜下不同种类的生物气溶胶。

在大气污染控制中，根据大气中颗粒物的大小又将其分为可吸入颗粒物、降尘和总悬浮微粒。

① 可吸入颗粒物（PM_{10}）　可吸入颗粒物是指大气中粒径小于 $10\mu m$ 的固体微粒。它的粒度小，质量小，能长期飘浮在大气中，故又称为浮游粒子或飘尘。

② 降尘　降尘是指大气中粒径大于 $10\mu m$ 的固体微粒。在重力作用下，降尘能够在较短的时间内沉降到地球表面上。

③ 总悬浮微粒（TSP）　总悬浮微粒是指大气中粒径小于 $100\mu m$ 的所有固体颗粒。

（2）气态污染物

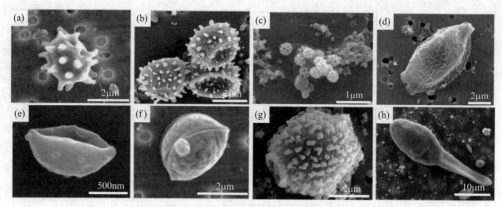

图 1-3　电子显微镜下不同种类的生物气溶胶

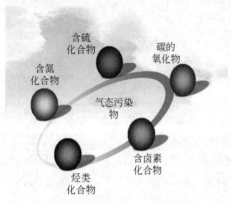

图 1-4　气体状态污染物

气态污染物种类很多，主要有五大类（图 1-4）：以 SO_2 为主的含硫化合物；以 NO、NO_2 为主的含氮化合物；碳的氧化物；含卤素化合物；烃类。

① 含硫化合物　大气污染物中的含硫化合物包括硫化氢（H_2S）、二氧化硫（SO_2）、三氧化硫（SO_3）、硫酸（H_2SO_4）、亚硫酸盐、硫酸盐和有机硫气溶胶。

② 含氮化合物　大气中以气态存在的含氮化合物主要有氨（NH_3）及氮的氧化物，包括氧化亚氮（N_2O）、一氧化氮（NO）、二氧化氮（NO_2）、四氧化二氮（N_2O_4）、三氧化二氮（N_2O_3）及五氧化二氮（N_2O_5）等。对环境有影响的污染物主要是 NO 和 NO_2，通常统称为氮氧化物。其他的含氮化合物还有亚硝酸盐、硝酸盐及铵盐。

③ 碳的氧化物　一氧化碳（CO）是低层大气中最重要的污染物之一。CO 的来源有天然源和人为源。理论上，天然源的 CO 排放量约为人为源的 25 倍。

CO 可能的天然源有火山爆发、天然气、森林火灾、森林中放出的烯的氧化物、海洋生物的作用、叶绿素的分解、大气中甲烷的光化学氧化和光解等；CO 的主要人为源是化石燃料的燃烧，以及炼铁厂、石灰窑、砖瓦厂、化肥厂的生产过程。在城市中，人为排放的 CO 量远远超过天然源，而汽车尾气则是主要来源。

大气中的 CO_2 受两个因素制约：一是植物的光合作用，每年春、夏两季光合作用强烈，大气中的 CO_2 浓度下降，秋、冬两季作物收获，光合作用减弱，同时植物枯死腐败数量增加，大气中 CO_2 浓度增加，如此循环；二是 CO_2 溶于海水，以碳酸氢盐或碳酸盐的形式储存于海洋中，实际上海洋对大气中的 CO_2 起调节作用，保持大气中 CO_2 的平衡。

④ 含卤素化合物　存在于大气中的含卤素化合物很多，在废气治理中多指氟化氢（HF）、氯化氢（HCl）等。

⑤ 烃类（HC）　烃类是指由碳和氢两种原子组成的各种化合物。为便于讨论，把含有 O、N 等原子的烃类衍生物也包括在内。烃类主要来自天然源，其中量最大的为甲烷（CH_4），其次为植物排出的萜烯类化合物，这些物质排放量虽大，但分散在广阔的大自然中，对环境并未构成直接的危害。

不过随大气中 CH_4 浓度增加,会强化温室效应。烃类化合物的人为源主要是燃料的不完全燃烧和溶剂的蒸发等过程,其中汽车尾气是产生烃类化合物的主要污染源,浓度约为 $2.5\sim1200mL/m^3$。在汽车发动机中,未完全燃烧的汽油在高温、高压下经化学反应会产生百余种烃类化合物。典型的汽车尾气成分主要有:烷烃、烯烃、芳香烃和醛类。

在城市中烃类对人类健康似乎未造成明显的直接危害,但是在污染的大气中它们是形成危害人类健康的光化学烟雾的主要成分。在大气污染中较为重要的烃类化合物有四类:烷烃、烯烃、芳香烃、含氧烃。

2. 按生成机理分成一次污染物和二次污染物

由人类或自然活动直接产生,由污染源直接排入环境的原始污染物质称为一次污染物,例如从烟囱排出的烟粒、风刮起的灰尘以及海水溅起的浪花等;排入环境中的一次污染物在物理、化学因素的作用下发生变化,或与环境中的其他物质发生反应所形成的新污染物称为二次污染物,例如来自排放源的 H_2S 和 SO_2 气体,经大气氧化过程最终转化为硫酸盐微粒。

在大气污染中受到普遍重视的一次污染物主要有硫氧化物、氮氧化物、碳氧化合物和烃类等;二次污染物主要有硫酸雾、烟雾和光化学烟雾。

四、大气污染的危害

1. 大气污染的全球性危害

伴随着经济的增长,环境污染状况日益严重,生态环境的破坏给人类的生活和健康带来了极大的负面影响。大气污染的产生,使生态环境的平衡受到冲击。最早记录的大气污染惨案是比利时的马斯河谷烟雾事件,继该事件之后,各国又相继发生了严重的大气污染事件,如:美国曾两次受到大气污染的毒害,一次是多诺拉烟雾事件,另一次是洛杉矶光化学烟雾事件;英国曾爆发了骇人听闻的伦敦烟雾事件;日本也没能避免大气污染带来的影响,出现了四日市哮喘事件。大气污染成为较为突出的全球性大气环境问题,如温室效应、酸雨和臭氧空洞等。

(1)温室效应

大气中 CO_2 和水蒸气能允许太阳辐射通过从而被地球吸收,但是它们却能强烈吸收从地面向大气再辐射的红外线能量,使能量不能向太空逸散,从而使地球表面空气保持较高的温度,造成"温室效应",如图1-5所示。常见的温室气体主要有 CO_2、CH_4、O_3 等,其中尤以 CO_2 的温室效应最明显。

燃料燃烧的主要产物是 CO_2,随着世界人口的增加和经济的迅速发展,排入大气的 CO_2 愈来愈多。据估算,过去100年通过燃烧排入大气的 CO_2 约为 $4.15\times10^{11}t$,使大气中 CO_2 含量增加了15%,使全球平均气温上升 $0.83℃$。该数字与百年来全球气温升高记录接近。

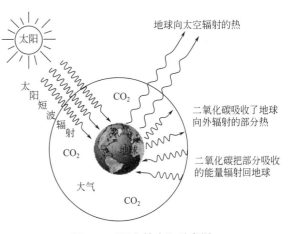

图1-5 "温室效应"示意图

有人估计,按照目前化石燃料用量的增加速率,大气中的 CO_2 将在50年内加倍,使中纬度地面温度升高 $2\sim3℃$,极地升高 $6\sim10℃$。若真如此,温室效应将给生态环境带来难以预测的后果。尽管温室效应不是气候变化的唯一因素,也有人对温室效应提出种种疑问,但

CO_2 等气体浓度的增加是肯定的，温室效应已引起国际社会的普遍关注。

 **查一查**

在了解了什么是温室效应后，请大家查查最新发布的"中国环境状况公报"中大气版块尤其是酸雨部分的内容，看看你的家乡和现在生活的地方有没有"沐浴"在酸雨中呢？

（2）酸雨

酸雨是 pH 值小于 5.6 的雨、雪或者其他形式的大气降水（如雾、露、霜），是一种大气污染现象。空气中 CO_2 的平均质量浓度约为 $621mg/m^3$，此时被 CO_2 饱和的雨水的 pH 值为 5.6，故清洁的雨、雪、雾等降水呈弱酸性。由于人类活动向大气排放大量酸性物质，使降水 pH 值降低，当 pH 值＜5.6 时便发生酸雨。

形成酸雨的主要污染物是 SO_2 和 NO_x 等。以 SO_2 为例，大量 SO_2 进入大气后，在合适的氧化剂和催化剂存在时，就会发生化学反应形成硫酸。在干燥条件下，SO_2 被氧化成 SO_3 的反应十分缓慢；在潮湿的大气中，SO_2 转化成硫酸的过程与云雾的形成同时进行，SO_2 首先生成亚硫酸（H_2SO_3），而后在铁、锰等金属盐杂质催化下，被迅速氧化为硫酸（H_2SO_4）。

酸雨的主要危害是破坏森林生态系统和水生态系统，改变土壤性质和结构，腐蚀建筑物，损害人体呼吸系统和皮肤等。酸雨在世界上分布较广，可以飘越国境影响他国。最早深受酸雨之害的是瑞典和挪威等国家，而后是加拿大和美国东北部，我国华南等地区也出现了酸雨。酸雨是国际社会关注的重要环境问题之一，我国已积极采取措施，划定酸雨控制区，控制 SO_2 排放总量等。

（3）臭氧层空洞

臭氧是大气中的微量气体之一，主要浓集在平流层 20～25km 的高空，该大气层也称臭氧层。臭氧层对保护地球上的生命、调节气候具有极为重要的作用。但是，近几年来，由于出现在平流层的飞行器逐渐增多，人类产生和使用消耗臭氧的有害物质增多，导致排入大气中的 NO_x、氯氟烃等增多，使臭氧层遭到破坏。以氯氟烃为例，虽然其在对流层内性质稳定，但进入平流层后易与臭氧发生反应消耗臭氧，使臭氧层中的 O_3 浓度降低。

臭氧层被破坏（臭氧层空洞）的危害有以下几点：①臭氧层破坏使大量紫外线辐射到地面，危害人体健康。有关数据表明，臭氧层 O_3 体积分数减少 1%，地面紫外线辐射增加 2%，使皮肤癌发病率增加 2%～5%。②臭氧减少会使白内障发病率增高，并对人体免疫系统的功能产生抑制作用。③紫外线辐射增加，也会对动、植物产生影响，危及生态平衡。臭氧层破坏还将导致地球气候异常，带来灾害。防止臭氧层破坏已成为全球关注的问题，受到科学界和各国政府的高度重视。《保护臭氧层维也纳公约》《关于消耗臭氧层物质的蒙特利尔协定书》等国际法律文件，都是为了保护臭氧层制定的。我国非常重视臭氧层保护工作，已签署了有关文件。

除温室效应、酸雨和臭氧层空洞等全球性的大气污染之外，由于汽车数量迅速增加，NO_x、CH_x、苯并[a]芘和 Pb 等污染也是不可忽视的当代大气污染问题。

2. 大气污染对人体健康的危害

大气中化学污染物的浓度一般比较低，对人体主要产生慢性毒副作用。大气污染对人体健康的影响，取决于大气中有害物质的种类、性质、浓度和持续时间，也取决于人体敏感度。

例如，咽喉是可吸入颗粒物 PM_{10} 的终点站，咽喉表面的黏膜细胞分泌的黏液会粘住它们，我们天生的这种生理功能就是为了阻止 PM_{10} 继续下行。PM_{10} 积累于咽喉所在的上呼吸道，积累越多，分泌的黏液也越多。积累到一定程度，我们就想吐痰。所以，痰要吐，不要咽，咽下有害。

$2.5\mu m$ 是可以到达肺泡的颗粒物粒径的临界值。携带了许多有害物质的 $PM_{2.5}$，上呼吸道挡不住，它们可以顺利下行，进入细支气管、肺泡，再通过肺泡的壁进入毛细血管，从而进入整个血液循环系统。$PM_{2.5}$ 对人体健康造成的危害如图 1-6 所示。

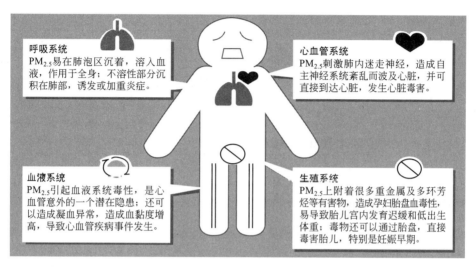

图 1-6　$PM_{2.5}$ 对人体健康的危害

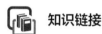 **知识链接**

大气污染物与慢阻肺有关系吗？

慢阻肺（COPD），是全球第三大死因的疾病，每年全球超过 300 万人死于此疾患。它的两种病症分别是慢性支气管炎和肺气肿。从医学上来看，慢阻肺的治疗都只是避免恶化，是无法恢复原本的肺功能的！那么，大气污染物与慢阻肺有关系吗？

3. 大气污染给社会经济带来的损失

大气污染不仅对身体健康有较大的负面作用，而且会给社会经济带来不可忽视的损失。有学者对 1993 年全国环境污染所带来的经济损失进行了估算，结果表明由大气污染造成的健康损失费为 77 亿元，农产品损失费为 33 亿元，而由其所产生的家庭清洗费为 60 亿元。还有人运用环境经济学的价值计算方法，得出在 1996 年浙江省大气污染经济损失超 34 亿元。研究显示在 2000~2002 年这三年间：大气污染给山东省带来的经济损失高达 150 亿元，占到其 GDP 的 2%；西安市因为大气污染而承受了 72.29 亿元的经济损失，包括农作物减产、建筑物受腐蚀造成的经济亏损。

 任务小结

要对大气污染进行治理，首先要明白什么是大气污染以及污染从何而来，还要知道大气污染会对人们生活的环境和身体健康造成哪些危害，这些都是在进行大气污染治理之前应该掌握的基础知识。

任务实践评价

工作任务	考核内容	考核要点
了解大气污染及其危害	基础知识	大气污染的定义及相关专业术语的理解
		大气污染源的识别
		大气污染物的分类及其危害
	能力训练	知识的归纳和分析能力
		对比思维能力的训练
		总结能力
		语言表达能力的训练

任务二 解读环境空气质量日报和大气环境监测报告

情景导入

通过学习任务一，熟悉了有关大气污染的基础知识，接下来要学习如何看懂环境空气质量日报和大气环境监测报告，从而知道自己的生存环境如何。

假设你在某工业园区的一家涂料生产厂上班，进入秋季感觉空气质量每况愈下，请告知员工如何看懂每日空气质量日报并做好相关防护措施以保证身心健康。日前企业刚完成最新的季度环境监测，你如何向非环保专业的企业领导汇报厂区的大气污染及其治理情况，并判断是否达标？

请认真学习本任务的基础知识，掌握空气质量日报和大气监测报告的解读方法。

一、选择评价标准

在环境影响评价工作中所用到的所有环境标准统称为评价标准，主要包括环境质量标准与污染物排放标准。排放标准规定污染物排放允许的排放量或者排放浓度。

 找找看

环境标准是对某些环境要素所作的统一的、法定的和技术的规定，是环境保护工作中最重要的工具之一。环境标准是判断环境质量和衡量环保工作优劣的准绳。评价一个地区环境质量的优劣、评价一个企业对环境的影响及其治理效果，只有与环境标准相比较才有意义。

那么，与大气环境相关的最新版、最权威的质量标准和排放标准等标准应该上哪找呢？当然是上中华人民共和国及各省、自治区、直辖市生态环境主管部门的网站了，请大家找找看吧。

1. 大气环境质量标准和污染物排放标准

大气环境标准按其用途可分为大气环境质量标准、大气污染物排放标准、大气污染控制技术标准及大气污染警报标准等。按其适用范围可分为国家标准、地方标准和行业标准。

环境质量标准：是对环境现状的一种评价，根据环境质量的好坏分成不同的类别，再针对不同的类别加以综合利用。例如：环境空气质量标准、地表水环境质量标准、城市区域环境噪声标准等。

排放标准：主要针对污染物的排放。排污单位要向环境中排入各种污染物质，根据排污点所在的地区的环境状况以及污染物排放后对环境造成的影响，这些污染物排放的浓度或总量都要达到相应的标准。例如某企业厂界四周的无组织废气中颗粒物浓度应符合《大气污染物综合排放标准》（GB 16297—1996）中无组织排放监控浓度限值要求，才允许向外排放无组织废气。

环境空气质量标准规定的是静态的存量概念，大气污染物排放标准是动态的概念，正在往大气环境中排，故排放标准是对已建成或将要建设的排污单位的污染物排放要求的控制标准。

（1）大气环境质量控制标准

大气环境质量标准系以保障人体健康和一定的生态环境为目标而对各种污染物在大气环境中的容许含量所作的限制规定。它是进行大气环境质量管理及制定大气污染防治规划的大气污染物排放标准的依据，是环境管理部门的执行依据。

制定大气环境质量标准的原则，首先要考虑保障人体健康和保护生态环境这一大气质量目标，为此需统筹确定这一目标的污染物容许浓度。

根据《中华人民共和国环境保护法》和《中华人民共和国大气污染防治法》的规定，为改善环境空气质量，防止生态破坏，创造清洁适宜的环境，保护人体健康，特制定《环境空气质量标准》（GB 3095—2012）。该标准是我国大气环境标准体系的核心，从 2016 年 1 月 1 日起实施。该标准将空气质量功能区分为两类：一类区为自然保护区、风景名胜区和其他需要特殊保护的地区；二类区为居住区、商业交通居民混合区、文化区、工业区和农村地区。环境空气质量标准分为两级：一类区适用一级浓度限值；二类区适用二级浓度限值。各级标准对污染物的浓度限值见表 1-1 和表 1-2。

（2）室内空气质量标准

《室内空气质量标准》（GB/T 18883）是为保护人体健康，预防和控制室内空气污染而制定的。该标准规定了室内空气质量参数及检验方法。该标准适用于住宅和办公建筑物，其他室内环境可参照标准执行。该标准于 2003 年 3 月 1 日正式实施，标准中规定的室内空气质量参数见表 1-3。

表 1-1 《环境空气质量标准》（GB 3095—2012）各项污染物的浓度限值

序号	污染物项目	平均时间	浓度限值		单位
			一级	二级	
1	二氧化硫（SO_2）	年平均	20	60	$\mu g/m^3$
		24 小时平均	50	150	
		1 小时平均	150	500	
2	二氧化氮（NO_2）	年平均	40	40	
		24 小时平均	80	80	
		1 小时平均	200	200	
3	一氧化碳（CO）	24 小时平均	4	4	mg/m^3
		1 小时平均	10	10	
4	臭氧（O_3）	日最大 8 小时平均	100	160	
		1 小时平均	160	200	
5	颗粒物（粒径小于等于 $10\mu m$）	年平均	40	70	$\mu g/m^3$
		24 小时平均	50	150	
6	颗粒物（粒径小于等于 $2.5\mu m$）	年平均	15	35	
		24 小时平均	35	75	

表 1-2　环境空气污染物其他项目浓度限值

序号	污染物项目	平均时间	浓度限值		单位
			一级	二级	
1	总悬浮颗粒物（TSP）	年平均	80	200	μg/m³
		24 小时平均	120	300	
2	氮氧化物（NO$_x$）	年平均	50	50	
		24 小时平均	100	100	
		1 小时平均	250	250	
3	铅	年平均	0.5	0.5	
		季平均	1	1	
4	苯并[a]芘（BaP）	年平均	0.001	0.001	
		24 小时平均	0.0025	0.0025	

表 1-3　《室内空气质量标准》（GB/T 18883）中规定的室内空气质量参数

序号	参数类别	参数	单位	标准值	备注
1	物理性	温度	℃	22～28	夏季空调
				16～24	冬季采暖
2		相对湿度	%	40～80	夏季空调
				30～60	冬季采暖
3		空气流速	m/s	0.3	夏季空调
				0.2	冬季采暖
4		新风量	m³/(h·人)	30①	
5	化学性	二氧化硫（SO$_2$）	mg/m³	0.50	1h 均值
6		二氧化氮（NO$_2$）	mg/m³	0.24	1h 均值
7		一氧化碳（CO）	mg/m³	10	1h 均值
8		二氧化碳（CO$_2$）	%	0.10	日均值
9		氨（NH$_3$）	mg/m³	0.20	1h 均值
10		臭氧（O$_3$）	mg/m³	0.16	1h 均值
11		甲醛（HCHO）	mg/m³	0.10	1h 均值
12		苯（C$_6$H$_6$）	mg/m³	0.11	1h 均值
13		甲苯（C$_7$H$_8$）	mg/m³	0.20	1h 均值
14		二甲苯（C$_8$H$_{10}$）	mg/m³	0.20	1h 均值
15		苯并[a]芘（BaP）	mg/m³	0.20	日均值
16		可吸入颗粒物（PM$_{10}$）	mg/m³	1.0	日均值
17		总挥发性有机物（TVOC）	mg/m³	0.60	8h 均值
18	生物性	细菌总数	cfu/m³	2500	依据仪器定②
19	放射性	氡（222Rn）	Bq/m³	400	年平均值（行动水平③）

① 新风量要求不小于标准值，除温度、湿度外的其他参数要求不大于标准值。
② 见标准的附录 D。
③ 行动水平即达到此水平建议采取干预行动以降低室内的氡浓度。

　　《室内空气质量标准》的特点表现在：一是国际性，标准中引入了室内空气质量标准这个概念，是在借鉴国外相关标准的基础上建立的；二是综合性，室内环境污染的控制指标更宽了，标准中规定的控制项目不仅有化学性污染，还有物理性、生物性和放射性污染；三是针对性，标准紧密结合我国的实际情况，既考虑到发达地区和城市建筑中的新风量、温湿度以及甲醛、苯等污染物质，同时，也考虑到一些不发达地区使用原煤取暖和烹饪造成的室内一氧化碳、二氧化碳和二氧化氮的污染；四是前瞻性，标准中加入了"室内空气应无毒、无害、无异味"的要求，使标准的适用性更强；五是权威性，标准的发布和实施，为广大消费者解决自己的污染难题提供了有力的武器；六是完整性，该标准与国家标准委以前发布的《民用建筑工程室内环境污染控制规范》、十种"室内装饰装修材料有害物质限量"共同构成我国一个比较完整的室内环境污染控制和评价体系，对于保护消费者的健康，发展我国室内环境事业具有重要意义。

（3）大气污染物综合排放标准

大气污染物排放标准是以环境大气质量标准为目标，对污染源排入大气的污染物规定允许排放量或排放浓度，以便直接治理污染源，防止污染。它是控制污染物的排放量和进行净化设计的依据，是控制大气污染的关键，同时也是环境管理部门的执法依据。

《大气污染物综合排放标准》（GB 16297—1996）规定了 33 种大气污染物的排放限值，同时规定了标准执行中的各种要求。1997 年 1 月 1 日前设立的（现有）污染源执行标准中表 1 所列标准值。1997 年 1 月 1 日起设立（包括新建、扩建、改建）的污染源（以下简称新污染源）执行标准中表 2 所列标准值。

《大气污染物综合排放标准》设置三项指标：一是通过排气筒排放的污染物最高允许排放浓度。二是通过排气筒排放的废气，按排气筒高度规定的最高允许排放速率。任何一个排气筒必须同时遵守上述两项指标，超过其中任何一项均为超标排放。三是以无组织方式排放的污染物，规定无组织排放的监控点及相应的监控浓度限值。

《大气污染物综合排放标准》将现有污染源分为一、二、三级，新污染源分为二、三级。按污染源所在的环境空气质量功能区类别，执行相应级别的排放速率标准，即：位于一类区的污染源执行一级标准，一级区禁止新建、扩建污染源，一类区现有污染源改建时执行现有污染源的一级标准；位于二类区的污染源执行二级标准；位于三类区的污染源执行三级标准。

《大气污染物综合排放标准》适用于现有污染源的大气污染物排放管理，以及建设项目的环境影响评价、设计、环境保护设备竣工验收及其投产后的大气污染物排放管理。

需要特别注意的是，自《环境空气质量标准》（GB 3095—2012）从 2016 年 1 月 1 日起实施后，空气质量功能区将三类区并入二类区，原来的三级污染源相应并入二级污染源，执行《环境空气质量标准》（GB 3095—2012）中的二级标准。

（4）其他排放标准

除《大气污染物综合排放标准》（GB 16297—1996）外，目前我国最新制定的和正在执行的大气污染物排放标准主要有：

①《锅炉大气污染物排放标准》（GB 13271—2014）；

②《工业炉窑大气污染物排放标准》（GB 9078—1996）；

③《火电厂大气污染物排放标准》（GB 13223—2011）；

④《炼焦化学工业污染物排放标准》（GB 16171—2012）；

⑤《水泥工业大气污染物排放标准》（GB 4915—2013）；

⑥《恶臭污染物排放标准》（GB 14554—1993）；

⑦《摩托车和轻便摩托车排气污染物排放限值及测量方法（双怠速法）》（GB 14621—2011）；

⑧《火葬场大气污染物排放标准》（GB 13801—2015）；

⑨《加油站大气污染物排放标准》（GB 20952—2007）；

⑩《轧钢工业大气污染物排放标准》（GB 28665—2012）；

⑪《炼钢工业大气污染物排放标准》（GB 28664—2012）；

⑫《汽油运输大气污染物排放标准》（GB 20951—2007）；

⑬《储油库大气污染物排放标准》（GB 20950—2007）；

⑭《砖瓦工业大气污染物排放标准》（GB 29620—2013）；

⑮《炼铁工业大气污染物排放标准》（GB 28663—2012）；

⑯《电子玻璃工业大气污染物排放标准》（GB 29495—2013）；

⑰《平板玻璃工业大气污染物排放标准》（GB 26453—2011）；

⑱《钢铁烧结、球团工业大气污染物排放标准》（GB 28662—2012）。

在我国现有国家大气污染物排放标准体系中，按照综合性排放标准与行业性排放标准不交叉执行的原则，锅炉工业炉窑、火电厂、炼焦炉、水泥厂、摩托车、火葬场等有排放标准的行业必须执行上述各自的行业标准，其他大气污染源污染物的排放均需执行《大气污染物综合排放标准》。

2．评价标准的确定原则

各类大气污染物所适用的环境质量标准及相应排放标准确定原则如下：

① 根据评价范围内各环境要素所处的环境功能区，确定各环境要素评价因子所采用的环境质量标准，进而确定相应污染物排放标准。

② 有地方污染物排放标准的，应首先选择执行地方污染物排放标准。

③ 国家污染物排放标准中没有限定的污染物，一般可采用国际通用标准；引进工艺、设备、技术的建设项目，其所排放污染物，国家污染物排放标准中没有限定的，采用引进国的相应污染物排放标准或采用严于引进国的相应污染物排放标准；若引进国未制定相应污染物排放标准，可采用工艺、设备、技术引进国实际控制最好水平的相应污染物排放统计结果或采用严于引进国实际控制最好水平的相应污染物排放统计结果。

④ 对国内没有国家标准或地方标准的污染物，可参照国外有关标准选用，但应作出说明，报生态环境主管部门批准后执行。

简言之，评价标准的选择就是根据不同目的选择标准。

 想一想

不看手机，凭自己的感觉判断今天的空气质量如何呢？又该如何"武装"出门？

二、解读环境空气质量日报

1．空气质量指数（AQI）的计算

现在，人们每天都会看到空气质量报告，那么应该关注哪些内容呢？

首先，需要了解一个专业术语——AQI。环境监测部门每天都要监测各种污染物的浓度值，但对于公众来说，很难从这些抽象的数据中判断当前的空气质量究竟处于什么样的水平。于是人们将这些数据折算成一个统一的指数，这就是空气质量指数（air quality index，AQI）。AQI 是 2012 年 3 月国家发布的新空气质量评价指标，污染物监测指标为二氧化硫、二氧化氮、PM_{10}、$PM_{2.5}$、一氧化碳（CO）和臭氧（O_3）6 项，数据每小时更新一次。AQI 将这 6 项污染物用统一的评价标准呈现。根据《环境空气质量指数（AQI）技术规定

（试行）》（HJ 633—2012），我国将空气质量指数分为了六个等级，指数划分为0～50、51～100、101～150、151～200、201～300和大于300六档，对应于空气质量的六个级别，指数越大，级别越高，说明污染越严重，对人体健康的影响也越明显（表1-4）。

表1-4　空气质量指数分级（一）

空气质量指数	空气质量级别	空气质量状况及表示颜色		对健康影响情况	建议采取的措施
0～50	一级	优	绿色	空气质量令人满意,基本无空气污染	各类人群可正常活动
51～100	二级	良	黄色	空气质量可以接受,但某些污染物可能对极少数异常敏感人群的健康有较弱影响	极少数异常敏感人群应减少户外活动
101～150	三级	轻度污染	橙色	易感人群症状轻度加剧,健康人群出现刺激症状	儿童、老年人及心脏病、呼吸系统疾病患者应减少长时间、高强度的户外锻炼
151～200	四级	中度污染	红色	进一步加剧易感人群症状,可能对健康人群心脏、呼吸系统有影响	儿童、老年人及心脏病、呼吸系统疾病患者应进一步减少长时间、高强度的户外锻炼,一般人群适量减少户外运动
201～300	五级	重度污染	紫色	心脏病和肺病患者症状显著加剧,运动耐受力降低,健康人群普遍出现症状	儿童、老年人和心脏病、肺病患者应停留在室内,停止户外运动,一般人群减少户外运动
＞300	六级	严重污染	褐红色	健康人群运动耐受力降低,有明显强烈症状,提前出现某些持续性疾病	儿童、老年人和病人应当留在室内,避免体力消耗,一般人群应避免户外活动

AQI究竟是如何算出来的呢？

第一步是对照各项污染物的分级浓度限值［AQI的浓度限值参照《环境空气质量标准》（GB 3095—2012）］，根据细颗粒物（$PM_{2.5}$）、可吸入颗粒物（PM_{10}）、二氧化硫（SO_2）、二氧化氮（NO_2）、臭氧（O_3）、一氧化碳（CO）等各项污染物的实测浓度值（其中$PM_{2.5}$、PM_{10}为24小时平均浓度），分别计算得出空气质量分指数（individual air quality index，IAQI）：

$$IAQI_P = \frac{(IAQI_{Hi} - IAQI_{Lo})}{(BP_{Hi} - BP_{Lo})}(C_P - BP_{Lo}) + IAQI_{Lo} \tag{1-1}$$

式中　$IAQI_P$——污染物项目P的空气质量分指数；

C_P——污染物项目P的质量浓度值；

BP_{Hi}——表1-5中与C_P相近的污染物浓度限值的高位值；

BP_{Lo}——表1-5中与C_P相近的污染物浓度限值的低位值；

$IAQI_{Hi}$——表1-5中与BP_{Hi}对应的空气质量分指数；

$IAQI_{Lo}$——表1-5中与BP_{Lo}对应的空气质量分指数。

AQI和IAQI的结果取整数，不保留小数。

表 1-5　空气质量指数分级（二）

空气质量分指数（IAQI）	污染物项目浓度限值									
	二氧化硫（SO₂）24 小时平均 /(μg/m³)	二氧化硫（SO₂）1 小时平均 /(μg/m³)	二氧化氮（NO₂）24 小时平均 /(μg/m³)	二氧化氮（NO₂）1 小时平均 /(μg/m³)	颗粒物（粒径小于等于10μm）24 小时平均 /(μg/m³)	一氧化碳（CO）24 小时平均 /(μg/m³)	一氧化碳（CO）1 小时平均 /(μg/m³)	臭氧（O₃）1 小时平均 /(μg/m³)	臭氧（O₃）8 小时平均 /(μg/m³)	颗粒物（粒径小于等于2.5μm）24 小时平均 /(μg/m³)
0	0	0	0	0	0	0	0	0	0	0
50	50	150	40	100	50	2	5	160	100	35
100	150	500	80	200	150	4	10	200	160	75
150	475	650	180	700	250	14	35	300	215	115
200	800	800	280	1200	350	24	60	400	265	150
300	1600	(2)	565	2340	420	36	90	800	800	250
400	2100	(2)	750	3090	500	48	120	1000	(3)	350
500	2620	(2)	940	3840	600	60	150	1200	(3)	500

注：1. 二氧化硫（SO₂）、二氧化氮（NO₂）和一氧化碳（CO）的 1 小时平均浓度限值仅用于实时报，在日报中需使用相应污染物的 24 小时平均浓度限值。

2. 二氧化硫（SO₂）1 小时平均浓度值高于 800μg/m³ 的，不再进行其空气质量分指数计算，二氧化硫（SO₂）空气质量分指数按 24 小时平均浓度计算的分指数报告。

3. 臭氧（O₃）8 小时平均浓度值高于 800μg/m³ 的，不再进行其空气质量分指数计算，臭氧（O₃）空气质量分指数按 1 小时平均浓度计算的分指数报告。

若实际测得 PM₂.₅ 的浓度为 450μg/m³，则 PM₂.₅ 的 IAQI 为：

$$IAQI_{(PM_{2.5})} = \frac{500-400}{500-350} \times (450-350) + 400 = 467$$

第二步是从各项污染物的 IAQI 中选择最大值确定为 AQI，当 AQI 大于 50 时将 IAQI 最大的污染物确定为首要污染物：

$$AQI = \max\{IAQI_1, IAQI_2, IAQI_3, \cdots, IAQI_n\} \tag{1-2}$$

式中　IAQI——空气质量分指数；

n——污染物项目。

第三步是对照 AQI 分级标准，确定空气质量级别、类别及表示颜色、对健康影响情况与建议采取的措施。

简言之，AQI 就是各项污染物的空气质量分指数（IAQI）中的最大值。

2. 解读空气质量报告

出门前查看天气预报和空气质量已成为现代人生活中的习惯，1 个人 1 天要呼吸 2 万多次，与环境交换 1 万多升气体，空气质量与人体健康息息相关。除了关注天气状况、室外温度外，人们还可以同时了解到当前室外的空气质量，适时选择佩戴防护用具。但是，你真的看得懂空气质量报告吗？

空气质量日报是国家通过新闻媒体向社会发布的环境信息，可以及时准确地反映空气质量状况，增强人们对环境的关注，促进人们对环境保护工作的理解和支持，提高全民的环境意识，促进人们生活质量的提高。

空气质量日报的主要内容包括空气质量指数（AQI）、首要污染物、空气质量级别、空气质量状况等。以我国某城市 2018 年 11 月 29 日的环境空气质量日报为例（表 1-6），了解表中各项内容的含义。

表 1-6 某市环境空气质量日报

站点名称	空气质量指数(AQI)	空气质量级别	空气质量状况	首要污染物	表示颜色
青龙寺	61	二级	良	臭氧 8 小时	黄
某宾馆	49	一级	优	无	绿
市政府	40	一级	优	无	绿
某区政府	51	二级	良	颗粒物(PM$_{2.5}$)	黄
某商业区	58	二级	良	二氧化氮	黄
全市	47	一级	优	无	绿

（1）空气质量报告中的主要污染物

目前空气质量报告中涉及的主要污染物就是《环境空气质量标准》（GB 3095—2012）中规定的环境空气污染物基本项目，包括细颗粒物（PM$_{2.5}$）、可吸入颗粒物（PM$_{10}$）、二氧化硫（SO$_2$）、二氧化氮（NO$_2$）、臭氧（O$_3$）、一氧化碳（CO）等。

（2）空气质量指数、空气质量级别和空气质量状况

根据《环境空气质量指数（AQI）技术规定（试行）》（HJ 633—2012）：

① 空气污染指数为 0~50，空气质量级别为一级，空气质量状况属于优。此时，空气质量令人满意，基本无空气污染，各类人群可正常活动。

② 空气污染指数为 51~100，空气质量级别为二级，空气质量状况属于良。此时空气质量可接受，但某些污染物可能对极少数异常敏感人群的健康有较弱影响，建议极少数异常敏感人群应减少户外活动。

③ 空气污染指数为 101~150，空气质量级别为三级，空气质量状况属于轻度污染。此时，易感人群症状轻度加剧，健康人群出现刺激症状，建议儿童、老年人及心脏病、呼吸系统疾病患者应减少长时间、高强度的户外锻炼。

④ 空气污染指数为 151~200，空气质量级别为四级，空气质量状况属于中度污染。此时，进一步加剧易感人群症状，可能对健康人群心脏、呼吸系统有影响，建议疾病患者避免长时间、高强度的户外锻炼，一般人群适量减少户外运动。

⑤ 空气污染指数为 201~300，空气质量级别为五级，空气质量状况属于重度污染。此时，心脏病和肺病患者症状显著加剧，运动耐受力降低，健康人群普遍出现症状，建议儿童、老年人和心脏病、肺病患者应停留在室内，停止户外运动，一般人群减少户外运动。

⑥ 空气污染指数大于 300，空气质量级别为六级，空气质量状况属于严重污染。此时，健康人群运动耐受力降低，有明显强烈症状，提前出现某些疾病，建议儿童、老年人和病人应当留在室内，避免体力消耗，一般人群应避免户外活动。

（3）首要污染物

当 AQI 大于 50 时对应的污染物即为首要污染物。IAQI 大于 100 的污染物为超标污染物。若 IAQI 最大的污染物为两项或两项以上时，并列为首要污染物。

而在 6 项污染物中，PM$_{2.5}$ 折算成 IAQI 为 500 的浓度限值，也刚好是 500μg/m^3。也就是说，一旦 PM$_{2.5}$ 的日均浓度超过 500μg/m^3，AQI 随即达到 500，无论浓度再怎么高，AQI 也还是 500。因此，严重雾霾期间，PM$_{2.5}$ 日均浓度超过 500μg/m^3 的地方，就是大家看到的所谓"爆表"（beyond index），此时的空气质量已经不是指数能够形容的了。

（4）表示颜色

绿色表示优级天，黄色表示良好天，橙色为轻度污染，红色为中度污染，紫色为重度污

染，褐红色为严重污染。

采用不同颜色来表示不同的空气质量等级，更加直观易懂。公众只需要注意六种评价类别和表示颜色，就可以实时掌握空气质量情况，选择在空气流动性好、污染物浓度较低的地点活动。

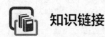 **知识链接**

3 分钟动画看懂空气重污染是什么

下载观看"3 分钟动画看懂空气重污染是什么"动画，"京环君"给你简单总结下空气重污染到底是什么。这是新华网、新浪网、腾讯网等众多网站联合推广的。

三、解读大气环境监测报告

大气环境监测是我国环境监测工作中的重要组成部分。随着 PM$_{2.5}$ 监测工作的逐步高调推进，人民群众对于大气环境监测工作的关注度日益提高。事实上，除了群众关注的 PM$_{2.5}$ 之外，硫氧化物、氮氧化物、一氧化碳、臭氧、卤代烃、烃类等分子状污染物，降尘、总悬浮微粒、飘尘及酸沉降等颗粒状污染物都是大气环境监测项目。一份完整的空气质量监测报告一般包含以下内容。

1. 监测报告封面

监测报告封面一般包含以下内容。

① 监测报告的名称。

② 报告编号。这是报告的唯一性标志，各检测实验室有自己的编号制定规则，制定报告编号的主要原因是保证编号的可追溯性，而且保证每个报告编号都是唯一的。

③ 项目名称、委托单位名称和日期。委托单位为此次检测的委托方，即甲方；检测实验室受委托单位（即甲方）的委托，为受检单位进行检测。受检单位应为检测样品来源的单位。大部分情况下受检单位和委托单位是一致的。环保公司委托检测实验室给排污企业做检测的情况下，委托单位为环保公司，受检单位指的就是排污企业。

④ 监测（编制）单位业务专用章。每份监测报告的封面必须加盖监测（编制）单位业务专用章，整份报告加盖骑缝章。凡已通过计量认证的单位，应在监测报告封面左上角按质量技术监督部门规定的格式要求加印 CMA 计量认证标志。

报告封面的检测机构的 CMA 证书编号一般有 12 位。例如某检测机构证书编号为 180612053256，则：

a. 第 1、2 位为发证年份后两位代码。18，代表发证年份为 2018 年。

b. 第 3、4 位为发证机关代码。06，代表发证机关为辽宁。

c. 第 5、6 位为专业领域类别代码。12，代表环境与环保专业领域。

d. 第 7、8 位为行业主管部门代码。05，代表环保部门主管行业。

e. 第 9、12 位，3256，则为发证流水号。从"0001"开始，按数字顺序排列。

2. 监测报告声明

环境监测报告一般都会有一页声明，里面写的是一些关于监测报告的保密条款、免责条款等。不同监测公司或实验室根据自己的业务特性，声明条款也不同。

3. 监测任务基本信息

一般包含监测项目概况、监测原因（根据监测任务来源填写相应内容，如委托监测等）、监测依据、监测因子（如颗粒物、二氧化硫、苯、甲苯等）、监测采样方式（连续还是瞬时）等。

4. 监测方法及使用仪器

监测方法及使用仪器优先选用国家标准监测分析方法及使用仪器。

5. 监测内容及结果

这部分为监测报告最重要的内容。监测内容一般包括监测点位置、监测点数目（必要时应附图）、监测项目、监测频次。对于有组织废气，一般应列出废气监测项目的流量（m^3/h）、浓度（mg/m^3）和排放速率（kg/h）；对于无组织废气，一般应列出监测项目的浓度（mg/m^3）。

监测结果及监测方法都已在报告中列明，那么如何知道监测结果是否合格了呢？对此，监测报告上并不会列明，需要对应不同的执行标准如《大气污染物综合排放标准》（GB 16297—1996）的限值，确定所监测的大气污染因子浓度或速率是否超标。

6. 监测期间气象参数

由于大气污染物的浓度与气象条件有着密切关系，所以大气监测报告中应说明采样期间的气象参数。对于大气环境监测，《环境空气质量手工监测技术规范》（HJ 194—2017）中要求采样时要对采样点的气象参数进行监测，参数有风向、风速、大气压、气温、相对湿度等。

 任务小结

不管生活的周边环境有没有大气污染源，大气环境是否被污染，人们都应该根据环境空气质量日报做好相应的防护措施，并通过大气环境监测报告的结果，判断污染源排出的大气污染物是否超标，对超标排放的污染源采取有效的治理手段。

 任务实践评价

工作任务	考核内容	考核要点
解读环境空气质量日报和大气环境监测报告	基础知识	大气质量评价标准和排放标准的选择
		AQI的计算和环境空气质量日报的解读
		大气环境监测报告的解读
	能力训练	知识的归纳和分析能力
		对比思维能力的训练
		总结能力
		语言表达能力的训练

任务三 工业锅炉污染物排放量的估算

情景导入

随着我国工业化、城镇化进程加快，能源需求呈刚性增长。工业锅炉是重要的热能动力设备，我国的锅炉制造业是在新中国成立后建立和发展起来的，发展至今，我国成为世界上锅炉生产和使用最多的国家。但近年来，因排放量大、污染严重，不达标的工业锅炉成为治理重点。其中燃煤工业锅炉在我国工业锅炉体系中的占比较大，据统计，目前我国拥有各类工业锅炉近60万台，其中燃煤工业锅炉占比达到85%左右。这其中85%又是老式燃煤链条炉排锅炉。而在用的燃煤链条炉排锅炉普遍存在着平均运行热效率低、能耗大、排放量大、污染严重的问题。随着新修订的《锅炉大气污染物排放标准》（GB 13271—2014）的公布实施，治理大气污染已成为环境保护的新挑战和新任务，对燃煤工业锅炉的管理提出了新要求。"十三五"以来，国家环保政策渐严，工业锅炉又是污染较为严重的设备，自然成为治理的重点，也是环保管理部门收取排污费的主要生产设施之一。

作为公司的一名环保技术人员，如何确认公司所缴纳的排污费用是否合理？请学习以下任务内容，依据锅炉的设计值，结合烟气量和污染物排放量的计算，对公司所用锅炉产生的大气污染物排放总量做到心中有底，与环保部门能算一笔明白账。

请认真学习本任务的基础知识，掌握锅炉烟气量及污染物排放量计算的相关知识。

一、锅炉基准烟气量的计算

根据《排污许可证申请与核发技术规范　锅炉》（HJ 953—2018），锅炉排污单位应优先采用理论公式（以燃料元素分析数据或组分分析数据为依据）计算基准烟气量，其次采用经验公式（以燃料低位发热量数据为依据）估算基准烟气量。

1. 用理论公式计算基准烟气量

燃料燃烧是燃料中的可燃成分和空气中的氧气进行剧烈的氧化反应的过程，因此，要使燃料稳定地燃烧，就必须不断地供给空气，但供给空气的量应该适当。空气量过少，会引起不完全燃烧；空气量过多，会增大烟气量，降低热效率。供应适量的空气是燃烧中的关键，并以此作为风机选型的依据。

所以，要计算燃料燃烧的烟气量，首先要计算出燃料燃烧所需的理论空气量。单位固体/液体燃料燃烧所需的理论空气量按式(1-3)计算，基准烟气量按式(1-4)计算。

$$V_0 = 0.0889(C_{ar} + 0.375S_{ar}) + 0.265H_{ar} - 0.0333O_{ar} \tag{1-3}$$

$$V_{gy} = 1.866 \times \frac{C_{ar} + 0.375S_{ar}}{100} + 0.79V_0 + 0.8 \times \frac{N_{ar}}{100} + (\alpha - 1)V_0 \tag{1-4}$$

式中　V_0——理论空气量，m^3/kg（标准状况）；

$\quad\quad V_{gy}$——基准烟气量，m^3/kg（标准状况）；

$\quad\quad C_{ar}$——收到基碳含量，%；

$\quad\quad S_{ar}$——收到基硫含量，%；

$\quad\quad N_{ar}$——收到基氮含量，%；

$\quad\quad H_{ar}$——收到基氢含量，%；

$\quad\quad O_{ar}$——收到基氧含量，%；

$\quad\quad \alpha$——过量空气系数，燃料燃烧时实际空气供给量与理论空气需要量之比值，燃煤锅炉、燃生物质锅炉和燃油锅炉的过量空气系数分别为1.75、1.75、1.2，对应基准氧含量分别为9%、9%、3.5%。

单位气体燃料燃烧所需的理论空气量按式(1-5)计算，基准烟气量按式(1-6)计算。

$$V_0 = 0.0476\left[0.5\varphi(CO) + 0.5\varphi(H_2) + 1.5\varphi(H_2S) + \sum\left(n+\frac{m}{4}\right)\varphi(C_nH_m) - \varphi(O_2)\right]$$

(1-5)

$$V_{gy} = 0.01[\varphi(CO_2) + \varphi(CO) + \varphi(H_2S) + \sum m\varphi(C_nH_m)] + 0.79V_0 + \frac{\varphi(N_2)}{100} + (\alpha-1)V_0$$

(1-6)

式中　V_0——理论空气量，m^3/m^3（标准状况）；

　　　V_{gy}——基准烟气量，m^3/m^3（标准状况）；

$\varphi(CO_2)$——二氧化碳体积分数，%；

$\varphi(N_2)$——氮气体积分数，%；

$\varphi(CO)$——一氧化碳体积分数，%；

$\varphi(H_2)$——氢气体积分数，%；

$\varphi(H_2S)$——硫化氢体积分数，%；

$\varphi(C_nH_m)$——烃类体积分数，%，n 为碳原子数，m 为氢原子数；

$\varphi(O_2)$——氧气体积分数，%；

　　　α——过量空气系数，燃料燃烧时实际空气供给量与理论空气需要量之比值，燃气锅炉的过量空气系数为 1.2，对应基准氧含量为 3.5%。

2. 用经验公式估算基准烟气量

锅炉排污单位若无燃料元素分析数据或气体组成成分分析数据，可根据燃料低位发热量估算基准烟气量，相关经验公式见表 1-7。

表 1-7　基准烟气量取值表

锅炉			基准烟气量	单位
燃煤锅炉	$Q_{net,ar} \geqslant 12.54MJ/kg$	$V_{daf} \geqslant 15\%$	$V_{gy} = 0.411Q_{net,ar} + 0.918$	m^3(标准状况)/kg
		$V_{daf} < 15\%$	$V_{gy} = 0.406Q_{net,ar} + 1.157$	m^3(标准状况)/kg
	$Q_{net,ar} < 12.54MJ/kg$		$V_{gy} = 0.402Q_{net,ar} + 0.822$	m^3(标准状况)/kg
燃油锅炉			$V_{gy} = 0.29Q_{net,ar} + 0.379$	m^3(标准状况)/kg
燃气锅炉	天然气		$V_{gy} = 0.285Q_{net} + 0.343$	m^3(标准状况)/m^3
	高炉煤气		$V_{gy} = 0.194Q_{net} + 0.946$	m^3(标准状况)/m^3
	转炉煤气		$V_{gy} = 0.19Q_{net} + 0.926$	m^3(标准状况)/m^3
	焦炉煤气		$V_{gy} = 0.265Q_{net} + 0.114$	m^3(标准状况)/m^3
燃生物质锅炉	$Q_{net,ar} \geqslant 12.54MJ/kg$	$V_{daf} \geqslant 15\%$	$V_{gy} = 0.393Q_{net,ar} + 0.876$	m^3(标准状况)/kg
		$V_{daf} < 15\%$	$V_{gy} = 0.385Q_{net,ar} + 1.095$	m^3(标准状况)/kg
	$Q_{net,ar} < 12.54MJ/kg$		$V_{gy} = 0.385Q_{net,ar} + 0.778$	m^3(标准状况)/kg

注：1. V_{daf} 为燃料干燥无灰基挥发分（%）；V_{gy} 为基准烟气量 [m^3（标准状况）/kg 或 m^3（标准状况）/m^3]。

2. $Q_{net,ar}$ 为固体/液体燃料收到基低位发热量（MJ/kg）；Q_{net} 为气体燃料低位发热量（MJ/m^3）。按前三年所有批次燃料低位发热量的平均值进行选取，未投运或投运不满一年的锅炉按设计燃料低位发热量进行选取，投运满一年但未满三年的锅炉按运行周期年内所有批次燃料低位发热量的平均值选取。

3. 经验公式估算法不适用于使用型煤、水煤浆、煤矸石、石油焦、油页岩、发生炉煤气、沼气、黄磷尾气、生物质气等燃料的锅炉的基准烟气量计算。

值得注意的是：以混合气体为燃料的燃气锅炉，其基准烟气量为各类气体燃料的体积分数与相应基准烟气量乘积的加和；煤和生物质混烧锅炉，其基准烟气量为各类燃料的质量分数与相应基准烟气量乘积的加和。

二、锅炉污染物排放量的计算

工业锅炉排放的废气污染物主要包括锅炉烟气中的烟尘、二氧化硫、氮氧化物、一氧化碳以及烟气黑度。这些污染物主要来自锅炉燃烧煤炭、燃油和燃气过程中的排放。对大气污染影响最为突出的就是烟尘、二氧化硫以及氮氧化物。其中又以燃煤过程产生的污染物排放量最多，对环境的影响也最大。

目前，工业锅炉烟气污染物排放量的计算主要可采用实测法（监测数据法）、物料衡算法和产排污系数法（经验计算法）三种方法。

1. 实测法

实测法即监测数据法，是指根据监测数据测算实际排放量的方法，根据实际测得的烟气量、污染物排放浓度或排放速率进行计算。

$$E = CQ \times 10^{-9} \tag{1-7}$$

式中 E——某项大气污染物的排放量，t/h；

C——污染物的小时排放质量浓度，mg/m^3；

Q——标态干烟气排放量，m^3/h。

2. 物料衡算法

物料衡算法的依据是守恒定律，固体/液体燃料在燃烧或其他工艺过程中产生多少污染物与燃料原料品质及工况条件有很大关系，但总体有一个规律。如采用物料衡算法计算二氧化硫直排排放量，根据燃料消耗量、含硫率进行计算，具体公式如下：

$$E_{SO_2} = 2R \times \frac{S_{ar}}{100} \times \left(1 - \frac{q_4}{100}\right) \times K \tag{1-8}$$

式中 E_{SO_2}——二氧化硫排放量，t；

K——燃料中的硫燃烧后氧化成二氧化硫的份额，无量纲，可参考表1-8取值；

R——锅炉的实际燃料耗量，t；

q_4——锅炉机械不完全燃烧热损失，%，可按照生产商锅炉技术规范书等确定的制造参数取值，也可参考表1-9取值；

S_{ar}——燃料收到基全硫分，%，S_{ar}取计算时段内最大值。

表 1-8 燃料中的硫生成二氧化硫的份额 K

锅炉容量	炉型		K
14MW 或 20t/h 及以上	燃煤锅炉	层燃炉	0.85
		流化床炉（未加固硫剂）	0.80
		室燃炉	0.90
	燃生物质锅炉		0.50
	燃油/燃气锅炉		1.00
14MW 或 20t/h 以下	燃煤炉	层燃炉	0.825
		流化床炉（未加固硫剂）	0.775
		室燃炉	0.90
	燃生物质锅炉		0.40
	燃油/燃气锅炉		1.00

表 1-9 机械未完全燃烧损失 q_4 的一般取值

锅炉容量	燃料类型	炉型	$q_4/\%$	锅炉容量	燃料类型	炉型	$q_4/\%$
14MW 或 20t/h 及以上	燃煤	层燃炉	5	14MW 或 20t/h 及以下	燃煤	层燃炉	10
		流化床炉	5,2(生物质)			流化床炉	16,2(生物质)
		室燃炉	2			室燃炉	3
	燃油	室燃炉	0		燃油	室燃炉	0
	燃气	室燃炉	0		燃气	室燃炉	0

如某企业采用 20t/h 的层燃炉（q_4 取 5%），耗煤量 100t，煤中的硫分为 1.5%，煤中的硫有 80% 转换为二氧化硫，则 100t 煤的二氧化硫产生量＝2×80%×100×(1−5%)×1.5%＝2.28（t）。这是该锅炉的二氧化硫直排排放量，若经过脱硫设施处理后再排放，二氧化硫最终排放量还应减去脱硫设施去除的那部分。如脱硫效率为 80%，则二氧化硫最终排放量为 2.28×(1−80%)＝0.456（t）。

3. 产排污系数法

产排污系数法即经验计算法，国家按现有工业锅炉污染物排放和治理水平，分不同工艺调查总结出了产排污系数，一般表示为单位产品排放量。例如采用层燃炉燃烧烟煤产蒸汽/热水，直排的产排污系数是 10290.43m³（标准状况）工业废气量/t 原料。

采用产排污系数法计算颗粒物、氮氧化物的实际排放量，按照式(1-9)进行。相关排污系数可参考《排污许可证申请与核发技术规范 锅炉》（HJ 953—2018）附录 F。

$$E = R\beta \times 10^{-3} \tag{1-9}$$

式中 E——计算时段内锅炉某项大气污染物的实际排放量，t；

     R——计算时段内锅炉的实际燃料使用量，t 或 $10^4\,\text{m}^3$；

     β——锅炉某项污染物的产排污系数，kg/t 或 $\text{kg}/(10^4\,\text{m}^3)$ 燃料。

 师徒对话

徒弟：师傅，如果碰到锅炉启、停等非正常排放期间，污染物排放量又该怎么计算呢？

师傅：锅炉启、停等非正常排放期间，污染物排放量可采用实测法进行计算。无法采用实测法计算的，采用物料衡算法计算二氧化硫排放量，采用产排污系数法计算颗粒物、氮氧化物排放量，且均按直接排放进行计算。

 任务小结

实测计算法、物料衡算法和经验计算法三种方法都可以用于锅炉排放的烟气量及污染物产生量的计算。只有掌握了污染物排放量的计算方法，才能正确合理地计算其污染物的产生量。根据企业实际情况，可采取一种或者几种方法同时计算锅炉所产生的污染物排放总量。

在实际应用中，对企业烟气量和污染物排放量进行计算或核算时，优先采用实测计算法辅以其他方法，在确实无法实测时，可采用物料衡算法和经验计算法。当用经验计算法时，若计算结果低于理论计算结果，应以理论计算结果为准；在采用排放系数值时，由于排放系数值与生产工况、管理和操作水平有关，应考虑实际情况，适当加以修正。

任务实践评价

工作任务	考核内容	考核要点
工业锅炉污染物 排放量的估算	基础知识	燃烧所产生烟气量的计算
		锅炉燃烧产生的污染物排放量估算
	能力训练	知识的归纳和分析能力
		对比思维能力的训练
		总结能力
		计算能力的训练

应用案例拓展一　《环境空气质量标准》（GB 3095—2012）

某化工有限公司拟建一条公路通向市区，建成后工厂的居住区设在居民点的住宅群内。该居民点现有人口3000人，工厂职工500人。按照当地环保部门的要求，该工厂所在地区应执行的环境质量标准为《环境空气质量标准》（GB 3095—2012），属于标准中规定的环境空气质量功能区的二类区，环境空气污染物浓度适用标准中的二级浓度限值。

应用案例拓展二　标准的选择

某大米加工企业新采用一台蒸发量为35t/h的燃煤锅炉，该锅炉产生的烟尘采用布袋除尘器进行除尘处理后，经35m高烟囱外排。要判断该厂烟囱出口处排放的烟尘浓度是否达标，不能采用《大气污染物综合排放标准》（GB 16297—1996），而应该采用《锅炉大气污染物排放标准》（GB 13271—2014）表2中新建锅炉的烟尘排放浓度限值50mg/m³。如果该锅炉烟尘排放口测得的烟尘浓度高于标准值50mg/m³，说明该企业的烟尘超标排放，应提高除尘效率或采取其他有效措施降低烟气中的颗粒物含量；如果低于标准值50mg/m³，则达标排放。

另外，需注意的是，企业在采用标准时一定要时刻关注标准的更新，采用最新发布的标准版本中规定的限值进行比对。

应用案例拓展三　某企业燃煤锅炉污染物排放量计算

某化工生产企业的工业锅炉参数是额定蒸发量20t/h，1t/h标煤产生6t/h蒸汽，天工作时间24h，年工作日为300d。该企业燃烧的是Ⅱ类烟煤，符合《链条炉排锅炉用煤技术条件》（GB/T 18342—2009）的规定（表1-10）。燃料的挥发分＞25%，空气过剩系数取1.65，请计算该企业每年的烟气量及二氧化硫排放量。

表 1-10　GB/T 18342—2009《链条炉排锅炉用煤技术条件》

序号	项目名称	符号	单位	设计煤种	校核煤种
1	工业分析				
	收到基全水分	M_t	%	14.40	16.30
	干燥无灰基挥发分	V_{daf}	%	24.71	17.21

续表

序号	项目名称	符号	单位	设计煤种	校核煤种
1	收到基灰分	A_{ar}	%	23.08	24.63
	收到基低位发热值	$Q_{net.ar}$	MJ/kg	20992	20139
2	元素分析				
	收到基碳分	C_{ar}	%	50.54	49.32
	收到基氢分	H_{ar}	%	4.08	3.20
	收到基氧分	O_{ar}	%	6.18	4.86
	收到基氮分	N_{ar}	%	1.00	0.91
	收到基硫分	S_{ar}	%	0.72	0.78
3	可磨性指数	K_{VT1}	—	1.37	1.37
4	煤灰熔融性				
	变形温度	DT	℃	1350	1210
	软化温度	ST	℃	1390	1270
	流动温度	FT	℃	1500	1420

1. 燃煤量计算

已知 1t/h 标煤产生 6t/h 蒸汽，则 20t/h 锅炉的耗煤量为：20/6＝3.333（t/h）

则锅炉年耗煤量为：3.333×24×300＝24000（t/a）。

2. 烟气量的计算

（1）以 1kg 煤燃烧为基础，则：

① 理论空气量 V_0 按式（1-3）计算，则：

$$V_0 = 0.0889(C_{ar} + 0.375S_{ar}) + 0.265H_{ar} - 0.0333O_{ar} = 5.096[m^3(标准状况)/kg]$$

② 基准烟气量 V_{gy} 按式（1-4）计算，则：

$$V_{gy} = 1.866 \times \frac{C_{ar} + 0.375S_{ar}}{100} + 0.79V_0 + 0.8 \times \frac{N_{ar}}{100} + (\alpha - 1)V_0 = 8.2718[m^3(标准状况)/kg]$$

（2）20t/h 锅炉耗煤量，即 3.333t 煤燃烧的情况下的烟气量为：

$$V = 8.2718 \times 3.333 \times 1000 = 27570(m^3/h)$$

全年的烟气排放量为 27570×24×300＝1.985×10⁸(m³/a)

3. 二氧化硫的排放量

SO_2 的排放量根据物料衡算公式进行计算：

$$\begin{aligned} E_{SO_2} &= 2R \times \frac{S_{ar}}{100} \times \left(1 - \frac{q_4}{100}\right) \times K \\ &= 2 \times 3.333 \times 0.78\% \times (1 - 5\%) \times 0.85 \\ &= 4.1985 \times 10^{-2}(t) \end{aligned}$$

SO_2 的直排排放浓度为：4.1985×10⁻²/27570＝1.523×10⁻⁶[t/m³(标准状况)]＝1523[mg/m³(标准状况)]

该锅炉全年 SO_2 的排放量为：4.1985×10⁻²×24×300＝302.292（t/a）

 **想一想**

讨论一下根据经验采用产排污系数计算时，该化工生产企业的这台额定蒸发量 20t/h 的锅炉所排放的烟气量和二氧化硫的排放量分别会是多少呢？

师徒对话

徒弟：师傅，刚才我们采用产排污系数法计算该化工企业的排气量时，和理论计算的结果有差值，应该以哪个计算结果为准呢？

师傅：其实在估算企业的排放量时，尽量采用实测计算法辅以其他方法进行核实。在确实无法实测时，再采用物料衡算法和经验计算法。用经验计算法时，若计算结果低于理论计算结果，应以理论计算结果为准。

 项目思维导图

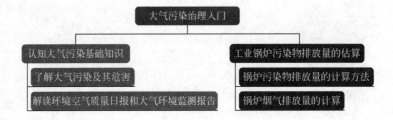

 项目技能测试

一、单选题

1. 细颗粒物是指空气动力学直径（　　　）的颗粒状污染物。

A. $\leqslant 2.5\mu m$ 　　　　B. $\leqslant 10\mu m$ 　　　　C. $>2.5\mu m$ 　　　　D. 介于 $0.1\sim 2.5\mu m$ 之间

2. 以下不属于大气污染全球性危害的是（　　　）。

A. 酸雨 　　　　B. 温室效应 　　　　C. 臭氧层空洞 　　　　D. 富营养化

3. 以下属于二次污染物的是（　　　）。

A. 从烟囱排出的烟粒 　　　　　　　　B. 风刮起的灰尘

C. 海水溅起的浪花 　　　　　　　　　D. 光化学烟雾

4. 我国的《环境空气质量标准》（GB 3095—2012）将环境空气质量功能区分为（　　　）类，其中二类区执行（　　　）级标准。

A. 三，二 　　　　B. 二，二 　　　　C. 三，一 　　　　D. 二，一

5. 当空气质量指数 AQI 达到第（　　　）级时，空气质量是轻度污染。

A. 2 　　　　B. 3 　　　　C. 4 　　　　D. 5

6. 《环境空气质量标准》（GB 3095—2012）中规定二类环境功能区二氧化硫的日均浓度值为（　　　）$\mu g/m^3$。

A. 40 　　　　B. 60 　　　　C. 80 　　　　D. 150

7. 根据《环境空气质量指数（AQI）技术规定（试行)》（HJ 633)，我国将空气质量指数分为了（　　　）个等级。

A. 六 　　　　B. 五 　　　　C. 四 　　　　D. 三

8. 在我国现有国家大气污染物排放标准体系中，按照综合性排放标准与行业性排放标准同时存在时（　　　）的原则。

A. 优先执行综合性排放标准 　　　　　B. 优先执行行业性排放标准

C. 任意选择其一执行 　　　　　　　　D. 不交叉执行

9. 当降水 pH 值小于（   ）时便产生了酸雨。

A. 5.6　　　　　　B. 6.5　　　　　　C. 7.0　　　　　　D. 7.5

10. 空气质量指数类别为良时对应的颜色为（   ）。

A. 红　　　　　　B. 黄　　　　　　C. 蓝　　　　　　D. 绿

11. 空气质量日报中，当 AQI 大于（   ）时对应的污染物即为首要污染物。

A. 50　　　　　　B. 100　　　　　　C. 150　　　　　　D. 200

（12～15 题请查阅燃煤工业锅炉的废气产排污系数表完成）

12. 燃烧烟煤产生蒸汽/热水的层燃炉，通过卧式静电除尘后烟尘的排污系数为（   ）（A 为含灰量）。

A. 1.25A　　　　B. 0.5A　　　　C. 0.04A　　　　D. 0.23A

13. 燃烧烟煤产生蒸汽/热水的循环流化床炉，直排的工业废气量的产排污系数为（   ）m^3（标准状况）/t 原料。

A. 9415.54　　　B. 9886.32　　　C. 10290.43　　　D. 9097.4

14. 燃烧无烟煤产生蒸汽/热水的循环流化床炉，直排的氮氧化物的产排污系数为（   ）kg/t 原料。

A. 2.7　　　　　　B. 1.82　　　　　C. 4.72　　　　　D. 3.11

15. 燃烧褐煤产生蒸汽/热水的层燃炉，在炉内采用湿式除尘脱硫方法（钙法/镁法/其他脱硫剂）后二氧化硫的排污系数为（   ）kg/t 原料（S 为含硫量）。

A. 4.5S　　　　B. 10.5S　　　　C. 15S　　　　D. 3.15S

二、判断题

1. 煤炭型污染常发生在以煤炭和石油为燃料的地区，主要污染物是 SO_2、CO_2 和颗粒物。（   ）

2. 可吸入颗粒物是指大气中粒径小于 2.5μm 的固体微粒。（   ）

3. 从烟囱排出的烟粒、风刮起的灰尘属于二次污染物。（   ）

4. 温室气体主要有 CO_2、CH_4、O_3 等，其中尤以 CH_4 的温室效应最明显。（   ）

5. 臭氧是大气中的微量气体之一，主要浓集在对流层 20～25km 的高空。（   ）

6. 大气环境标准按其用途可分为国家标准、地方标准和行业标准。（   ）

7. 我国现在采用的是《环境空气质量标准》（GB 3095—1996）。（   ）

8.《大气污染物综合排放标准》（GB 16297—1996）设置如下指标：一是通过排气筒排放的污染物最高允许排放浓度；二是通过排气筒排放的废气，按排气筒高度规定的最高允许排放速率。任何一个排气筒必须同时遵守上述两项指标，超过其中任何一项均为超标排放。（   ）

9. AQI 是指环境空气指数，其污染物监测指标为二氧化硫、二氧化氮、PM_{10}、$PM_{2.5}$、二氧化碳和臭氧 6 项。（   ）

10. 我国将空气质量指数分为了六个等级，级别越低，说明污染越严重，对人体健康的影响也越明显。（   ）

11. 在理论空气量下，燃料完全燃烧所生成的烟气体积称为烟气实际体积。（   ）

12. 目前，锅炉烟气污染物排放量的计算主要有实测法、物料衡算法和产排污系数法三种。（   ）

三、以小组为单位课下讨论以下问题，课堂上进行陈述。

1. 简述大气污染、大气污染物和大气污染源的区别和联系。

2. 请解读今天的环境空气质量报告并根据质量状况告知防护措施。

3. IAQI 和 AQI 究竟是如何算出来的呢？

4. 一份完整的空气质量监测报告一般包含哪些内容？

四、请试着阐述按照物料衡算法计算锅炉烟气排放量的思路。

烟粉尘治理技术及行业应用

环保人 & 环保事

2014 年 8 月 2 日，江苏省昆山市昆山经济技术开发区的某金属制品有限公司，抛光二车间发生特别重大铝粉尘爆炸事故，造成 75 人死亡、185 人受伤。当天汽车轮毂抛光车间突然冒起一大股白色烟雾，大约 10s 之后烟雾由白色转变为青灰色，并且越来越浓烈；2min后汽车轮毂抛光车间发生爆炸，爆炸后厂房的屋顶被掀开了三分之二以上。因爆炸会使得粉尘四处飞散，再加上现场情况混乱，二次爆炸极易发生。事故发生后现场被封锁。

各方全力组织力量对现场进行深入搜救，救治受伤人员，抓紧排查隐患，防止发生次生事故，强化安全生产措施，坚决遏制此类事故再度发生。2014 年 8 月 4 日由事故调查组确定，此次事故是因粉尘浓度超标，遇到火源发生爆炸。昆山爆炸是一起重大责任事故。

那么，环保部门与粉尘涉爆企业该如何做才能避免发生粉尘爆炸呢？

粉尘爆炸五要素见图 2-1。

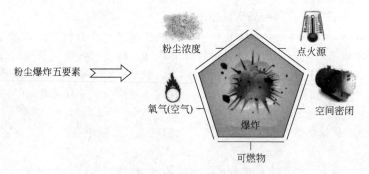

图 2-1 粉尘爆炸五要素

项目导航

在上述"环保人 & 环保事"案例中，昆山某公司无视国家法律，违法违规组织项目建设和生产，违法违规进行厂房设计与生产工艺布局，违规进行除尘系统设计、制造、安装、改造，车间铝粉尘集聚严重，安全生产管理混乱，安全防护措施不落实，是事故发生的主要原因。作为一名环保公司的技术员，设计合适的除尘器收集处理车间铝粉尘，做到有效控制车间内铝粉尘浓度，尾气达标排放，具体是怎样进行呢？下面请学习水泥行业袋式除尘器选型设计任务内容，完成去除金属制品行业铝粉尘的袋式除尘器的选型设计。

技能目标

1．能根据行业企业烟（粉）尘排放的实际情况进行工程分析，选择合适的袋式除尘器或电除尘器类型；

2．能熟练使用除尘工程通用规范，如《袋式除尘器技术要求》（GB/T 6719）、《袋式除尘工程通用技术规范》（HJ 2020—2012）、《电除尘工程通用技术规范》（HJ 2028—2013）等；

3．能独立绘制除尘系统工艺流程图，编制除尘设计方案，并能举一反三；

4．提高运用专业知识分析问题、解决问题的能力。

知识目标

1．熟悉典型行业的含尘废气的特点和粉尘性质；

2．熟悉典型行业的污染物排放相关政策；

3．识记袋式除尘器和电除尘器的设计选型步骤；

4．掌握袋式除尘器和电除尘器的主要性能参数计算。

任务一　水泥行业袋式除尘器选型设计

情景导入

环保部（现生态环境部）2017年全国环境统计公报显示：2015年全国废气中烟（粉）尘排放量1538.0万吨，其中工业烟（粉）尘排放量为1232.6万吨，占烟（粉）尘排放总量的80.1%；水泥制造企业3377家，排放烟（粉）尘83.6万吨，占工业烟（粉）尘排放量的6.78%。那么水泥行业生产过程中烟（粉）尘主要来源于什么工序？如何选用合适的设备进行治理呢？请同学们学习本任务内容，以小组为单位进行讨论。

一、确定选型设计背景参数

目前世界上各国生产水泥的最先进和最主要的工艺为新型干法工艺，该工艺以新型干法烧成技术为核心，采用新型原料、燃料预均化技术和节能粉磨技术及装备，全线采用计算机集散控制，实现水泥生产过程自动化，具有投资大、厂区占地面积大、管理方便、能耗低、单位生产能力高、熟料质量稳定、环境友好等特点。我国新型干法工艺已占到90%以上，广东省通过不断淘汰落后产能，新型干法工艺占比已达到100%。图2-2为典型的新型干法生产工艺流程图。水泥行业中的成品与半成品主要以粉状形式存在，生产原料均化形成生料，生料通过煅烧形成熟料，熟料和缓凝剂、混合材料等混合粉磨形成水泥成品。"两磨一烧"（生料磨、熟料煅烧、水泥磨）的生产过程中，产生许多细颗粒物和硫化物、氮氧化物，这些都是形成 PM$_{2.5}$ 的因素，因此可以说水泥行业是副产 PM$_{2.5}$ 的大户。

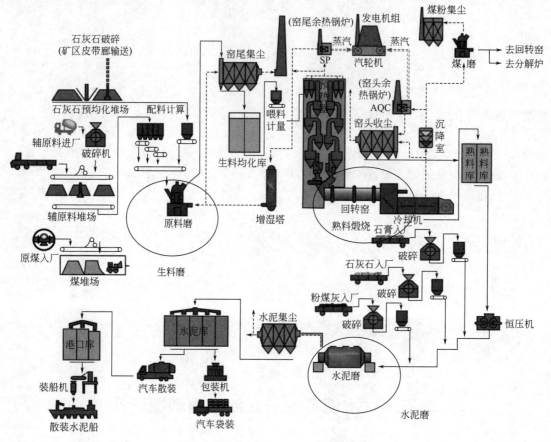

图 2-2　新型干法生产工艺流程示意图

师徒对话

　　徒弟：师傅，水泥的核心生产过程为"两磨一烧"（生料磨、熟料煅烧、水泥磨），为什么在有些水泥企业没看到煅烧窑炉呢？

　　师傅：在实际生产中，水泥磨环节常常被独立出来，形成水泥粉磨企业，这些企业通过购买熟料和其他原料进行水泥成品生产。因此，水泥企业有水泥生产企业和水泥粉磨企业两种形式，你看到的那个水泥企业就属于水泥粉磨企业。

　　水泥行业按过去的环保标准，在旋窑的窑头、窑尾基本上都安装了电除尘器，其优势在于不需另设增湿调质装置，流程简单，投资低。20 世纪 90 年代末，袋式除尘器以其连续、稳定和高效的优点用于旋窑窑头、窑尾的企业越来越多。尤其是执行了新的国家标准后，不少窑头、窑尾的电除尘器不能达标，需改造为袋式除尘器或电-袋除尘器。由于窑头熟料冷却机余风中熟料粉尘的磨蚀性强，所以各种袋式除尘器都不能采用覆膜滤料，否则表面披覆的膜会很快失去。对于窑头熟料烟气，一方面需强制风冷或喷水降温后再送入除尘器，以免滤袋被高温烧坏；另一方面还要改善滤料，如采用经过硅油处理的中纤玻纤滤袋（可耐

280℃)。目前，国内不少干法旋窑窑尾带余热发电锅炉，烟气温度一般为 200～240℃，露点为 35℃左右，可直接使用"玻纤脉冲袋式除尘器"，过滤风速经济值为 0.8～1.0m/min。烟气不需冷却但要做保温措施，因为在通风不良的烟气滞留区，除尘器外部的局部温度仍可能低于露点。

综上所述，袋式除尘器作为一种高效除尘设备已被广泛应用于水泥行业的各个生产环节。随着水泥生产工艺技术的不断进步，袋式除尘器已不仅仅是环保设备，而且是必不可少的生产设备了。

本任务以水泥行业窑尾袋式除尘器的选型设计为例进行详细介绍。

项目概况：新疆某水泥有限责任公司拟新增一条 5000t/d 熟料水泥生产线，采用新型干法生产工艺，窑炉为回转窑，原料磨、熟料煅烧和水泥磨过程中产生许多细颗粒物，请设计一窑尾袋式除尘器，放置于增湿管道与原料磨排风机后，用于窑尾及原料磨废气的净化处理。

 想一想

该窑尾袋式除尘器的选型设计思路是怎样的？

袋式除尘器的种类很多，其选型计算特别重要，选型不当，如设备过大，会造成不必要的浪费，而设备选小会影响生产，难以满足环保要求。一般来讲，选型计算前首先应知道含尘气体的基本工艺参数，如含尘气体的风量、气体温度、含尘浓度、气体湿度以及粉尘的粒径分布、润湿性、黏附性等性质；其次通过工艺参数计算得到过滤风速、过滤面积、滤袋数量及设备阻力；然后再选择合适的滤袋材质、滤袋排列方式、清灰方式及控制设备等；最后选取袋式除尘器的具体型号。

水泥行业袋式除尘器选型设计需要的背景参数主要包括排放要求、废气性质、粉尘性质和气象地质条件等四个方面（表 2-1），另外还要考虑除尘器的压力损失、投资、运行费用、维护管理难易程度、安装位置、耐蚀性、耗钢量，以及收集粉尘的处理与利用等。

表 2-1　水泥行业袋式除尘器选型设计的背景参数

名称	所需参数
排放要求	废气进入除尘器的一般及最大含尘浓度(g/m³);废气排放标准,即废气从除尘器排出要求的最终含尘浓度(mg/m³)
废气性质	需净化的废气量及最大量(m³/h);进出除尘器的废气温度及温度波动范围(℃);进出除尘器的废气最大压力(Pa);废气成分的体积分数(%);废气的湿度,通常用废气露点值表示
粉尘性质	粉尘的粒径和粒径分布(%);粉尘的堆积密度(kg/m³);粉尘的自然安息角;粉尘的纤维性、黏附性;粉尘的化学组成和粉尘的磨损性;粉尘的腐蚀性、吸水性、爆炸性
气象地质条件	最高、最低及年平均气温(℃);地区最大风速(m/s);风载荷、雪载荷(N/m²);设备安装的海拔高度及各高度的风压力(kPa);地震烈度(度);相对湿度(%)

1. 排放要求

（1）设计入口含尘浓度

入口含尘浓度是指入口含尘气体的单位标态体积中所含固体颗粒物的质量，单位为 g/m³ 或 mg/m³。水泥的生产工艺流程中，废气的排放主要集中在原料场、窑头、窑尾和水泥粉磨过程，其中原料场为无组织排放，窑头、窑尾和水泥粉磨为有组织排放。袋式除尘器的设计进口含尘浓度与水泥生产的工艺和除尘器的具体应用场所密切相关。

干法生产工艺中，生料由窑尾悬浮预热器下料口喂入后，逐级与窑内的热气流进行充分热交换并实现气体粉尘与固体颗粒的分离，完成预热、分解和烧成后产生的烟气则由窑尾预热器出风口排出，而烧成的熟料则由窑头经冷却后排出，因此干法回转窑窑尾排出的烟气非常复杂，既含有生料带入的飞灰，又含有经过一系列物理化学反应而形成的大量烟尘气体。窑尾袋式除尘器具体位于增湿管道与原料磨排风机之后（图 2-3），用于窑尾及原料磨废气的净化处理，该环节的粉尘排放最为严重，约占水泥厂粉尘总排放量的 70% 以上。干法回转窑窑头冷却机的作用是使高压鼓风机鼓入强烈的冷空气，使高温熟料得到急剧冷却，而冷空气与熟料进行热交换后，一部分作为二次空气进入回转窑，多余的废气可利用其部分或全部作为其他用途的热源，或经除尘后排入大气。

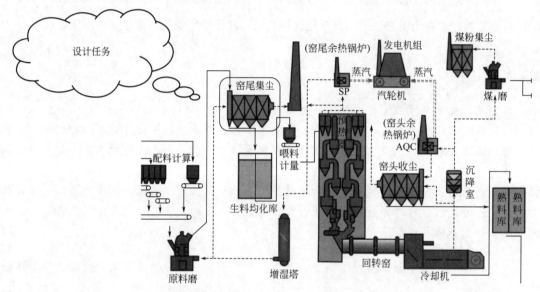

图 2-3　新型干法生产工艺流程之窑尾除尘器

窑尾、窑头和烘干废气的含尘浓度范围见表 2-2，窑尾除尘器含尘浓度运行实测数值为 68g/m³，设计进口含尘浓度取值 100g/m³。

表 2-2　水泥行业废气含尘浓度

窑尾（含原料粉磨）废气	窑头废气	烘干废气
含尘浓度高，正常工况（标况）含尘浓度一般为 60~80g/m³	含尘浓度波动大，正常工况（标况）含尘度一般为 2~30g/m³，当工况不正常出现黄料时，含尘浓度（标况）可高达 80g/m³	含尘浓度高，正常工况（标况）一般为 50~100g/m³

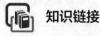 **知识链接**

水泥生产原料有哪些？

水泥种类不同，使用的原料也存在差别。以通用硅酸盐水泥为例，水泥生产原料包括石灰质原料、黏土质原料、校正原料、缓凝剂、混合材料等。

石灰质原料：主要成分为碳酸钙，为水泥熟料提供氧化钙，1t 熟料约需 1.4~1.5t 石灰质原料，在生料中约占 80%，从量上来说是水泥生产的最主要原料。如石灰石、石灰质泥灰岩、白垩、贝壳等。

黏土质原料：主要是含碱和碱土的铝硅酸盐，为熟料提供二氧化硅、氧化铝、氧化铁等。1t 熟料约需 0.3～0.4t 黏土质原料，在生料中约占 11%～17%。如黄土、黏土、页岩、泥岩、粉砂岩等。

校正原料：石灰质和黏土质原料中的成分可能不都能满足水泥生产的需要，需要进行一定的补充校正。常用的有铁质校正原料、铝质校正原料、硅质校正原料，分别可补充氧化铁、氧化铝和二氧化硅。掺加量通过实际计算确定。

缓凝剂：主要添加在水泥粉磨环节，用来调节水泥凝结时间，一般为石膏和磷石膏，掺加量 3%～5%。

混合材料：主要添加在水泥粉磨环节，用来改善水泥的某些性能，增加水泥产量。

此外，很多生产、生活废渣也可用作水泥生产原料，如赤泥、电石渣、煤矸石、粉煤灰、石煤，可代替或部分代替石灰质原料、黏土质原料或混合材料。部分生活、建筑垃圾，污水厂污泥等也可用作水泥原料，但需要控制用量，避免影响水泥品质。

（2）设计出口含尘浓度

出口含尘浓度是指出口含尘气体的单位标态体积中所含固体颗粒物的质量，单位为 mg/m³。根据《水泥工业大气污染物放标准》（GB 4915—2013）中的有关规定，窑尾除尘器的出口含尘浓度不大于 30mg/m³。

现有与新建企业大气颗粒物排放限值见表 2-3。

表 2-3　现有与新建企业大气颗粒物排放限值　　　　单位：mg/m³

生产过程	生产设备	颗粒物排放限值
矿山开采	破碎机及其他通风生产设备	20
水泥制造	水泥窑及窑尾余热利用系统	30
	烘干机、烘干磨、煤磨及冷却机	30
	破碎机、磨机、包装机及其他通风生产设备	20
散装水泥中转站及水泥制品生产	水泥仓及其他通风生产设备	20

（3）除尘效率

评价除尘器性能的指标通常包括技术指标和经济指标两方面。技术指标主要有处理气体流量、净化效率和压力损失等；经济指标主要有设备费（初投资）、运行费（运行投资）、占地面积、使用寿命、可靠性与稳定性等。此外，还应考虑装置安装、操作、检修的难易等因素。这些因素中，净化效率是表示除尘器污染物去除效果的重要技术指标，对于除尘装置称为除尘效率。下面详细介绍除尘效率的计算。

① 总效率　总效率是指在同一时间内除尘器去除的污染物数量与进入除尘器的污染物数量之比。除尘效率表达式中的有关符号如图 2-4 所示：除尘器进口的气体流量为 Q_{1N}［m³（标准状况）/s］、污染物数量为 S_1（g/s）、污染物浓度为 ρ_{1N}［g/m³（标准状况）］，除尘器出口的相应量为 Q_{2N}［m³（标准状况）/s］、S_2（g/s）、ρ_{2N}［g/m³（标准状况）］。若除

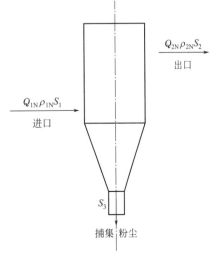

图 2-4　除尘效率表达式中的有关符号

尘器捕集的污染物数量为 S_3（g/s），则有：

$$S_1 = S_2 + S_3 \tag{2-1}$$

总效率可表示成：

$$\eta = 1 - \frac{S_2}{S_1} = 1 - \frac{\rho_{2N}Q_{2N}}{\rho_{1N}Q_{2N}} \tag{2-2}$$

② 通过率　通过率是指从除尘器出口逸散的污染物数量与入口污染物数量之比，用 P 来表示。P 值越大，说明出口逸散量越大。当除尘效率达 99% 以上时，如表示成 99.9% 或 99.99%，在表达装置性能的差别上不明显，所以一般采用通过率 P 来表示：

$$P = \frac{S_2}{S_1} = \frac{\rho_{2N}Q_{2N}}{\rho_{1N}Q_{1N}} = 1 - \eta \tag{2-3}$$

③ 分级除尘效率　除尘器的总除尘效率的高低，往往与粉尘粒径大小有很大关系。为了表示除尘效率与粉尘粒径的关系，提出分级除尘效率的概念。分级除尘效率是指除尘装置对某一粒径 d_p 或粒径间隔 Δd_p 内粉尘的除尘效率，简称分级效率。分级效率可以用表格、曲线图或显函数表示，其中 Δd_p 代表某一粒径或粒径间隔。

若设除尘器进口、出口和捕集的 d_p 颗粒的质量流量分别为 S_1、S_2 和 S_3，则该除尘器对 d_p 颗粒的分级效率为：

$$\eta_i = \frac{S_{3i}}{S_{1i}} = 1 - \frac{S_{2i}}{S_{1i}} \tag{2-4}$$

对于分级效率，一个非常重要的值是 50%，与此值相对应的粒径称为除尘器的分割粒径，一般用 d_c 表示。分割粒径 d_c 在讨论除尘器性能时经常用到。

④ 分级效率与总效率之间的关系

a. 由总效率求分级效率。在除尘器性能测试实验中，可以测出除尘器进口和出口的粉尘浓度 ρ_1、ρ_2，并计算出总除尘效率 $\eta_总$，同时测出除尘器进口、出口和捕集的粉尘质量频率 g_1、g_2、g_3 中任意两组数据，则分级效率为：

$$\eta_分 = \frac{S_3 g_{3i}}{S_1 g_{1i}} = \eta_总 \frac{g_{3i}}{g_{1i}} \tag{2-5}$$

或：

$$\eta_分 = 1 - \frac{S_2 g_{2i}}{S_1 g_{1i}} = 1 - P \frac{g_{2i}}{g_{1i}} \tag{2-6}$$

b. 由分级效率求总效率。这类计算属于设计计算，即根据某种除尘器净化某粉尘的分级效率数据和某粉尘的粒径分布数据，计算该种除尘器净化该粉尘时能达到的总除尘效率，计算公式如下：

$$\eta_总 = \sum_i \eta_i g_{1i} \tag{2-7}$$

⑤ 多级串联运行时的总效率　若多级除尘器中每一级的运行性能是独立的，已知各级除尘器的除尘效率分别为 η_1，η_2，…，η_n，则 n 级除尘器串联后的总除尘效率为：

$$\eta = 1 - P = 1 - (1-\eta_1)(1-\eta_2)\cdots(1-\eta_n) \tag{2-8}$$

本设计任务中设计入口含尘浓度为 100g/m³，设计出口含尘浓度为 30mg/m³，则要求袋式除尘器的总效率为：

$$\eta = \frac{100000 - 30}{100000} \times 100\% = 99.97\%$$

2. 废气性质

窑尾袋式除尘器用于窑尾及原料磨废气的净化处理，占全厂处理废气量的 80% 以上，

如 $1 \times 10^4 t/d$ 生产线的窑尾处理风量可达 $200 \times 10^4 m^3/h$，同时，处理气体流量是评价除尘器性能的重要技术指标。

处理气体流量是代表除尘器处理气体能力大小的指标，一般以体积流量（m^3/h 或 m^3/s）表示。实际运行的除尘器，由于设备本体漏气等原因，往往除尘器进口和出口的气体流量不同，因此，用两者的平均值作为处理气体流量。由于处理气体流量与除尘器进出口的气体状态（温度、湿度和压力）有关，所以常换算为标准状态下的干气体流量，表示为 Q_{1N} 和 Q_{2N}，单位为 m^3（标准状况）/s。

$$Q_N = \frac{1}{2}(Q_{1N} + Q_{2N}) \tag{2-9}$$

式中 Q_{1N}——除尘器进口气体流量，m^3（标准状况）/s；

  Q_{2N}——除尘器出口气体流量，m^3（标准状况）/s。

除尘器漏风率 δ 可按下式计算：

$$\delta = \frac{Q_{1N} - Q_{2N}}{Q_{1N}} \times 100\% \tag{2-10}$$

具体设计选型时，Q 值要根据理论计算和经验数据综合考虑后选取，且要选择生产时产生的最大废气量，同时考虑到系统的最大漏风量。本设计任务中窑尾处理风量设定为 $960000 m^3/h$。

水泥窑废气的主要特点见表 2-4。

表 2-4 水泥窑废气的主要特点

窑尾（含原料粉磨）废气	窑头废气	烘干废气
(1)废气温度高,一般为 320～350℃。 (2)废气成分复杂,常含 SO_2、氮氧化物、氟氧化物等有害气体;粉尘含碱性化合物,黏性大,剥离性差。 (3)风量大,且随着窑工况变化,风量不稳定。 (4)工艺上采用增湿塔喷雾降温时,废气中含一定的水蒸气	(1)随着窑工况的变化,废气温度为 100～250℃,波动范围大;出现异常情况时,瞬间温度可达 400℃。 (2)粉尘中粗颗粒外表温度低,内部温度较高,当这些颗粒在收尘器内驻留时间较长时,可能产生复燃现象而烧坏滤袋	(1)废气中湿含量大,最高可达 15%。 (2)废气露点温度高,最高达 60℃左右。 (3)废气有一定的腐蚀性

3．粉尘性质

粉尘主要是由水泥生产过程中原料、燃料和水泥成品储运，物料的破碎、烘干、粉磨、煅烧等工序产生的废气排放或外逸而引起的，其中原料粉磨及煅烧产生的粉尘排放最为严重，约占水泥厂粉尘总排放量的 70% 以上，含有游离二氧化硅，成分复杂。水泥厂不同生产工序排放的粉尘种类及粒径分布见表 2-5。

表 2-5 水泥厂不同生产工序排放的粉尘种类及粒径分布表

污染源 （生产工序）	粉尘种类	粒径分布/%		
		$\leqslant 10\mu m$	$10 \sim 40\mu m$	$> 40\mu m$
窑尾（含原料粉磨）	水泥窑粉尘、生料粉尘	78	16	6
生料均化	生料粉尘	78	16	6
煤粉制备	煤粉	58	38	4
熟料冷却	熟料粉尘	41	53	6
无组织粉尘	原料粉尘等	20	20	60

水泥生产过程中粉尘粒径分析显示，$10\mu m$ 以下的粉尘所占比例很大。$10\mu m$ 以下的粉尘中，$<2\mu m$ 的约占 60%，$2\sim5\mu m$ 的约占 25%，$5\sim10\mu m$ 的约占 15%。水泥工业粉尘颗粒的尺寸范围很大，涵盖了从亚微米级粉尘到易于沉降的毫米级微粒。

 **想一想**

细颗粒物如何向人类发动总攻？

下载视频，观看动画。该动画将为同学们清晰地展示粒径小的细颗粒物对人类发动总攻的过程，以及造成的危害。

 知识链接

粉尘颗粒都是球形的吗？什么是粒径分布呢？本设计任务中要综合考虑水泥粉尘的哪些性质呢？

1. 粒径与粒径分布

大气污染控制所涉及的颗粒一般是所有大于分子的颗粒，粒径大致在 $0.001\sim100\mu m$ 之间。粒子必须悬浮于气体中才能成为气溶胶，大于 $100\mu m$ 的颗粒在空气中的沉降速度太快，不能久存于气溶胶中。颗粒的尺寸不同，其物理、化学特性各异，对人体和环境的危害也不相同，同时其对处理设施的去除机制和效果的影响也很大。表征颗粒物尺寸的主要参数包括粒径和粒径分布。粒径是以单个颗粒为对象，表征单颗粒几何尺寸的大小。粒径分布是以颗粒群为对象，表征所有颗粒在总体上几何尺寸的大小。

由蒸气冷凝形成的粒子（如金属烟）或高温燃烧过程产生的粒子（如燃烧粉煤产生的颗粒状排出物——飞灰），形状常常是规则的球形或立方形。对于球形颗粒，可以用其几何直径来表示颗粒的粒径。但很多工业过程中产生的固体颗粒物，不仅大小不同，而且形状也不规则，有块状、板状和针状等，因此，需要按一定的方法来确定一个表示颗粒大小的最佳代表性尺寸，以作为颗粒的粒径。一般是将粒径分为反映单个颗粒大小的单一粒径和反映由不同颗粒组成的粒子群的平均粒径。

（1）单一粒径

对于形状不规则的非球形颗粒，根据不同的目的和测定方法而规定出不同的粒径定义，归纳起来有三种形式：投影直径、几何当量直径和物理当量直径。

① 投影直径

a. 定向直径 d_F，为各颗粒在投影图同一方向上的最大投影长度 [图 2-5(a)]。

b. 定向面积等分直径 d_M，也称马丁直径，为各颗粒在投影图同一方向上将颗粒投影面积二等分的线段长度 [图 2-5(b)]。

c. 投影面积直径 d_H，也称黑乌德直径，为与各颗粒投影面积相等的圆的直径 [图 2-5(c)]。

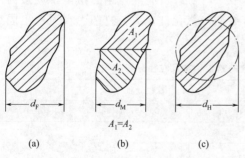

图 2-5 投影粒径的三种表达方式

黑乌德测定分析表明，同一颗粒的 $d_F>d_H>d_M$，并随其长短轴之比 l/b 增大，偏差增大。

② 几何当量直径 取与颗粒的某一几何量（面积、体积）相同的球体颗粒的直径为其几何当量直径，如等体积直径 d_V，是与颗粒体积相等的圆球的直径。

③ 物理当量直径 是与颗粒的某一物理量相同的圆球的直径，如：

a. 斯托克斯（Stokes）直径 d_s，是在同一流体中与被测颗粒的密度相同和沉降速度相等的圆球的直径。

b. 空气动力学直径 d_a，是与空气中被测颗粒的沉降速度相等的单位密度的圆球的直径。

斯托克斯直径是用沉降法得到的粒径，空气动力学直径是用多级旋风除尘器得到的粒径，这两种直径是除尘技术中应用最多的，原因在于它们与不规则颗粒（包括凝聚体）在流体中的运动行为密切相关。

（2）平均粒径

为了简明地表示颗粒群的某一物理特征和平均尺寸大小，往往需要求出颗粒群的平均粒径。实际工程计算中应根据具体任务和粉尘的性质等，选择最恰当的粒径计算方法，大气污染控制领域最为常用的表示方法是质量算术平均粒径、质量众径和质量中位径（表 2-6）。

表 2-6 常用颗粒群平均粒径

名称	符号	定义	确定方法
质量算数平均粒径	d_L	颗粒群以质量为基准的直径算数平均值	$d_L = \dfrac{\sum n_i d_{pi}}{\sum n_i}$
质量中位径	d_{50}	颗粒群质量筛下累积频率（D）为 50％ 处对应的直径	$D=0.5$ 处对应的粒径
质量众径	d_d	颗粒群质量筛下累积频率（D）拐点处或质量频度（p）极大值处对应的直径	$dp/dd_p = d^2G/dd_p^2 = 0$ 处对应直径

（3）粒径分布

对于各种不同粒径的颗粒组成的集合体，单纯用平均粒径来表征显然是不够的，因此，需要用粒径分布表示粒子群粒度的分散程度，所以粒径分布又称分散度，是某种粉尘中不同粒径范围内颗粒所占质量分数或数量分数，前者称为质量分布，后者称为粒数分布。由于质量分布更能反映不同大小的粉尘对人体和除尘设备性能的影响，因此在颗粒污染控制技术中使用较多。掌握粒径分布对选择分离净化设备、评价净化性能、研究粒子群的扩散与凝聚行为以及对环境造成的污染影响等方面具有重要的意义。这里重点介绍质量分布的表示方法。

粒径分布的表示方法有列表法、图示法和函数法。下面仅以列表法就粒径质量分布测定数据的整理过程来说明粒径分布的表示方法和相应的定义。

测定某种粉尘的粒径质量分布，先取尘样，其质量 $m_0 = 10g$。再将尘样按粒径大小分成若干组，一般分为 8～20 组，这里分为 9 组。经测定得到各粒径范围 $[d_p$ 至 $(d_p + \Delta d_p)]$ 内的尘粒质量为 Δm（g）。Δd_p 称为粒径间隔或粒径宽度，在工业生产中也称为组距。将该粉尘样的测定结果及计算结果列入表 2-7 中。

表 2-7　粒径质量分布的测定和计算结果

分组号	1	2	3	4	5	6	7	8	9
粒径间隔 $d_p/\mu m$	0~5	5~10	10~15	15~20	20~30	30~40	40~50	50~60	>60
间隔中值 $\Delta d_p/\mu m$	2.5	7.5	12.5	17.5	25	35	45	55	—
粉尘质量 $\Delta m/g$	1.95	2.05	1.50	1.00	1.20	0.75	0.45	0.25	0.85
频率分布 $g/\%$	19.5	20.5	15.0	10.0	12.0	7.5	4.5	2.5	8.5
频度分布 $f/(\%/\mu m)$	3.90	4.10	3.00	2.00	1.20	0.75	0.45	0.25	—
筛下累积频率 $D/\%$	19.5	40.0	55.0	65.0	77.0	84.5	89.0	91.5	100

表 2-8 所示为在静止空气中不同粒度的尘粒从 1m 高处降落到底板所需的时间。

表 2-8　尘粒沉降时间

粒度/μm	100	10	1	0.5	0.2
沉降时间/min	0.043	4.0	420	1320	5520

2. 粉尘密度

单位体积粉尘的质量称为粉尘的密度 ρ，其单位是 kg/m³ 或 g/cm³。由于粉尘的产生情况不同，实验条件不同，获得的密度值也不同。粉尘的密度有两种表述方式：真密度和堆积密度。

由于粉尘颗粒表面不平和其内部有空隙，所以粉尘表面和内部吸附着一定的空气。设法将吸附在粉尘表面和内部的空气排出后测得的粉尘自身的密度称为真密度 ρ_p。呈堆积状态存在的粉尘，除了每个尘粒吸附一定空气外，尘粒之间的空隙中也含有空气，将包括粉体粒子间气体空间在内的粉尘的密度称为堆积密度 ρ_b。

对同一种粉尘来说，其堆积密度值一般要小于真密度值。例如煤粉燃烧产生的飞灰粒子，内部含有熔融的空心球，其堆积密度为 1.07g/cm³，真密度为 2.2g/cm³；由冷凝过程形成的粉尘粒子如氧化铅，会大规模凝集，由于包含空气，其凝集成的集合体的密度为 0.62g/cm³，真密度为 9.4g/cm³。若将粉尘之间的空隙体积与包含空隙的粉尘总体积之比称为空隙率，用 ε 表示，则粉尘的真密度 ρ_p 与堆积密度 ρ_b 之间存在如下关系：

$$\rho_b = (1-\varepsilon)\rho_p \qquad\qquad (2-11)$$

对于一定种类的粉尘来说，ρ_p 是定值，而 ρ_b 则随空隙率而变化，ε 值与粉尘种类、粒径及充填方式等因素有关。粉尘愈细，吸附的空气愈多，ε 值愈大；充填过程加压或进行振动，ε 值减小。

粉尘的真密度应用于研究尘粒在空气中的运动行为等方面，而堆积密度则可用于存仓或灰斗的容积确定等方面。

3. 粉尘黏附性

粉尘粒子附着在固体表面上，或者粉尘粒子彼此相互附着的现象，称为黏附，后者亦称为自黏。粉尘的黏附性是指粉尘颗粒之间凝聚的可能性或粉尘对器壁黏附堆积的可能性。粉尘颗粒由于凝聚变大，从一方面来说，有利于提高除尘器的捕集效率，而从另一方面来说，粉尘对器壁的黏附会造成装置或管道的堵塞或引起故障。

黏附现象与作用在颗粒之间的附着力以及与固体壁面之间的作用力有关，影响粉尘黏附力的因素很多，现象也很复杂，有很多问题尚待研究。一般情况下，粒径小、形状不规则、表面粗糙、含水率高及荷电量大的粉尘易黏附在器壁上。此外，黏附情况还与粉尘的气流运动状况及器壁面粗糙情况有关。所以在除尘系统或气流输送系统中，要根据经验选择适当的气流速度，并尽量把器壁面加工光滑，以减小粉尘的黏附性。烟尘的黏附性不仅与烟气或尘粒的组成有关，而且与尘粒的粒径变化有密切联系，粒径越小，烟尘黏附也越容易。烟尘黏附也可能成为布袋除尘器滤袋网眼堵塞的重要原因。

4. 安息角

粉尘的安息角是指粉尘通过小孔连续地下落到水平板上时，堆积成的锥体母线与水平面的夹角。安息角是粉状物料特有的性质，与粉尘的种类、粒径、形状、黏性和含水量等因素有关。多数粉尘的安息角的平均值在 35°～40°左右，对于同一种粉尘，粒径愈大、表面愈光滑和愈接近球形、含水率愈低，安息角愈小。安息角是设计料仓的锥角和含尘管道倾角的主要依据。

5. 爆炸性

可燃性悬浮粉尘在可能引起爆炸的浓度范围内与空气混合，并受外界施予明火焰、炽热的物体以及由机械或电能产生的电火花等微量能量的作用，即可发生爆炸。

这里所说的爆炸是指可燃物的剧烈氧化作用，并瞬间产生大量的热量和燃烧产物，在空间内造成很高的温度和压力，故称为化学爆炸。可燃物除了指可燃粉尘外，还包括可燃气体和蒸汽。引起爆炸必须具备两个条件：一是由可燃物与空气或氧构成的可燃混合物具有一定的浓度；二是存在能量足够的火源。可燃混合物中可燃物的浓度只有在一定范围内才能引起爆炸。能够引起爆炸的最高浓度叫爆炸上限，最低浓度叫爆炸下限。在可燃物浓度低于爆炸下限或高于爆炸上限时，均无爆炸危险。由于多数粉尘的爆炸上限浓度值很高，在多数场合下都达不到，故无实际意义。粉尘发火所需的最低温度称为发火点。爆炸上限、爆炸下限和发火点都与火源的强度、粉尘的种类、粉尘的粒径、粉尘的湿度、通风情况、氧气浓度等因素有关，一般是粉尘愈细，发火点愈低，粉尘的爆炸下限愈小。发火点愈低，爆炸的危险性愈大。

有些粉尘（如镁粉、碳化钙粉尘）与水接触后会引起自然爆炸，称这种粉尘为具有爆炸危险性的粉尘，对于这种粉尘不能采用湿式除尘的方法。另外一些粉尘（如硫矿粉、煤尘等）在空气中达到一定浓度时，在外界高温、摩擦、振动、碰撞以及放电火花等作用下会引起爆炸，这些粉尘亦称为具有爆炸危险性的粉尘。这些粉尘互相接触或混合后引起爆炸，如溴与磷、锌粉与镁粉接触混合便能发生爆炸。

6. 润湿性

粉尘颗粒能否与液体相互附着或附着难易的程度称为粉尘的润湿性。当尘粒与液滴接触时，接触面能扩大而相互附着，就是能润湿；反之，接触面趋于缩小而不能附着，则是不能润湿。粉尘按照被润湿的难易程度，可分为亲水性粉尘和疏水性粉尘。对于 $5\mu m$ 以下特别是 $1\mu m$ 以下的尘粒，即使是亲水的，也很难被水润湿，这是由于细粉尘的比表面积大，对气体的吸附作用强，表面易形成一层气膜，因此只有在尘粒与水滴之间具有较强的相对运动时，才会被润湿。同时粉尘的润湿性还随压力增加而增强，随温度上升而减弱，随液体表面张力减小而增强。

粉尘的润湿性是选择除尘器的重要依据之一。去除亲水性粉尘可选用湿式除尘器，而去除疏水性粉尘则不宜采用湿式除尘器。各种湿式除尘器主要靠粉尘与水的润湿作用来分离粉尘。

某些粉尘如水泥粉尘、熟石灰及白云石砂等虽是亲水性粉尘，但它们吸水之后即形成不再溶于水的硬垢，一般称粉尘的这种性质为水硬性。水硬性粉尘结垢会造成管道及设备堵塞，所以对此类粉尘一般不宜采用湿式除尘器进行分离。图 2-6 是利用粉尘的润湿性通过洒水车进行喷雾抑尘。

图 2-6　洒水车喷雾抑尘

　师傅有话说

本设计任务中每台除尘器设 4 个灰斗。为保证灰斗内不积灰，灰斗设计采用了如下措施：

a. 灰斗面板倾角大于 60°，大于灰的安息角。

b. 灰斗设仓壁振动器。

4. 气象地质条件

要求袋式除尘器及所有附属设备的性能参数必须满足当地海拔高度及气象条件。

本设计相关资料如下：

① 该水泥企业厂址所处海拔高度约为 942m。

② 气象条件：

热力学最高气温	40℃	冬季大气压	91.0kPa
热力学最低气温	-36℃	夏季大气压	88.6kPa
主导风向	西北	室外风速	冬季1.6m/s，夏季2.6m/s
最大风速	26m/s	土壤冻结深度	1.0m
最大积雪深度	510mm	地震烈度	厂址位于基本地震烈度
基本风压	600Pa		8度区
基本雪压	750Pa		

二、选定除尘器类型、滤料及清灰方式

水泥工业粉尘颗粒的尺寸范围很大，涵盖了从亚微粉尘到易于沉降的毫米级微粒。实验表明，粉尘粒径分布的变化对袋式除尘器阻力和除尘效率的影响不大。目前在新建、扩建的水泥新型干法生产线上，从原料破碎到包装出厂的整个生产线大多采用袋式除尘器。袋式除尘器性能稳定可靠、操作技术简单、检修维护较易，适用性广，不受烟尘比电阻等性质影响，可高效捕集粒径 0.1μm 以上的微细干燥、非纤维性粉尘，除尘效率高达 99% 以上，特别适用于高比电阻粉尘或粉尘浓度波动较大，以及粉尘排放浓度限值要求＜30mg/m³（标态干排气）的场合，在陶瓷、水泥、冶金、机械、化工和建材等行业废气处理以及垃圾焚烧烟气净化中得到广泛应用。其缺点也十分明显：滤袋受温度影响较大，温度高容易烧坏，温度低容易冷凝结露；袋式除尘器运行成本较高，也不适用于黏结性强及吸湿性强的粉尘。因此，具体使用时应根据实际情况综合考虑。

本设计任务选用袋式除尘器，第一步是选择袋式除尘器的类型。

1. 选择除尘器类型

（1）袋式除尘器的工作原理

袋式除尘器是利用纤维滤料制作的袋状过滤元件，来捕集含尘气体中固体颗粒物的设备。图 2-7 是袋式除尘器的除尘原理示意图。含尘气流经过滤袋表面时，受筛分、扩散、惯性碰撞和静电等作用，粉尘被阻留在滤袋的表面，清洁气体则通过滤袋纤维间的缝隙排出，从而达到分离含尘气体中粉尘的目的。沉积在滤袋上的粉尘通过振动或反向气流作用等，从滤袋表面脱落下来，降至灰斗中排出。

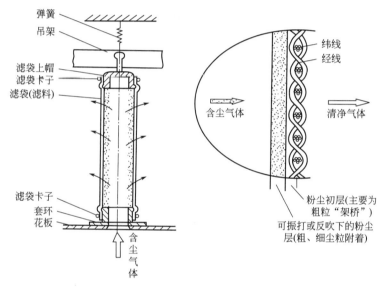

图 2-7 袋式除尘器除尘原理示意图

 **想一想**

粉尘通过滤袋时会发生筛分、扩散、惯性碰撞和静电等作用，那么粉尘是如何通过这些作用被滤袋捕集的呢？

筛分作用是指含有粉尘的气体通过滤袋，粉尘颗粒直径大于滤布纤维孔隙的直径时，粉尘颗粒就会被阻留，实现筛选与分离。对于新的滤袋，其纤维之间的孔隙比较大，所以其除尘效率较低。使用一段时间后，在滤布的表面附着了一层粉尘，粉尘间的间隙相对较小，后来的含尘气体通过附着粉尘的滤袋时会有更多的粉尘颗粒被阻留下来，筛分作用比较明显，除尘效率相应提高。对于一些特殊材料的滤布，如针刺毡或起绒滤布，其本身就已经有多孔滤层，筛分作用已经较为显著，不需要借助粉尘层来提高除尘效率。

扩散作用是指当含有粉尘的气体通过滤布时，直径在 $0.2\mu m$ 以下的粉尘颗粒会产生"布朗运动"，增加了粉尘颗粒与滤布表面相互接触的机会，使得粉尘颗粒被滤布捕集与滞留。这种作用随着粉尘颗粒直径的减小而增强。

惯性碰撞作用是指含尘气体通过滤布时，直径大于 $1\mu m$ 的粉尘颗粒由于惯性作用会保持原来的运动状态，直接撞击到滤袋纤维上而被阻留。与扩散作用相反，粉尘颗粒直径越大时，其惯性碰撞作用越强。当含尘气体速度越大时，其中粉尘颗粒的惯性碰撞作用越强，但是气体速度不宜过大，否则会导致滤袋被穿破，除尘效率就会大幅度降低。

静电作用是指粉尘颗粒之间互相撞击产生静电。滤袋材料多为绝缘体，因此滤布会充满与粉尘所带电荷相反的电荷。粉尘通过滤布时，异性电荷相互吸引，粉尘颗粒就会被阻留在滤布上。如果粉尘所带电荷与滤布所带电荷相同，则会相互排斥，使除尘效率下降。为了保证静电作用能够提高除尘效率，需要根据粉尘所带电荷的性质来选择相应的滤袋材料。

由于袋式除尘器常用滤袋本身网孔较大，一般为 $20\sim50\mu m$，因而新用滤袋的除尘效率是不高的。粉尘因截留、惯性碰撞和扩散等作用，逐渐在滤袋表面形成粉尘层，常称为粉尘初层。粉尘初层形成后，则主要靠筛分作用，使效率急剧增加，而滤袋只不过起着形成粉尘初层和支撑它的骨架作用。但随着粉尘在滤袋上的积聚，滤袋两侧的压力差增大，会把有些已附在滤袋上的细小粉尘挤压过去，使除尘效率下降。另外，粉尘层厚度的增加会使除尘器阻力增加，从而降低通过除尘系统的处理气体量，影响生产系统的排风效果。因此，除尘器阻力达到一个设定值时，除灰装置会自动启动，通过外力抖动滤袋，将黏附在滤袋表面的灰尘清除掉，灰尘掉落在灰斗中。如此定期进行滤袋的除灰工作，保证了袋式除尘器能够长时间连续工作。袋式除尘器要及时清灰，但清灰时必须注意不能破坏粉尘初层，以免降低除尘效率。

（2）袋式除尘器的结构与分类

袋式除尘器的结构主要包括箱体、滤袋及滤袋框架、灰斗、清灰装置和卸灰装置等（图 2-8）。袋式除尘器通常采用下进气分室结构，含尘烟气由进风烟道进入箱体，部分较大的尘粒由于惯性碰撞、自然沉降等作用直接落入灰斗，其他尘粒随气流上升进入各个袋室，经滤袋过滤后，粉尘被阻留在滤袋表面，净化后的气体由出风烟道排入大气，灰斗中的粉尘采用卸灰装置定时或连续卸出。袋式除尘器的清灰工作一般是分组进行或分室进行，不同的清灰方式会影响袋式除尘器的工作性能。

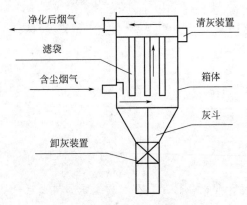

图 2-8　袋式除尘器的结构组成

（净化后烟气　滤袋　含尘烟气　卸灰装置　清灰装置　箱体　灰斗）

袋式除尘器有多种类型，其分类方法也不尽相同，常用的分类依据有滤袋形状、进气方式、过滤方向、除尘器内的压力和清灰方式等。袋式除尘器的工作性能与清灰方式密切相关，因此按清灰方式进行分类是最为常见的分类方法。

① 按滤袋形状分类　分为圆袋除尘器和扁袋除尘器。圆筒形滤袋应用最广，它受力均匀，连接简单，成批换袋容易。扁袋除尘器和圆袋除尘器相比，在相同体积内可多布置 $20\%\sim40\%$ 的过滤面积，因而扁袋除尘器占地面积较小，结构紧凑，处理量大，但清灰维修困难，应用较少。

② 按进气方式分类　分为上进气除尘器和下进气除尘器（图 2-9）。含尘气体从除尘器上部进入时，粉尘沉降方向与气流方向相一致，粉尘能在滤袋上形成均匀的粉尘层，过滤性

能比较好。但为了使配气均匀,配气室需设在壳体上部(下进气可利用锥体部分),使除尘器高度增加,此外滤袋的安装也较复杂。含尘气体从除尘器下部进入时,粗尘粒直接落入灰斗,细粉尘接触滤袋,因此滤袋磨损小。但由于气流方向与粉尘沉降的方向相反,清灰后会使细粉尘重新附积在滤袋表面,从而降低了清灰效率,增加了阻力。然而,与上进气相比,下进气方式设计合理、构造简单、造价便宜,因而使用较多。

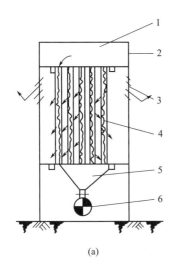

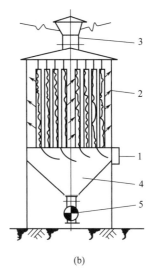

(a)　　　　　　　　　　　　　　　　(b)

1—空气分配室;2—含尘气体进口;3—滤袋;　　1—含尘气体进口;2—滤袋;3—排风帽;
4—清洁气体出口;5—灰斗;6—螺旋卸尘机　　　　4—灰斗;5—螺旋卸尘机

图 2-9　上进气除尘器(a)和下进气除尘器(b)

③ 按过滤方向分类　分为内滤式除尘器和外滤式除尘器(图 2-10)。

内滤式是指含尘气流进入滤袋内部,粉尘被阻挡于滤袋内表面,利用滤袋内侧捕集粉尘,净化气体通过滤袋逸向袋外,经由排气口排出。内滤式多用于圆袋除尘器,机械振打清灰和逆气流反吹清灰类也多用内滤式。

外滤式是指粉尘阻留于滤袋外表面,利用滤袋外侧捕集粉尘,净化气体由滤袋内部排出,袋内须设支撑骨架,除尘器外壳必须封闭。外滤式适用于圆袋除尘器和扁袋除尘器,脉冲喷吹清灰类和高压反吹清灰类也多取外滤式。袋式除尘器宜采用外滤式过滤形式。

④ 按除尘器内的压力分类　分为压入式(正压)除尘器和吸入式(负压)除尘器两种。压入式是指风机置于除尘器前面,工作时滤袋呈正压状态,滤袋能自己保持稳定的形状,结构简单,

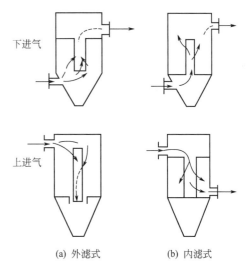

(a) 外滤式　　　　(b) 内滤式

图 2-10　内、外滤式除尘器结构图

节省管道,造价较低。但含尘气体浓度较高,或粉尘腐蚀性和黏附性较强时不宜采用。吸入式是指风机置于除尘器后面,工作时滤袋呈负压状态,滤袋必须用构架支撑,构架常用金属线材制成,其形状多为笼状或螺旋状。风机在净化后的干净气体中运行,因而较少出现叶轮

磨损及粉尘黏附等故障。袋式除尘负压系统和正压系统的工艺流程见图 2-11。

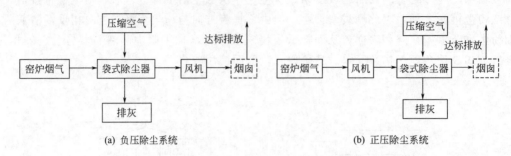

(a) 负压除尘系统　　　　　　　　　　　　　　(b) 正压除尘系统

图 2-11　常见的袋式除尘器工艺流程

⑤ 按清灰方式分类　清灰方式在很大程度上影响着袋式除尘器的性能，是袋式除尘器分类的主要依据。清灰方式一般分为机械振打清灰、反吹风清灰、脉冲喷吹清灰及复合式清灰等。对于粉尘黏而细的炉窑烟气或含尘浓度高的烟气，以及颗粒捕获效率要求高的场合，宜采用清灰能力强的除尘器，如脉冲喷吹袋式除尘器，反之可选择清灰能力较弱的除尘器，如逆气流或机械振打除尘器，原则上宜优先选用强力清灰除尘器。下面详细介绍各种清灰方式的袋式除尘器。

机械振打袋式除尘器是指利用机械装置（电动、电磁或气动装置）使滤袋产生振动而清灰的袋式除尘器。机械振打清灰主要是通过滤袋在垂直方向上的振动实现的，振动的产生既可以通过定期提升滤袋悬挂框架的方式实现，也可以通过偏心轮的结构实现。使用偏心轮结构产生垂直振动的优点是能耗较小，结构简单，清灰效果也较为理想，采用该结构的除尘器适用于粉尘浓度不大的烟气除尘。

反吹风袋式除尘器是指通入与正常过滤相反的气流，利用阀门切换气流，在反吹气流作用下使滤袋缩瘪与鼓胀发生抖动来实现清灰的袋式除尘器（图 2-12），包括逆气流反吹式和气环反吹式等。反吹风清灰形式的除尘器适用于风速在 0.5～1.2m/min 范围内的烟气过滤除尘，压损在 1000～1500Pa 左右。该结构的除尘器结构也比较简单，后续的维护较为方便，对滤袋的损伤小，有利于延长滤袋使用寿命。

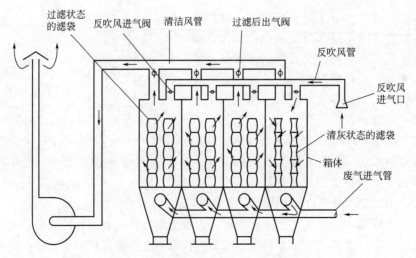

图 2-12　反吹风袋式除尘器清灰原理

脉冲喷吹袋式除尘器是指以压缩气体为清灰动力，利用脉冲喷吹机构在瞬间放出压缩空气，高速射入滤袋且诱导周围空气进入滤袋，使滤袋急剧鼓胀，依靠冲击振动和反向气流而清灰的袋式除尘器。当阻力达到一定值时，清灰控制器发出信号，首先令一袋室的提升阀关闭以切断该室的过滤气流，然后打开电磁脉冲阀，压缩空气顺序经气包、脉冲阀、喷吹管上的喷嘴以极短的时间（0.1～0.2s）向滤袋内喷射，压缩空气在滤袋内高速膨胀，使滤袋产生高频振动变形，喷吹结束后，滤袋立即恢复原状，在充分考虑了粉尘的沉降时间（保证所脱落的粉尘能够有效落入灰斗）后，提升阀打开，此袋室滤袋恢复到过滤状态，而下一袋室则进入清灰状态，如此直到最后一袋室清灰完毕为一清灰周期（图 2-13）。该清灰过程均由清灰控制器进行自动控制。

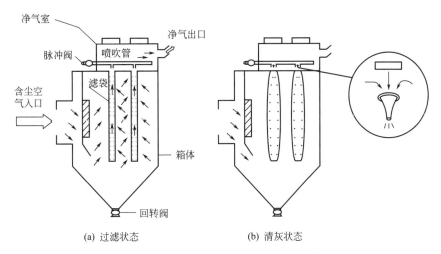

图 2-13　脉冲喷吹袋式除尘器清灰原理

根据喷吹气源压强的不同可分为低压喷吹（低于0.25MPa）、中压喷吹（0.25～0.5MPa）、高压喷吹（高于 0.5MPa），脉冲包括离线脉冲、在线脉冲和气箱式脉冲等。其中离线脉冲袋式除尘器是指滤袋清灰时切断过滤气流，过滤与清灰不同时进行的袋式除尘器；在线脉冲袋式除尘器是指滤袋清灰时，不切断过滤气流，过滤与清灰同时进行的袋式除尘器；气箱式脉冲袋式除尘器是指除尘器为分室结构，清灰时把喷吹气流喷入一个室的净气箱，按程序逐室停风、喷吹清灰的袋式除尘器。

复合式袋式除尘器是指采用两种及两种以上清灰方式联合清灰的袋式除尘器。机械振打清灰和逆气流反吹清灰属于间歇式清灰方式，即将除尘器分为若干个过滤室，逐室切断气流，依次清灰。气环反吹清灰属于连续清灰方式，清灰时可以不切断气路，连续不断地对滤袋的一部分进行清灰。

袋式除尘器的清灰方式应根据粉尘的物理性质确定。冶金、水泥和有色行业烟气净化宜采用脉冲喷吹袋式除尘器；原料性粉尘、机械性粉尘除尘可采用反吹风袋式除尘器；燃煤锅炉烟气宜采用脉冲喷吹袋式除尘器。

 知识链接

袋式除尘器如何大显神通？

下载视频，观看动画。该动画将为同学们清晰地展示袋式除尘器具体是如何工作的。

（3）选型考虑因素

选择除尘器的类型需着重考虑以下因素：①袋式除尘器的处理风量必须满足系统设计风量的要求，并考虑管道漏风、工况温度等因素；②袋式除尘器主要用于控制粒径在 $1\mu m$ 左右的微粒，当含尘气体浓度超过 $15g/m^3$ 时，为降低除尘器的过滤负荷，最好采用二级除尘，即在袋式除尘器的前面加一级预除尘，如旋风除尘器；③袋式除尘器不适用于净化油雾、水雾，黏结性强、湿度高的粉尘，使用温度一般应保持高于露点温度 $15\sim20℃$。

特殊场合下通过技术措施处理后亦可采用袋式除尘工艺，如：高温烟气通过冷却降温，满足滤料连续工作的温度要求；烟气含湿量虽大，但烟气未饱和，且烟气温度高于露点温度 $15℃$ 以上；烟气短期含油雾，但袋式除尘器采取了预涂粉防护措施；烟气中虽有火星，但已采取火星捕集等预处理措施。袋式除尘器的滤袋是过滤的主要作用部件，用纤维织物制成，多为柱状，横断面有圆形、多边形、梯形和扁矩形等。滤袋有时也做成匣状。

本设计任务袋式除尘器采用负压工作，外滤式下进气，使用圆筒形滤袋。

2. 选择除尘器的滤料

滤料作为水泥厂袋式除尘器的核心部件，其选择及质量直接决定着除尘器的应用状况。根据含尘气体的物理化学特性、技术经济指标选择合适的滤料，综合考虑其耐温、耐腐蚀和过滤性能。一般来说，当气体温度为 $150\sim300℃$ 时，可以选用玻璃纤维滤袋；当粉尘为纤维状时，应选用表面较光滑的尼龙等滤袋；对于一般工业性粉尘，可选用涤纶绒布等滤袋。窑尾排放烟气的粉尘浓度、粒径及烟气含湿量都会随风量变化而变化，而且还含有硫化物和氮氧化物等有害腐蚀性气体。因此，在选择窑尾的过滤材料时需充分考虑到滤料的耐温、耐腐蚀、抗氧化、耐水解等综合性能。

（1）滤料的分类

袋式除尘器的滤料种类较多。按加工方法将滤料分为三类：织造滤料、非织造滤料、覆膜滤料。其中织造滤料是用织机将经纱和纬纱按一定的组织规律织成的滤料；非织造滤料是采用非织造技术直接用纤维制成的滤料；覆膜滤料是在织造滤料或非织造滤料的表面再覆以一层透气的薄膜而制成的滤料。织造滤料成本低廉，性能较差；非织造滤料由于其复杂的三维网络结构，在有限的材料空间内含有大量的微孔和弯曲通道，具有良好的过滤性能；复合材料通过覆膜、涂层/层合、原料差别化、工艺差别化等技术手段使材料的过滤性能更为优异。

按所用材质将滤料分为四类：合成纤维滤料、玻璃纤维滤料、复合纤维滤料和其他材质滤料。其中合成纤维滤料是以合成纤维为原料加工制造的滤料，简称合纤滤料；玻璃纤维滤料是以玻璃纤维为原料加工制造的滤料，简称玻纤滤料；复合纤维滤料是采用两种或两种以上纤维复合而成的滤料；其他材质滤料是采用除合成纤维、玻璃纤维以外的纤维材料（如陶瓷纤维、金属纤维、碳纤维、矿岩纤维等类材料）制造的滤料。

玻璃纤维滤料具有过滤性能好、阻力低、化学稳定性好、耐高温、不吸湿和价格便宜等优点，在工业生产中应用广泛。目前国内生产的玻璃纤维滤料有三种：①普通玻璃纤维滤布，价格较低，清灰容易，但除尘效率低，粉尘排放量略大，可在排放要求不高、粉尘价值低的场合使用；②玻璃纤维膨体纱滤布，捕捉粉尘能力好，除尘效率高，价格适中，适宜在反吹风清灰方式的袋式除尘设备中使用；③玻璃纤维针刺毡滤布，具有透气性好、系统阻力低、除尘效率高等优点，但价格较高。玻璃纤维滤布经表面处理，可形成不同性质的滤布，能够抗高温、抗结露、抗静电等，满足不同工艺条件。如用硅酮树脂处理玻璃纤维滤料能提高其耐磨性、疏水性和柔软性，还可使其表面光滑，易于清灰，可在 $523K$ 下长期使用。但玻璃纤维滤料较脆,经不起揉折和摩擦,使用上有一定的局限性。

合成纤维滤料主要包括聚酰胺纤维（尼龙）、聚酯纤维（涤纶）、聚苯硫醚（PPS）纤维、聚丙烯腈纤维（奥纶）、聚乙烯醇纤维（维尼纶）、聚酰亚胺纤维（P84）、芳香族聚酰胺纤维、聚四氟乙烯纤维等,具有强度高、抗折性能好、透气性好、收尘效果高等优点,适宜于在较高温度下长期使用。表 2-9 列出了常用的聚合物类滤料及其特性。

表 2-9 常用的聚合物类滤料及其特性

滤料名称	滤料特性
聚酰胺纤维（尼龙）	优点:耐磨、耐碱性能好,易清灰; 缺点:耐酸、耐温(85℃以下)性能差
聚酯纤维（涤纶）	优点:耐酸性能好,阻力小,过滤效率高,清灰容易,可在 130℃以下长期使用,是目前国内使用最普遍的一种滤料; 缺点:耐磨性一般,耐碱性能较差
聚丙烯腈纤维（奥纶）	优点:耐酸碱性能好,过滤效率高,可在 120℃以下长期使用; 缺点:耐磨、抗有机溶剂性能一般
聚乙烯醇纤维（维尼纶）	优点:耐酸碱性能好,过滤效率高,可在 110℃以下长期使用; 缺点:耐磨性一般,抗有机溶剂性能差
芳香族聚酰胺纤维	优点:耐磨、耐碱、耐温(可在 200℃以下长期使用)性能好; 缺点:耐酸性能一般,价格较高
聚四氟乙烯纤维	优点:耐磨、耐酸碱、耐腐蚀、耐温(可在 240℃以下长期使用)性能好,机械强度高,可在较高的过滤风速(2.4m/min)下工作,除尘效率高; 缺点:价格昂贵

覆膜滤料是在滤料的表面覆上一层 PTFE（聚四氟乙烯）或者 ePTFE（膨体聚四氟乙烯）薄膜,该薄膜是一种利用聚四氟乙烯材料经科学拉制形成的极薄的致密多微孔薄膜,表面极光滑,并且憎水、耐高温。将这种薄膜压覆在滤料表面作为迎尘面,由于其微孔细而致密,不但透气性能好,而且能阻挡极细的烟尘,在过滤时所有粉尘都被阻留在薄膜表面,不会与基料接触造成滤料堵塞,这种过滤通常被称为表面过滤,充分保证了透气性能、过滤性能和除尘器的低压差运行。由于薄膜表面非常光滑,粉尘很容易被清除,减少了清灰频率,大大节省了压缩空气,也减少了相应的压缩空气制备能耗。薄膜表面的憎水性能使得即使烟气湿度较大时,粉尘也不易板结在滤料上。

（2）滤料选取的基本原则

① 所选滤料的连续使用温度应高于除尘器入口烟气温度及粉尘温度。当烟气温度小于 130℃时,可选用常温滤料;当烟气温度高于 130℃时,可选用高温滤料;当烟气温度高于 260℃时,应对烟气冷却后方可使用高温滤料或常温滤料。

② 根据烟气和粉尘的化学成分、腐蚀性和毒性选择适宜的滤料材质和结构。

③ 选择滤料时应考虑除尘器的清灰方式。

④ 对于烟气含湿量大、粉尘易潮结和板结、粉尘黏性大的场合,宜选用表面光洁度高的滤料结构。

⑤ 对微细粒子高效捕集、车间内空气净化回用、高浓度含尘气体净化等场合,可采用覆膜滤料或其他表面过滤滤料;对爆炸性粉尘净化,应采用抗静电滤料;对含有火星的气体净化,应选用阻燃滤料。

⑥ 高温滤料应进行充分热定型;净化腐蚀性烟气的滤料应进行防腐后处理;对含湿量

大、含油雾的气体净化，所选滤料应进行疏油疏水后处理。

⑦ 当滤料有耐酸、耐氧化、耐水解和长寿命等的组合要求时，可采用复合滤料。

本设计任务中采用玻璃纤维覆膜滤料，是在玻璃纤维基布上覆上多微孔 PTFE（聚四氟乙烯）薄膜制成的新型过滤材料，它集中了玻璃纤维的高强低伸、耐高温、耐腐蚀等优点和聚四氟乙烯多微孔薄膜的表面光滑、憎水透气、化学稳定性好等优点，几乎能截留含尘气流中的全部粉尘，而且能在不增加运行阻力的情况下保证气流的最大通量，是理想的窑炉烟气过滤材料，在使用中优势明显。窑尾袋式除尘器自投运以来，平均使用寿命 7 年以上，粉尘排放达标，一直保持滤料的零破损。

覆膜滤料表面非常光滑，粉尘很容易掉落，用于清灰的压缩空气压力仅为 0.25MPa。对于普通非覆膜滤料，清灰压力通常需要 0.5MPa 以上，同时清灰频率也比较快，这除了消耗大量的压缩空气外，也是普通非覆膜滤料寿命短、容易破损的原因之一。

3. 确定除尘器的清灰方式

根据除尘器形式、滤料种类、粉尘清灰的难易程度、烟气含尘浓度和容许压力损失等，本设计任务确定选取 CDMC 系列低压脉冲长布袋袋式除尘器。该类型除尘器特别适合处理大风量烟气，具有清灰能力强、除尘效率高、运行稳定可靠、耗气量低、占地面积小等特点。CDMC 系列长袋脉冲袋式除尘器已广泛应用于水泥、冶金、石化、建材、粮食、机械、炭黑、电力、垃圾焚烧、工业窑炉等常温或高温含尘气体的净化及粉状物料的回收。

具体介绍如下：

① 采用下进气结构，较粗的高温颗粒直接落入灰斗，有效保护了滤袋。

② 采用长滤袋，在同等处理能力时设备占地面积少，更便于老厂改造。

③ 采用分室离线清灰，效率高，粉尘的二次吸附少，同时有效地降低了设备能耗，滤袋与脉冲阀的疲劳程度也相应降低，成倍地延长了滤袋和阀片的寿命，大量减少了设备运行维护的费用。

④ 检修换袋可在不停系统风机、系统正常运行的条件下分室进行。

⑤ 滤袋袋口采用弹簧张紧结构，拆装方便，具有良好的密封性。

⑥ 箱体采用气密性设计，密封性好；检查门用优良的密封材料，漏风率很低。

⑦ 进、出口风道布置紧凑，气流阻力小。

⑧ 整台设备由 PLC 机控制，实现自动清灰、卸灰、温度控制及超温报警。

该除尘器由多个独立的室组成，在使用过程中，随着过滤过程的不断进行，滤袋外面所附积的粉尘不断增加，从而导致袋式除尘器本身的阻力逐渐升高，当阻力达到预先设定值时，各室按顺序分别进行清灰，互不干扰，实现长期连续运行。上述清灰过程均由清灰控制器进行自动控制，分为定时和定阻力两种方式，可根据用户的要求决定采用哪一种。该除尘器综合了分室反吹和脉冲清灰两类除尘器的优点，克服了分室反吹清灰强度不足和一般脉冲清灰粉尘再吸附等缺点，使清灰效率提高，喷吹频率大为降低；使用淹没式脉冲阀，降低了喷吹气源压力和设备运行能耗，延长了滤袋、脉冲阀的使用寿命，综合技术性能大大提高。

 知识链接

袋式除尘器的滤袋如何进行安装呢？扫一扫，马上知晓。

该视频以实训室袋式除尘器为例，为同学们详细讲解袋式除尘器的组成部件，以及袋式除尘器滤袋的安装顺序和注意事项。

2-1 袋式除尘器的安装

📚 **小知识**

影响袋式除尘器除尘效率的因素

影响袋式除尘器除尘效率的因素主要有粉尘特性、滤料特性、清灰方式和性能参数如过滤风速、压力损失等。

（1）粉尘特性

在粉尘特性中，影响袋式除尘器除尘效率的有粒径分布、黏附性、荷电性、可燃性和可爆炸性。对于 $0.1\mu m$ 的粉尘，其分级除尘效率可达 95%。对于大于 $1\mu m$ 的粉尘，可以稳定地获得 99% 以上的除尘效率。在大小不等的尘粒中，以粒径 $0.2\sim0.4\mu m$ 粉尘的分级效率最低，无论是清洁滤料还是积尘后的滤料皆大致相同。这是因为这一粒径范围的粉尘正处于惯性碰撞和拦截作用范围的下限，扩散作用范围的上限。

粉尘黏附性主要影响从集尘极或滤料上清灰的清灰能力，以及对管道及除尘器的运行维护。粉尘荷电量越多，除尘效率越高，因此可在滤料上游使粉尘荷电，从而使除尘器对 $1.6\mu m$ 粉尘的捕集效率达 99.99%。此外，对于易燃易爆粉尘如淀粉、煤粉、硫黄粉等的收集处理应使用设有防爆结构和泄压阀的专用袋式除尘器。

（2）滤料特性

滤袋是袋式除尘器最重要的部件之一，袋式除尘器的性能在很大程度上取决于填充的滤料的性能。滤料性能主要指过滤效率、透气性和强度等，这些都与滤料材质和结构相关。选择滤料时必须考虑含尘气体的特征，如粉尘和气体性质（温度、湿度、粒径和含尘浓度等）。性能良好的滤料应具有容尘量大、吸湿性小、效率高、阻力低、使用寿命长、易清灰、成本低，且耐温、耐磨、耐腐蚀、机械强度高等优点。目前还没有一种理想的滤料能满足上述要求，因此只能根据含尘气体的性质，选择最符合使用条件的滤料。

滤料特性除与纤维本身的性质有关外，还与滤料表面结构有很大关系。表面光滑的滤料容尘量小，清灰方便，适用于含尘浓度低、黏性大的粉尘，此时采用的过滤速度不宜过高。表面起毛（绒）的滤料（如羊毛毡）容尘量大，粉尘能深入滤料内部，可以采用较高的过滤速度，但清灰周期短，必须及时清灰。

（3）清灰方式

袋式除尘器滤料的清灰方式也是影响其除尘效率的重要因素。如前所述，袋式除尘器有 4 种清灰方式。滤料刚使用或清灰后滤尘效率是最低的；随着过滤时间的增长，粉尘层厚度增加，效率迅速上升并保持在几乎恒定的高水平上；当粉尘层厚度进一步增加时，由于阻力及能耗增加，要及时进行清灰。清灰方式不同，清灰时逸散粉尘量不同，清灰后残留粉尘量也不同，因而除尘器排尘浓度不同。例如，机械振打清灰后的排尘浓度，要比脉冲喷吹清灰后的低一些；直接脉冲（压缩空气直接向滤袋喷吹）和阻尼脉冲（在清灰系统中有一装置，当电磁阀关闭后可使滤袋内的压力逐渐降低）相比较（两者的压力上升率和最大逆压均相同），前者的排尘浓度约为后者的几倍。这是因为在直接脉冲的情况下，喷吹后滤袋急剧地收缩，过滤气流和滤袋的加速一起作用，使喷吹后振松了的粉尘穿透增多。阻尼脉冲喷吹后滤料上残留粉尘较多，因而其滤层阻力比直接脉冲高。此外，对于同一清灰方式，如机械振打清灰方式，在振动频率不变时，振幅增大将使排尘浓度显著增大，但改变频率而振幅不变时，排尘浓度却基本不变。实际应用的袋式除尘器的排尘浓度受同时清灰的滤袋占滤袋总数的比例、气流在全部滤袋中的分配以及清灰方式等的影响。

（4）压力损失

能耗对于水泥生产企业来说至关重要，袋式除尘器的能耗主要是引风机的能耗和用于清灰的压缩空气能耗。窑尾除尘器运行压差最高的不到 1200Pa。通过压差的对比发现，普通非覆膜滤料的压差通常比覆膜滤料在同等条件下高 500Pa 以上，甚至更多，而压差的高低直接影响风机的能耗。

气流通过袋式除尘器的流动阻力，即袋式除尘器出口与入口处气流的平均全压之差，单位是 Pa。含尘气流通过滤袋消耗的能量，通常用通过滤袋的压力损失表示，它是袋式除尘器的一个重要技术经济指标，不仅决定着能量消耗，而且决定着除尘效率和清灰周期等。

袋式除尘器的压力损失 Δp 由通过清洁滤料的压力损失 Δp_0 和通过粉尘层的压力损失 Δp_d 组成，即：

$$\Delta p = \Delta p_0 + \Delta p_d \tag{2-12}$$

对于相对清洁的滤袋，Δp_0 大约为 100～130Pa。当粉尘初层形成后，压力损失为 500～570Pa 时，除尘效率达 99%；压力损失接近 1000Pa 时，一般需要对滤袋进行清灰。

清洁滤袋的压力损失与过滤速度及气体动力黏度成正比，而与气体密度无关。这是由于过滤速度一般很小，气体动压可以忽略不计，这是其他各类除尘器所不具备的特性。滤袋本身的压损很小，一般也可以忽略。

$$\Delta p_0 = \xi_0 \mu u_f \tag{2-13}$$

$$\Delta p_d = am\mu u_f \tag{2-14}$$

式中　ξ_0——清洁滤料的阻力系数，m^{-1}；

　　　μ——气体黏度，$Pa \cdot s$；

　　　u_f——通过滤袋的过滤风速，m/s；

　　　a——粉尘层的平均比阻力，Pa；

　　　m——滤料上的粉尘负荷，kg/m^2。

于是，通过积有粉尘的滤料的总压力损失为：

$$\Delta p = \Delta p_0 + \Delta p_d = \xi_0 \mu u_f + am\mu u_f = (\xi_0 + am)\mu u_f \tag{2-15}$$

一般情况下，$\Delta p_0 = 50～200Pa$，而 $\Delta p_d = 500～2500Pa$。可见，粉尘层的压力损失占除尘器压力损失的绝大部分。

【例】　用袋式除尘器处理常温常压的含尘气体。通过滤袋的过滤风速 $u_f = 1m/min$，滤袋阻力系数 $\xi_0 = 2 \times 10^7 m^{-1}$，粉尘层比阻力 $a = 5 \times 10^{10} m/kg$，堆积粉尘负荷 $m = 0.1kg/m^2$，气体黏度 $\mu = 1.8 \times 10^{-5} Pa \cdot s$。试求通过袋式除尘器的总压力损失。

解：由式(2-15) 得，袋式除尘器的总压力损失为

$\Delta p = \Delta p_0 + \Delta p_d = \xi_0 \mu u_f + am\mu u_f = (\xi_0 + am)\mu u_f = (2 \times 10^7 + 5 \times 10^{10} \times 0.1) \times 1.8 \times 10^{-5} \times 1/60 = 1506(Pa)$

三、确定过滤风速

过滤风速是指气体通过滤料层的平均速度（cm/s 或 m/min），即烟气实际体积流量与滤布面积之比，也称气布比。它代表了袋式除尘器处理气体的能力，在除尘器的选择和设计

中是一个特别重要的技术经济指标。其计算公式为：

$$u_f = \frac{Q}{60A} \tag{2-16}$$

式中　u_f——过滤风速，m/min；

　　　Q——气体的体积流量，m^3/h；

　　　A——过滤面积，m^2。

设计除尘器时气布比是根据烟气和粉尘的特性、阻力操作、允许排放标准和清灰的方式等进行选择的。过滤风速的一般选用范围为 0.2～6m/min。从经济上考虑，选用过滤风速高，则相应滤布面积小，除尘器体积、占地面积和一次投资等都会减小，但风速过高会把滤袋上的粉尘压实，粉尘颗粒很容易嵌入滤料的内部，造成清灰过于频繁，这样会大大缩短除尘布袋的寿命，同时使除尘器的压力损失和耗电量都随之增大，甚至影响袋式除尘器的正常运行。太低的气布比也不合适，会增加初始投资，但是带来的效益并没有相应的那么多。因此，过滤风速不宜过大，也不宜过小，应综合考虑各种因素进行选择。不同的清灰方式，因为其清灰特点不同而必须选用不同的气布比。实践表明，过滤细粉尘时过滤风速约为 0.6～1m/min，过滤粗粉尘时取 2m/min 左右。

过滤风速（也称气布比）是袋式除尘器设计和选型的主要技术参数，也是决定袋式除尘器性能的主要技术经济指标。过滤风速的确定取决于粉尘的种类和性质、滤料种类、清灰方式、气体温湿度及含尘浓度等因素，其中含尘浓度对过滤风速的影响最大。过滤风速尚无定型的计算公式，主要靠经验确定。一般而言，粉尘较细或难以捕集、含尘气体温度高、含尘浓度大和烟气含湿量大等场合，以及垃圾焚烧烟气净化、含铅、镉、铬等特殊有毒有害物质的烟气净化，均宜取较低的过滤风速。过滤风速建议选用较保守的经验值：

机械振动清灰　　　　　u_f 为 0.5～0.9m/min

逆气流反吹清灰　　　　u_f 为 0.4～0.8m/min

脉冲喷吹清灰　　　　　u_f 为 0.8～1.2m/min

本设计任务中过滤风速取值为 0.9m/min。

四、计算过滤面积和布置滤袋

1. 过滤面积

过滤面积是指起滤尘作用的滤袋有效面积，以 m^2 计。在计算过滤面积前，首先需确定处理气体流量和过滤风速。

（1）处理气体流量

计算过滤面积时，处理气体流量指进入袋式除尘器的含尘气体工况流量，而不是标准状态下的气体流量，有时还要考虑除尘器本身的漏风量。这些数据应根据已有工厂的实际运行经验或检测资料来确定，若缺乏必要的数据，可按生产工艺过程产生的气体量，再加上集气罩混进的空气量（约 20%～40%）来计算。

（2）过滤面积

过滤风速确定后，过滤面积按下式计算：

$$A = \frac{Q}{60u_f} \tag{2-17}$$

式中　A——除尘器过滤面积，m^2；

　　　Q——处理风量，m^3/h；

u_f——过滤风速，m/min。

（3）单条滤袋过滤面积

单条圆形滤袋的面积通常用下式计算：

$$a = \pi d L \qquad (2\text{-}18)$$

式中　a——单条滤袋的过滤面积，m^2；

　　　d——滤袋直径，m；

　　　L——滤袋长度，m。

圆形滤袋，以其内直径的大小确定规格。滤袋直径 D 通常取 120～180mm、200～230mm 或者 250～300mm，对应滤袋的最大长度宜分别为 4000mm、8000mm、10000mm。

（4）滤袋数量

求出总过滤面积和单条滤袋的面积后，就可以算出滤袋的条数（n）。如果每个滤室的滤袋条数是确定的，还可以由此计算出除尘器的室数。

$$n = A/a \qquad (2\text{-}19)$$

本设计案例中，过滤风速选取 0.9m/min，处理气体流量为 960000m³/h。

经计算得过滤面积 $A_1 = Q/(60u_f) = 960000/(60 \times 0.9) = 17777.8(m^2)$

根据实际情况，选取滤袋规格为 $\phi 160 \times 6000$mm，考虑到不起过滤作用的滤袋面积，过滤面积按 18810m² 计算，滤袋数量为 5760 条。

选型时，根据过滤面积 A 值就可从产品样本中选用相应规格的除尘器，除尘器具体型号为 CDMC 240-2×12，除尘器阻力≤1800Pa。

2. 滤袋布置

滤袋布置要根据清灰方式及运行条件（连续式或间歇式）等将滤袋分成若干组，每组内相邻两滤袋之间的净距，一般取 50～70mm。组与组之间以及滤袋与外壳之间的距离，应考虑到检修、换袋等操作需要，如对简易清灰袋式除尘器，考虑到人工清灰等，其间距一般为600～800mm。滤袋的排列有三角形排列和正方形排列，后者更为常见。另外，从场地布置和维修方便方面考虑，常把超过 6 个室的除尘器的各室定为双排，把少于 5 个室的除尘器的各室定为单排。

袋式除尘器滤袋布置方案：

① 采用 CDMC 系列低压脉冲长布袋袋式除尘器，滤袋 5760 条，滤袋尺寸 $\phi 160 \times 6000$mm，过滤面积 18810m²，过滤风速 0.9m/min。

② 每室滤袋布置成 15 排，每排 16 袋，滤袋依靠袋口的弹性元件嵌在花板的袋孔内，采取合理的公差配合，以保证良好的密封性及拆、装滤袋方便。

③ 上箱体隔成 2 排 12 列，共 24 室，脉冲喷吹装置下为进风及出风通道，每个室进口设手动蝶阀、出口设气动提升阀。

 任务小结

本任务介绍了水泥行业袋式除尘器选型设计任务的具体步骤和内容，通过学习相关标准和规范的应用、工艺设计参数的计算、除尘工艺系统流程图的绘制，以及除尘工艺设计方案的编制，锻炼了同学们的绘图、计算、文档编辑和沟通交流能力，也为以后实际工作中制定不同行业袋式除尘器的选型设计方案奠定了良好的学习基础。

任务实践评价

工作任务	考核内容	考核要点
水泥行业袋式除尘器选型设计	基础知识	能对水泥行业粉尘排放情况进行系统分析
		会应用相关标准和规范
	能力训练	会进行知识的归纳和分析
		提升计算能力
		能熟练编辑 word 文档
		提高团队合作、沟通交流能力

任务二 工业锅炉袋式除尘器选型设计

情景导入

锅炉是借助燃料燃烧释放能量来对热水或其他工作介质进行加热，得到规定参数（温度、压力）的饱和蒸汽、过热蒸汽、热水及其他工质等。锅炉包括燃油、燃煤与燃气锅炉。工业锅炉排放量大且集中，排放的烟气中含有烟尘、氮氧化物及二氧化硫等，这些都是大气污染的主要污染源，它除了形成酸雨，破坏生态环境外，还能产生光化学烟雾，危害人类健康，因此成为了废气治理的首要目标。环保部（现生态环境部）发布的《2017 年中国环境状况公报》统计数据显示，当年基本完成地级及以上城市建成区燃煤小锅炉淘汰，累计淘汰城市建成区 10t/h 以下燃煤小锅炉 20 余万台。

设计任务要求：受江门市某纺织有限公司委托，为其旧厂区 1#35t/h 循环流化床锅炉配套一台袋式除尘器，该锅炉具体参数和烟气特性如下：

① 锅炉最大蒸发量：35t/h。

② 锅炉和烟气参数见表 2-10。

表 2-10 锅炉和烟气参数

序号	名称	单位	数值
1	锅炉类型		循环流化床锅炉
2	锅炉容量	t/h	35
3	锅炉数量	台	1
4	设计烟气量	m³/h	130000
5	烟气正常温度	℃	约 155
6	除尘器最大冲击温度	℃	200
7	烟气露点温度	℃	≤80
8	除尘器入口粉尘浓度	g/m³	约 30
9	除尘器出口粉尘浓度	mg/m³（标准状况）	≤30
10	工作压力	Pa	约 4000
11	除尘器本体漏风率	%	≤3

一、除尘器类型的选取

除尘器是除尘系统的关键设备。根据除尘器入口粉尘浓度为 $30g/m^3$，除尘器出口粉尘浓度为 $30mg/m^3$（标准状况），经计算得知，要求除尘效率为 99.9%。在现有各种除尘技术中，唯有长袋低压脉冲袋式除尘器和电除尘器能满足用户对排放浓度及除尘效率（99%以上）的要求。

由于场地所限，长袋低压脉冲袋式除尘器和电除尘器的布置都有一定难度，通过模拟布置的比较，本设计方案采用长袋低压脉冲袋式除尘器。长袋低压脉冲袋式除尘器出口排放浓度基本不受进口粉尘浓度影响，经除尘后的粉尘排放浓度 $\leqslant 30mg/m^3$（标准状况），达到最新环保排放要求。

本方案拟在 35t/h 链条锅炉的引风机前新建一台长袋低压脉冲袋式除尘器，烟气经除尘后接入原脱硫系统。

二、长袋低压脉冲袋式除尘器型号确定

1. 滤料的选择

（1）滤料的性质要求

针对燃煤锅炉烟气特性，对滤料性质有如下要求：

① 耐高温　能承受工作温度 160℃ 和最大冲击温度 200℃。

② 耐酸腐蚀　烟气中含有一定的 SO_x 和 NO_x。

③ 耐水解　虽然烟气系统应采取一定的保温措施，但由于存在酸性气体，应防酸露点和开停机时出现的结露现象，要求有一定的耐水解性。

④ 抗氧化　烟气中含有一定的氧量。

（2）滤料的过滤性能要求

要求滤料透气性好，防微细粉尘穿透，抗拉和抗折强度好（严格按照相关标准）。化纤滤料中用于脉冲袋式除尘器的为针刺毡滤料。玻纤类滤料有玻纤针刺毡滤料和玻纤覆膜滤料。

（3）滤料的选择

根据本工程的烟气特性，选择 PPS+PTFE 浸渍（聚苯硫醚）滤料，该滤料长期运行温度为 160℃，冲击温度可承受 200℃，耐酸、耐水解性能好，抗氧化性能差，可在一定的含氧量范围内使用，价格较适宜，已大量用于燃煤锅炉，也有不少垃圾焚烧发电厂使用。

2. 袋式除尘器的脉冲喷吹清灰程序

袋式除尘器的脉冲喷吹清灰包括自动脉冲喷吹清灰及人工手动进位脉冲清灰两种形式。

（1）自动脉冲喷吹清灰

定时/定压差两种清灰方式手动切换。

① 定时自动喷吹清灰　脉冲电磁阀实现定时顺序控制喷吹清灰。电磁阀每次开启时间（脉冲宽度）为 0.1~0.15s，两只阀动作的间隔时间（脉冲间隔）可调，可调范围为 1~999s。

② 定压差自动喷吹清灰　根据除尘器进出口压差检测值的大小自动切换到不同的喷吹清灰程序，以达到高效率地使用压缩空气和最大限度地延长滤袋使用寿命的目的。即：当进出口压差值在正常范围（1000~1500Pa）内时，运行常规的喷吹清灰程序，脉冲间隔为 10~30s；当进出口压差值大于或等于 1800Pa 时，运行快速的喷吹清灰程序，脉冲间隔小于

10s 或几个箱体同时喷吹清灰；当进出口压差值小于 800Pa 时，停止喷吹清灰。喷吹清灰程序的切换由进出口压差值控制，其大小可按工程实际在现场调试设定。

（2）人工手动进位脉冲清灰

这种清灰形式主要用于检修和强制喷吹清灰，通过盘面按钮人工手动对电磁阀依次进位动作喷吹清灰。

3. 除尘器的设计参数

除尘器类型	CD 系列长袋低压脉冲除尘器	清灰方式	定时/定压差
		清灰状态	在线/离线
除尘器型号	CD202-12/16	除尘器上箱体数	4 个
处理风量	130000m³/h	除尘器中箱体数	4 个
过滤面积	2304m²	每箱体滤袋数	768 条
过滤风速	≤0.94m/min	箱体材质	Q235
滤袋尺寸	ϕ160×6000mm	箱体设计压力	-6000Pa
滤袋数量	768 条	除尘器阻力	≤1500Pa
滤袋材质	PPS+PTFE 浸渍	除尘器出口粉尘浓度	≤20mg/m³（标准状况）
滤料工作温度	160℃		
滤料最高温度	200℃	除尘器漏风率	≤3%
喷吹压力	0.2～0.25MPa		

三、袋式除尘器的结构和布置

1. 袋式除尘器主要组成部件

除尘器由上箱体总成（包含脉冲喷吹装置）、中箱体、灰斗、滤袋及滤袋框架、进出风管路、压缩空气系统和控制系统等组成。其中：

① 上箱体总成

a. 上箱体含花板、上壳体、顶揭盖、烟气出口。

b. 脉冲喷吹装置含低压脉冲喷吹集气箱、电磁脉冲阀、喷吹弯管、带喷嘴的喷吹管、喷吹管支座。

c. 烟气出口提升阀。

② 中箱体含中箱体框架、箱板、烟气进口、烟气进口手动蝶阀、挡风板。

③ 灰斗含灰斗、检修门、仓壁振动器。

④ 进出风管路含除尘器进出口法兰及内部管道。

⑤ 压缩空气系统含储气罐、油水分离器、截止阀、减压阀、压力表及储气罐到各用气点压缩空气管道。

⑥ 除尘器保温系统含岩棉保温毡、彩色压型外护板及保温附件。

2. 袋式除尘器主要结构特点

① 除尘器本体采用框架结构，上箱体、灰斗及侧板与框架间连续焊接，保证良好的密封性能，中箱体侧板焊有由型材组成的肋板，使箱体具有足够的抗压强度。

② 除尘器上箱体总成中，固定滤袋的花板孔冲制加工并抛光，保证花板尺寸的一致性和内表面光滑无毛刺，滤袋装好后不致产生气体短路或粉尘泄漏。

③ 除尘器上箱体总成整体交付，组装时严格控制安装尺寸，使脉冲阀、喷吹管中心与对应的该排花板孔中心线重合。喷吹管与花板表面距离一致，使之达到满意的喷吹效果。

④ 除尘器上揭盖设凹槽密封压紧装置，顶部设排水坡。

⑤ 袋笼由专用的生产线加工，确保各焊点牢固且表面光滑无毛刺，不致磨损滤袋，采用酸洗表面、镀锌防腐蚀处理。

⑥ 除尘器箱体进风口装有摇杆传动的手动阀门，便于调节风量及维修设备之用。出口各室设气动提升阀，可实现各室离线清灰。

⑦ 滤袋口采用进口弹簧钢片及与滤袋材质相同的鞍形垫缝制，确保袋口尺寸的一致性。

⑧ 灰斗考虑最大的安息角度，并安装仓壁振动器利于卸灰。

⑨ 除尘器进风口内侧设有挡风板，使进入的含尘烟气不致直接冲刷滤袋，相应延长了滤袋寿命。挡风板形成的预分离室内，颗粒较大的粉尘因惯性作用落入灰斗，可起到一定的预收尘作用。另外，引导气流向上扩散后再进入过滤室，可使喷吹后下落的粉尘不致再次扬起，从而达到更好的清灰效果。

⑩ 除尘器在结构上便于安装、运行、维护和检修。钢结构采用焊接结构，并采用防腐、防锈措施，应符合 GB 4053.3—2009 的规定。平台、走道能承受 $4000N/m^2$ 活荷载，扶梯能承受 $2000N/m^2$ 活荷载，挠度小于 $1/300$。扶梯与水平面的夹角不大于 $45°$。

⑪ 上箱体、中箱体、烟风道、灰斗及钢结构等在满足制造、运输、安装方便的条件下，尽量在制造厂内组装出厂。

⑫ 钢结构及平台在设计时考虑防潮、防锈蚀，采用良好的适用于沿海地区使用的优质油漆。涂装一层底漆（环氧底漆）、一层中间漆（环氧漆），底漆与中间漆在出厂前完成涂装。

3. 袋式除尘器的布置方案

① 采用 CD 型长袋低压脉冲袋式除尘器，设滤袋 768 条，滤袋尺寸 $\phi160\times6000mm$，过滤面积 $2304m^2$，过滤风速 $0.94m/min$。

② 滤袋布置成 48 排，每排 16 袋，滤袋依靠袋口的弹性元件，嵌在花板的袋孔内，采取合理的公差配合，以保证良好的密封性及拆、装滤袋方便。

③ 整机隔成 4 个仓，上箱体隔成 4 室，单列布置，脉冲喷吹装置下为进风及出风通道，每个仓室进口设手动蝶阀、出口设气动提升阀。当两个仓中有一个仓离线检修时，锅炉可以降低负荷连续运行。

④ 每台除尘器设 4 个灰斗。为保证灰斗内不积灰，灰斗设计如下：

a. 灰斗面板倾角大于 $60°$，大于灰的安息角。

b. 灰斗设仓壁振动器。

⑤ 脉冲阀为 $3''$ 淹没式电磁脉冲阀。清灰时，电磁脉冲阀释放的压缩空气由喷吹管上的喷嘴射向滤袋内。

四、袋式除尘器的安装及运行维护

1. 一般维护管理

应设专人操作和检修。全面掌握除尘器的性能和构造，发现问题及时处理，确保除尘器正常运行。

① 操作人员应填写运行记录，主要是除尘器运行时的温度、压差和喷吹压力等参数，确保其在规定的参数下运行。若发现异常应找出原因并及时处理。

② 维修人员应经常对袋式除尘器的清灰、输灰装置的运动部件进行点检，发现问题及时处理，经常观察排气筒排出气体的粉尘浓度，如因破袋引起排放超标，应及时更换滤袋。

2. 运行维护管理

① 应在工艺设备启动前 20min 启动除尘器，对压力指示计、压力报警器以及气体温度计等进行检查并确认其处于正常状态。

② 处理风量应不超出设计值。风量增加会引起滤速增大，导致滤袋破损泄漏、滤袋张力松弛等。风量减少会使管道风速变慢，粉尘在管道内沉积，将影响粉尘抽吸。若发现系统风量发生较大变化，应立即查找原因。

③ 处理高温高湿气体，重新开机时应对袋式除尘器预热，应注意由结露面造成的滤料网眼堵塞和除尘器机壳内表面腐蚀的问题，为避免滤袋室内的结露，要在系统冷却之前把含湿气体排出去，通入干燥的空气；处理易燃易爆气体时，为防止爆炸，要查明 O_2 及 CO 的浓度及处理气体的温度等因素。

④ 收集在灰斗内的粉尘，应按规定的顺序和周期及时排出。袋式除尘器的清灰是影响设备运行的重要因素。清灰周期过短会影响清灰装置和布袋的寿命，清灰周期过长，会影响清灰效果。袋式除尘器的清灰周期和时间需根据设备的运行工况进行合理调整。

⑤ 要及时对滤袋吊具进行调整。袋式除尘器安装并使用 1～2 个月后，滤袋会伸长，应对滤袋吊挂机构的长度进行调整。弹簧式的滤袋吊挂机构运转 1 年后，应把不合适的弹簧换掉。

⑥ 要对附属设备进行调整。管道和吸尘罩是重要的附属设备，在运转初期很容易因为异常振动使吸气效果不好，应及时调整。

⑦ 停止运行后的维护。要注意风机的清扫、防锈等工作，特别要防止灰尘和雨水等进入电动机转子和风机、电动机的轴承部分。风机每 3 个月应启动运转一次；有冰冻季节的地方，除尘系统停车时，冷却水和压缩空气的冷凝水应完全放掉；清扫管道和灰斗内积尘时，清灰机构与驱动部分要注意注油。如果是长期停车，还应取下滤袋，放在仓库中妥善保管。

 任务小结

本任务通过工业锅炉袋式除尘器选型设计案例的学习，使同学们对袋式除尘器的工作原理、特点及选型设计步骤更加明晰，同时进一步了解了袋式除尘器的安装与运行维护知识。

 任务实践评价

工作任务	考核内容	考核要点
工业锅炉袋式除尘器选型设计	基础知识	能对工业锅炉烟粉尘的排放情况进行系统分析
		会应用相关标准和规范
	能力训练	会进行知识的归纳和分析
		提升计算能力
		能熟练编辑 word 文档
		提高团队合作、沟通交流能力

任务三　燃煤电厂电除尘器选型设计

情景导入

常见的燃煤发电锅炉是循环流化床锅炉，采用流态化燃烧，是工业化程度最高的洁净煤燃烧技术，具有强化传热、燃烧效率高、燃料适应性广和排放污染物少等特点，锅炉运行床温控制在850～920℃内，空气过剩系数在1.05～1.12之间。随着国家对环境空气质量的要求逐步加严，火电厂大气污染物排放标准也不断提高。我国近90%～95%的燃煤电站锅炉都采用了干式静电除尘器收集烟气中的飞灰颗粒，下面以燃煤电厂锅炉为例介绍干式电除尘器的选型设计。

以板式静电除尘器为例，其总体设计的内容包括：确定选型设计背景参数；选定各主要部件的结构形式；确定电场数，计算集尘极面积、进口断面面积、通道数和电场长度等；绘制电除尘器图纸；计算供电装置所需的电流、电压值，并选定供电装置的型号、容量。

项目概况：东莞市某600MW燃煤机组锅炉最大连续蒸发量为2030t/h，需配套建设电除尘器，该燃煤锅炉具体参数如下：

锅炉类型，循环流化床锅炉　　　　　　　烟气露点温度，≤80℃

锅炉容量，2030t/h　　　　　　　　　除尘器入口粉尘浓度，约13g/m³（标准状况）

锅炉燃料，煤　　　　　　　　　　　　工作压力，-4000Pa

锅炉出口烟气量，2600000m³/h　　　　除尘器本体漏风率，≤3%

烟气温度，120～160℃

燃用煤种的元素分析和飞灰成分分别见表2-11和表2-12。

表 2-11　燃用煤种的元素分析

项目	数值	项目	数值
$w_{ar}(C)/\%$	48.99	$w_{ad}(M)/\%$	10.7
$w_{ar}(H)/\%$	3.08	$w_{ar}(A)/\%$	30.51
$w_{ar}(O)/\%$	10.54	$w_{daf}(V)/\%$	37.63
$w_{ar}(N)/\%$	0.72	$Q_{net,ar}/(MJ/kg)$	17.49
$w_{ar}(S)/\%$	0.86		

注：ar—收到基，daf—干燥无烟基，ad—干燥基。

表 2-12　飞灰成分　　　　　　　　　　　　　　　　　　　　单位：%

成分	质量分数	成分	质量分数	成分	质量分数
SiO_2	51.90	GaO	2.95	SO_3	0.65
Al_2O_3	34.55	MgO	0.60	MnO	0.03
F_2O_3	4.34	K_2O	1.08	其他	2.17
TiO_2	1.35	Na_2O	0.38		

一、确定选型设计背景参数

燃煤锅炉电除尘器选型设计需要的背景参数主要包括排放要求、废气性质、烟尘性质和气象地质条件等四个方面（表 2-13）。另外还要考虑除尘器的压力损失、投资、运行费用、维护管理难易程度、安装位置、耐蚀性、耗钢量，以及收集烟尘的处理与利用等。

表 2-13　选型设计的背景参数

名称	所需参数
排放要求	废气进入除尘器的一般及最大含尘浓度(g/m³)； 废气从除尘器排出要求的最终含尘浓度(mg/m³)
废气性质	需净化的废气量及最大量(m³/h)； 进出除尘器的废气温度及温度波动范围(℃)； 进出除尘器的废气最大压力(Pa)； 废气成分的体积分数(%)； 废气的湿度(通常用废气露点值表示)
烟尘性质	烟尘的粒径和粒径分布(%)； 烟尘的荷电性、导电性和比电阻； 烟尘的堆积密度(kg/m³)； 烟尘的自然安息角和黏附性； 烟尘的化学组成和粉尘的磨损性
气象地质条件	最高、最低及年平均气温(℃)； 地区最大风速(m/s)； 风载荷、雪载荷(N/m²)； 设备安装的海拔高度及各高度的风压力(kPa)； 地震烈度(度)； 相对湿度(%)

1. 排放要求

（1）设计进口含尘浓度

除尘器进口含尘浓度是电除尘器选择的重要参数之一，主要影响因素有以下几项。

① 煤种的特性　煤种的特性对燃烧过程中灰渣形成及特性有很大的影响，一般来说，挥发分含量高、灰分含量低的煤种在燃烧过程中产生更多的细颗粒，其底渣颗粒中细颗粒的份额也比较高，底渣平均粒径与给煤颗粒的平均粒径差别大。而且，煤中的灰渣大部分以飞灰形式排出，除尘器进口烟气含尘浓度也较高。低位发热量越高，灰分越小，则单位质量燃煤干烟气量越大，除尘器进口烟气浓度也越小。当燃料硫分含量较高且是炉内脱硫时，需要加入大量的石灰石，则除尘器进口烟气浓度也就增大。

② 碎煤机的特性　燃煤经过锤击式破碎机后的细颗粒比例大，飞灰的份额也比较高，除尘器进口烟气含尘浓度也较大。燃煤经过齿辊破碎机后的细颗粒比例小，除尘器进口烟气含尘浓度就较小。

③ 锅炉结构特性　锅炉的布风板面积、炉膛截面积和旋风分离器分离效率等因素决定飞灰的份额，即影响除尘器进口烟气含尘浓度。为了减少飞灰含碳量，提高燃烧效率，降低钙硫比，将除尘器下的飞灰再送到炉内燃烧时，除尘器进口烟气含尘浓度更高。

④ 运行工况　进入炉内的总风量、一次风率（一次风占的比例）和负荷的大小都会影响飞灰份额的变化，同时引起除尘器进口烟气含尘浓度的变化。

循环流化床锅炉对煤种的适应性广泛，燃烧不同的煤种，烟气含尘浓度变化较大。燃烧劣质煤时烟尘浓度很高；加入石灰石后燃烧未反应的 CaO，以及旋风分离器效率的降低，都会增加烟气含尘浓度。本任务中除尘器设计进口含尘浓度为 13g/m³（标准状况）。

（2）设计出口含尘浓度

为防治区域性大气污染，改善环境质量，进一步降低大气污染源的排放强度，更加严格地控制排污行为，当前《火电厂大气污染物排放标准》（GB 13223—2011）对各项污染物排放限值进行了明确规定，其中重点地区燃煤锅炉烟尘排放浓度限值为 20mg/m³（表 2-14）。因此，本设计任务中除尘器的出口含尘浓度不大于 20mg/m³。

表 2-14　重点地区火力发电锅炉大气污染物特别排放限值　　　　单位：mg/m³

污染物项目	限值			污染物排放监控位置
	燃煤锅炉	燃油锅炉	燃气锅炉	
烟尘	20	20	5	烟囱或烟道

（3）除尘效率

本电除尘器选型设计任务中要求除尘器的总效率为：

$$\eta = \frac{13000 - 20}{13000} \times 100\% = 99.85\%$$

2. 锅炉排烟和烟尘特性

本设计任务中循环流化床锅炉排放烟气温度为 120～160℃，烟气露点温度≤80℃，锅炉排放烟尘浓度为 13g/m³（标准状况），烟尘排放量大。由于烟气温度变动时，烟气的黏度、粉尘的比电阻等都有变化。一般情况下，烟气温度提高时烟气的黏度加大，将会影响到电除尘器的除尘效率；烟温的变化对比电阻的影响很大，在电除尘器设计选型中要予以特别重视。由燃用煤种的元素分析和飞灰成分可知，该煤种为低硫煤，且飞灰的成分中 Al_2O_3 和 SiO_2 的质量分数总量超过 80%，易生成高比电阻飞灰。

烟气结露与除尘装置中金属腐蚀、烟尘黏附以及堵灰等问题有关，所以必须使除尘装置在露点以上工作。

 知识链接

烟粉尘颗粒都是可以导电的吗？本设计中要综合考虑锅炉烟尘的哪些性质呢？

1. 粉尘的荷电性

粉尘在其生产过程中，由于相互碰撞、摩擦、放射线照明、电晕放电及接触带电体等原因，总会带有一定的电荷。实际上所有天然粉尘或工业粉尘都带有相当多的电荷。烟一般也荷电，不过比大多数粉尘的程度低。粉尘荷电以后，将改变其物理性质，如絮凝性、附着性等，同时对人体的危害性也有所增加。粉尘的荷电量随着温度升高、表面积增大及含水量减少而增大。

2. 粉尘的比电阻

粉尘导电性的表示方法和金属导线一样，用电阻率来表示，单位为欧姆·厘米（Ω·cm），但是粉尘的导电不仅包括粉尘颗粒本体的容积导电，而且包括颗粒表面因吸附水分等形成的化学膜的表面导电。特别对于电阻率高的粉尘，在低温（<100℃）条件下，主要是靠表面导电，在高温（>200℃）条件下，体积导电占主导地位。因此，粉尘的电阻率与测定时的条件有关，如温度、湿度以及粉尘的松散度和粗细等。总之，粉尘的电导率仅是一种可以相互比较的粉尘电阻，简称比电阻。电除尘器的有效工作范围为 $10^4\Omega\cdot cm<$ 粉尘比电阻 $<2\times10^{10}\Omega\cdot cm$。

影响尘粒比电阻的因素有以下几项。

① 温度　粉尘的导电，在低温时以表面导电为主，温度较高时以体积导电为主。一般来说在 $100\sim150℃$ 时粉尘比电阻较高，尤其在 $135℃$ 左右最高。

② 含硫量　粉尘比电阻值随着含硫量的增加而减小。当循环流化床锅炉炉内脱硫时，烟气中的 SO_x 含量很小，因此烟气中粉尘的比电阻较大，对于电除尘器的运行是不利的。

③ 碱金属含量　煤炭中碱金属的含量对粉尘比电阻有很大的影响，其比电阻值随着碱金属含量的增加而减小。

④ 湿度　粉尘比电阻与烟气的湿度有关，其比电阻值随着湿度的增加而减小，利用这一特性，在对高比电阻进行电除尘时，也可以喷入蒸汽，增加粉尘湿度，从而对烟气进行调质，以降低比电阻，提高电除尘效率，但成本太高。

3. 粉尘的比表面积

单位体积的粉尘具有的总表面积 $S_p(cm^2/cm^3)$ 称为粉尘的比表面积。微细尘粒的重要特性之一是比表面积大。对于平均粒径为 d_p、空隙率为 ε 的表面光滑球形颗粒，其比表面积定义为：

$$S_p=\frac{\pi d_p^2(1-\varepsilon)}{\frac{\pi d_p^3}{6}}=6\frac{(1-\varepsilon)}{d_p} \tag{2-20}$$

比表面积常用来表示粉尘的总体细度，是研究通过粉尘的流体阻力以及研究化学反应传质、传热等现象的参数之一。粉尘的许多物理、化学性质与其表面积有很大关系，细颗粒往往表现出显著的物理、化学活泼性。如通过粉尘层的流体阻力会因细颗粒比表面积加大而增大，氧化、溶解、蒸发、吸附、催化以及生理效应等都能因细颗粒比表面积加大而被加速，部分粉尘的爆炸性和毒性会随粒径的减小而增大。粉尘的比表面积值的变化范围很广，大部分在 $1000cm^2/g$（粗粉尘）到 $10000cm^2/g$（细烟尘）范围内变化。例如粉煤灰颗粒粒径为 $0.4\sim100\mu m$，其比表面积约为 $2000\sim5000cm^2/g$，与水泥颗粒大小相近。

4. 粉尘的粒径与粒径分布

粉尘的粒径与粒径分布内容在前面已做详细介绍，下面结合案例阐述粉尘的粒径和粒径分布对电除尘器除尘效率的影响。

案例背景：烧结机是钢铁厂生产的关键设备，烧结过程中产生大量的粉尘。根据烧结生产采用的原燃料不同，除尘灰的化学成分有所差异，但共同点是烟气量大，粉尘量和粉尘性质波动大，易吸潮，黏结力强。通常，烧结机头电除尘器烟尘浓度为 $1\sim6g/m^3$，温度在 $80\sim180℃$ 之间，烟气湿度在 15% 左右，粉尘含碱金属多，$<5\mu m$ 粒级占 30% 以上；机尾电除尘器烟尘浓度为 $15\sim25g/m^3$，温度在 $80\sim130℃$ 之间，烟尘中主要以铁离子为主。影响电除尘器除尘效率的因素除了气体的温度、压力和组成外，还有一个非常重要的因素就是粉尘特性。粉尘特性一般包括颗粒的粒径分布、比电阻、粉尘真密度和堆积密度以及粉尘黏附性等。其中影响较大的是粉尘的粒径分布与比电阻。本案例选取烧结机尾电除尘器烟尘样品，进行粒径分布测试，分析其对电除尘器除尘效率的影响。

① 烧结灰粒径分布测试。电除尘器进口取烧结灰试样共 10.0066g，粒径分布测试结果见表 2-15，计算结果见表 2-16。

表 2-15   烧结灰粒径分布的测试结果

分组序号	平均粒径 /μm	筛上残留量 /g	筛上粉尘累积 质量分数 R_i/%	筛下粉尘累积 质量分数 D_i/%	粒径质量频率 分布 g_{1i}/%
1	0.685	9.8558			
2	1.700	9.7224			
3	3.230	9.1144			
4	6.975	8.2113			
5	11.025	7.5039			
6	15.170	6.7754			
7	19.600	6.3862			
8	>19.600	0			

表 2-16   烧结灰粒径分布的计算结果

分组序号	平均粒径 /μm	筛上残留量 /g	筛上粉尘累积 质量分数 R_i/%	筛下粉尘累积 质量分数 D_i/%	粒径质量频率 分布 g_{1i}/%
1	0.685	9.8558	98.49	1.51	1.51
2	1.700	9.7224	97.16	2.84	1.33
3	3.230	9.1144	91.08	8.92	6.08
4	6.975	8.2113	82.06	17.94	9.03
5	11.025	7.5039	74.99	25.01	7.07
6	15.170	6.7754	67.71	32.29	7.28
7	19.600	6.3862	63.82	36.18	3.89
8	>19.600	0	0	100	63.82

② 烧结灰去除总效率的测试和计算结果见表 2-17 和表 2-18。

表 2-17   烧结灰去除总效率的测试结果

样品	进口处采集粉 尘量 ΔS_1/g	进口处采样 体积 V_1/L	进口处采集 粉尘量 ΔS_2/g	出口处采样 体积 V_2/L	总效率 η/%
烧结灰	4.4962	133.5	0.0632	60	

表 2-18   烧结灰去除总效率的计算结果

样品	进口处采集粉 尘量 ΔS_1/g	进口处采样 体积 V_1/L	进口处采集 粉尘量 ΔS_2/g	出口处采样 体积 V_2/L	总效率 η/%
烧结灰	4.4962	133.5	0.0632	60	96.87

③ 从电除尘器灰斗中取分离出的烧结灰试样共 9.9999g，粉尘试样粒径分布测试结果见表 2-19，要求计算该除尘器去除烧结灰的分级效率（表 2-20）。

表 2-19   烧结灰的灰斗粉尘粒径分布

分组 序号	平均粒径 /μm	筛上残留 量/g	筛上粉尘累积 质量分数 R_i/%	筛下粉尘累积 质量分数 D_i/%	灰斗粉尘粒径 质量频率分布 g_{3i}/%	粉尘粒径质量 频率分布 g_{1i}/%	分级效率 η_i/%
1	0.685	9.9117	99.12	0.88	0.88	1.51	
2	1.700	9.7391	97.39	2.61	1.73	1.33	
3	3.230	9.4084	94.08	5.92	3.31	6.08	
4	6.975	8.8884	88.88	11.12	5.20	9.03	
5	11.025	8.3995	84.00	16.00	4.89	7.07	
6	15.170	7.7606	77.61	22.39	6.39	7.28	
7	19.600	7.4161	74.16	25.84	3.45	3.89	

表 2-20 电除尘器分级效率计算结果

分组序号	平均粒径/μm	筛上残留量/g	筛上粉尘累积质量分数 R_i/%	筛下粉尘累积质量分数 D_i/%	灰斗粉尘粒径质量频率分布 g_{3i}/%	粉尘粒径质量频率分布 g_{1i}/%	分级效率 η_i/%
1	0.685	9.9117	99.12	0.88	0.88	1.51	56.45
2	1.700	9.7391	97.39	2.61	1.73	1.33	100
3	3.230	9.4084	94.08	5.92	3.31	6.08	52.74
4	6.975	8.8884	88.88	11.12	5.20	9.03	55.78
5	11.025	8.3995	84.00	16.00	4.89	7.07	67.00
6	15.170	7.7606	77.61	22.39	6.39	7.28	85.03
7	19.600	7.4161	74.16	25.84	3.45	3.89	85.91

由表 2-18 和表 2-20 可看出，电除尘器系统对烧结灰的总除尘效率高达 96.87%，分级效率 η_i 随着粉尘粒径大小的变化而改变。当烧结灰的粒径从亚微米级增加到平均粒径 1.700μm（粒径范围 1.37～2.03μm）时，分级效率 η_i 由 56.45% 增至 100%，然后 η_i 随着粒径的增加反而降至 52.74%，之后 η_i 随着粒径的增加而逐步提高到 85.91%，结果表明电除尘器对烧结灰最适宜的粒径范围是 1.37～2.03μm，较大颗粒粉尘的除尘机制主要是重力作用而不是静电作用。在测试过程中观察到：由于电场风速小（0.62～0.7m/s），同时烧结灰粉尘试样的真密度 $\rho_p = 4.506g/cm^3$，远大于常见粉尘的真密度（如飞灰的 $\rho_p = 1.73g/cm^3$），部分烧结灰粉尘试样在电除尘器入口前风管中沉降下来，这部分粉尘没能进入电除尘器而未被计入除尘器灰斗收集的尘量中，导致电除尘器对大颗粒烧结灰分级效率的测定值偏低。

本选型设计中由于烟尘比电阻较高，拟配备 1 套烟气调质（FGC）系统，在电除尘器（ESP）入口烟道喷入适量的 SO_3 和 NH_3 对烟气进行调质，实验结果见图 2-14。由图 2-14 可知，烟气调质前后飞灰比电阻均随着温度的升高而增大，烟气调质后飞灰比电阻明显降低。在烟气温度为 150℃时，调质前飞灰比电阻为 $20.5 \times 10^{10} \Omega \cdot cm$，而在除尘器入口烟道内喷入 SO_3 烟气调质后，飞灰比电阻降为 $1.23 \times 10^{10} \Omega \cdot cm$，此时飞灰比电阻降至 ESP 的有效工作范围（$10^4 \Omega \cdot cm <$ 飞灰比电阻 $< 2 \times 10^{10} \Omega \cdot cm$）内。

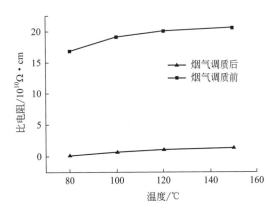

图 2-14 烟气调质前后飞灰比电阻随温度的变化情况

3. 气象地质条件

要求所有设备的性能参数必须满足当地海拔高度及气象条件。

二、选定主要部件的结构形式

电除尘器性能稳定可靠、除尘效率高，在发电、冶金、化工和水泥等行业废气处理中得到广泛应用，能有效捕集微细粉尘及液状雾滴，除尘效率高达 99% 以上，处理气流量大（单台设备每小时可达 $10^5 \sim 10^6 m^3$ 的烟气），能连续操作，并可在高温（350～400℃）或腐蚀性条件下工作。与其他除尘方法相比，电除尘器粉尘与气流分离的力（静电力）直接作用在粉尘上，而不是作用在整个气流上，因而电除尘器具有耗能小、气流阻力小（只有50～100Pa，约为袋式除尘器的1/12）的特点，处理的气体量越大，经济效果越明显。但是电除尘器一次性投资费用高，占地面积大，应用范围受烟粉尘比电阻的限制，不宜直接净化高浓度含尘气体，对安装质量及运行条件要求较高。

1. 电除尘器的工作原理

利用高压电场产生的静电力，使粉尘从气体中分离净化的设备称为静电除尘器（electrostatic precipitator），简称电除尘器（ESP）。电除尘器除尘包括电晕放电、气体电离、尘粒荷电、荷电尘粒的迁移和捕集以及将捕集物从集尘极表面上清除等基本过程。图2-15是电除尘器的除尘原理示意图。

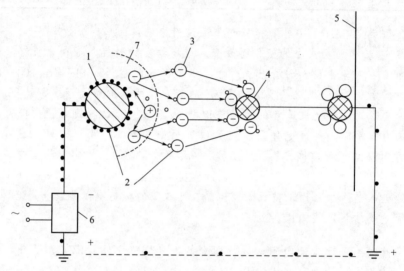

图 2-15　电除尘器除尘原理示意图
1—电晕极；2—电子；3—离子；4—尘粒；5—集尘极；6—供电装置；7—电晕区

（1）电晕放电和气体电离

如图2-15所示，电除尘过程首先需要大量的供尘粒荷电的气体离子，现今的所有工业电除尘器中，电晕放电是使尘粒荷电的最有效办法。将充分高的直流电压施加到一对电极上，其中一极为放电极，是细导线或曲率半径很小的任意形状，另一极是管状或板状的集尘极，两级间形成一个非均匀高压电场。

由于辐射、摩擦等原因，空气中含有少量的自由离子，单靠这些自由离子是不可能使含尘空气中的尘粒充分荷电的。电除尘器内设置了高压电场，在电场作用下空气中的自由离子将向两极移动，外加电压越高，电场强度越大，离子的运动速度越快，离子的运动在极间形成了电流。开始时，空气中的自由离子少，电流较小。当电压升高到一定值时，电晕极表面出现青紫色的光，并发出嘶嘶声，大量的电子不断从电晕线逸出，这种现象称为电晕放电。从放电极表面放出的电子迅速向集尘极运动，与周围中性气体分子发生撞击，并使之电离成电子、正离子，这种现象称为空气电离。空气电离后，由于连锁反应，在极间运动的离子数大大增加（通常称这种过程为"电子雪崩"），极间通过的电流即电晕电流急剧增大。当电晕极周围的空气全部电离后，形成了电晕区。电晕区内的空气电离之后，正离子很快向负极（电晕极）移动，电子向阳极（集尘极）移动，含尘空气通过电除尘器时，由于电晕区的范围很小，只有少量的尘粒在电晕区通过，获得正电荷，沉积在电晕极上。大部分尘粒获得负电荷，最后沉积在集尘极上。随着电子离开放电极表面距离的增加，电场迅速减弱。由于电子运动的速度主要由电场强度决定，致使电子运动速度迅速降低到使气体分子离子化所需要的最小速度。假如存在电负性气体，如氧气、水蒸气和二氧化硫等，则电晕产生的自由电子被这些气体的分子俘获并产生负离子，它们也和电子一样，向集尘极运动。这些负离子和自由电子就构成了使粉尘颗粒荷电的电荷来源。

当极间的电压升高到某一点时，电流迅速增大，电晕极产生一个接一个的火花，这种现象称为火花放电。在火花放电之后，如果进一步升高电压，电晕电流会急剧增加，电晕放电更加激烈。当电压升高到某一值时，电场击穿，出现持续放电，爆发出强光并伴有高温，这种现象就是电弧放电。由于电弧放电会损坏设备，使电除尘器停止工作，因此为保证电除尘器的正常运行，电晕的范围一般仅局限于电晕区。

如果在电晕极上加的是负电压，产生的是负电晕；反之，则产生正电晕。因为产生负电晕的电压比产生正电晕的电压低，而且电晕电流大，击穿电压高，所以工业上常用负电晕放电形式。但是，正电晕的臭氧量小，因此用于空气调节的小型电除尘器大多采用正电晕极。

（2）尘粒荷电

尘粒的荷电有两种不同的过程：一种是离子在静电力作用下做定向运动，与粒子碰撞而使粒了荷电，称为电场荷电或碰撞荷电；另一种是由离子的热运动与尘粒表面接触使粒子荷电的方式，称为扩散荷电，这种过程依赖于离子的热能，而不是电场。粒子的主要荷电方式取决于粒径：对于 $d_p > 0.5\mu m$ 的粒子，以电场荷电为主；$d_p < 0.2\mu m$ 的粒子，以扩散荷电为主；粒径介于 $0.2 \sim 0.5\mu m$ 的粒子，则需要同时考虑这两种过程。由于工程中应用的电除尘器所处理粉尘的粒径一般大于 $0.5\mu m$，而且进入电除尘器的粉尘颗粒大多凝聚成团，所以尘粒的荷电方式主要是电场荷电。

① 电场荷电　将不带电荷的粉尘粒子置于电晕电场中，气体离子在电场中运动时与粉尘粒子碰撞而导致粒子荷电，随着粉尘粒子荷电量的增加，其自身产生局部电场，使附近的电力线向外偏转，减少了离子向粉尘粒子运动的机会，最后导致再也没有气体离子能够到达粒子表面，此时粉尘粒子上电荷不再增加而达到饱和。影响电场荷电的主要因素包括粒子粒径、介电常数、电场强度和离子密度。

② 扩散荷电　扩散荷电是由于气体离子的不规则热运动并与存在于气体中的粒子碰撞，使粒子荷电的结果，因而不存在理论上的饱和荷电量。粉尘粒子的荷电量取决于离子热运动的动能、碰撞概率、粉尘粒子的大小和在电场中的荷电时间。

③ 电场荷电和扩散荷电的综合作用　对于粒径处于中间范围（$0.2 \sim 0.5\mu m$）的粒子，应同时考虑电场荷电和扩散荷电作用。两种荷电机理获得的电荷数量级大致相同，荷电量可近似按两种机理的荷电量叠加计算。

④ 异常荷电现象　应当指出，在一些情况下也会出现异常荷电。最重要的情况有三种：a. 沉积在集尘极表面的高比电阻粒子导致在低电压下发生火花放电或在集尘极发生反电晕现象。通常当比电阻高于 $2 \times 10^{10}\Omega \cdot cm$ 时，较易发生火花放电或反电晕而破坏正常电晕过程。b. 当气流中微小粒子的浓度高时，虽然荷电尘粒所形成的电晕电流不大，可是所形成的空间电荷却很大，严重地抑制着电晕电流的产生，使尘粒不能获得足够的电荷，因此，电除尘器的除尘效率显著降低，尤其是直径在 $1\mu m$ 左右的尘粒数量越多，这种现象越严重。c. 当含尘量大到某一数值时，电晕现象消失，尘粒在电场中根本得不到电荷，电晕电流几乎减小到零，失去除尘作用，即电晕闭塞。如果气流分布不当，气流速度过高或不适当的振打等，将会导致沉积在集尘极表面的粒子重新进入气流，即产生二次扬尘。

（3）荷电尘粒的迁移和捕集

在电晕区内，气体正离子向电晕极运动的路程极短，因此它们只能与极少数的尘粒相遇并使之荷正电，而沉降在电晕极上；在负离子区内，大量荷负电的尘粒在电场力驱动下向集尘极运动，到达极板后失去电荷便沉降在集尘极上。

当尘粒所受的静电力和尘粒的运动阻力相等时，尘粒向集尘极做匀速运动，此时运动的速度就称为驱进速度，用 ω 表示。粒子驱进速度与粒子荷电量、气体黏度、电场强度及粉尘粒径有关，表 2-21 给出了一些粉尘的有效驱进速度。

表 2-21　各种粉尘的有效驱进速度　　　　　　　　单位：m/s

粉尘种类	有效驱进速度	粉尘种类	有效驱进速度
电站锅炉飞灰	0.04～0.2	焦油	0.08～0.23
粉煤炉飞灰	0.1～0.14	硫酸雾	0.061～0.071
纸浆及造纸锅炉尘	0.065～0.1	石灰回转窑尘	0.05～0.08
铁矿烧结机头烟尘	0.05～0.09	石灰石	0.03～0.055
铁矿烧结机尾烟尘	0.05～0.1	镁砂回转窑尘	0.045～0.06
铁矿烧结尘	0.06～0.2	氧化铝尘	0.064
碱性氧气顶吹转炉尘	0.07～0.09	氧化锌尘	0.04
焦炉尘	0.067～0.161	氧化铝熟料尘	0.13
高炉尘	0.06～0.14	氧化亚铁尘	0.07～0.22
闪烁炉尘	0.076	铜焙烧炉尘	0.0369～0.042
冲天炉尘	0.3～0.4	有色金属转炉尘	0.073
热火焰清理机尘	0.0596	镁砂	0.047
湿法水泥窑尘	0.08～0.115	硫酸	0.06～0.085
立波尔水泥窑尘	0.065～0.086	热硫酸	0.01～0.05
干法水泥窑尘	0.04～0.06	石膏	0.16～0.2
煤磨尘	0.08～0.1	城市垃圾焚烧炉尘	0.04～0.12

（4）被捕集粉尘的清除

电晕极和集尘极上都会有粉尘沉积，粉尘层厚度为几毫米，甚至几厘米。集尘极板上粉尘沉积到一定厚度后，会导致火花电压降低，电晕电流减小，同时为防止粉尘重新进入气流，需要将其除去，比电阻大的粉尘还容易出现反电晕，影响除尘效率，必须及时清灰；粉尘沉积在电晕极上也会影响电晕电流的大小和均匀性。因此，为保持电晕极和集尘极表面清洁，应及时清除沉积的粉尘。

电晕极的清灰一般采用机械振打的方式。集尘极清灰方法在干式和湿式除尘器中是不同的。在干式电除尘器中，沉积的粉尘大多采用电磁振打或锤式振打方式清除，两种常用的振打器是电磁型和挠臂型，近年来还出现了振片式声波清灰器，使灰尘在声波作用下产生振荡，脱离其附着的表面，在重力或气流的作用下进入灰斗。干式振打清灰需要合适的振打强度，振打强度太小难以清除积尘，太大可能引起二次扬尘。合适的振打强度和振打频率一般在运行中通过现场调节确定。

在湿式电除尘器中，集尘极板表面经常保持一层水膜，粉尘沉降在水膜上而随水膜流下，从而达到清灰的目的。湿法清灰的主要优点是无二次扬尘，同时也可净化部分有害气体，如 SO_2、HF 等。湿法清灰的主要缺点是极板腐蚀结垢和污泥不易处理，容易产生二次污染。

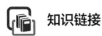 **知识链接**

2-2　粉尘
是如何被
"电"到的？

粉尘是如何被"电"到的？扫一扫，马上知晓。

该视频将为你形象地展示电除尘器的工作过程，包含不均匀电场的形成、尘粒如何荷电和从烟气中被分离出来，以及集尘极板的两种清灰方式。

2. 电除尘器的分类

电除尘器根据集尘极的形式可分为管式和板式电除尘器；根据气流流动方式分为立式和卧式电除尘器；根据粉尘荷电区和分离区的空间布置不同分为单区和双区电除尘器；根据沉积粉尘的清灰方式可分为湿式和干式电除尘器。

（1）管式和板式电除尘器

管式电除尘器的结构如图 2-16（a）所示，集尘极一般为 150～300mm 的圆形金属管，管长为 3～5m，通常采用多根圆管并列的结构。放电极极线（电晕线）用重锤悬吊在集尘极圆管中心。含尘气体由除尘器下部进入，净化后的气体由顶部排出。单管电除尘器电场强度高且变化均匀，但清灰较困难，多用于净化气量较小或含雾滴的含尘气体。

板式电除尘器的结构如图 2-16（b）所示。集尘极由多块轧制成不同断面形状的钢板组合而成，放电极极线（电晕线）均布在平行集尘极间。两平行集尘极极板间的距离一般为 200～400mm，极板高度为 2～5m，极板总长可根据要求的除尘效率来定。板式电除尘器的电场强度变化不均匀，清灰方便，制作安装较容易。

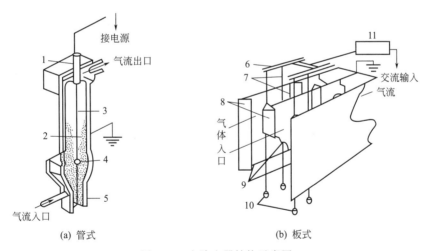

图 2-16　电除尘器结构示意图

1—绝缘瓶；2—集尘极表面上的粉尘；3—放电极；4—吊锤；5—捕集的粉尘；6—高压母线；
7—电晕极；8—挡板；9—收尘挡板；10—重锤；11—高压电极

（2）立式和卧式电除尘器

立式电除尘器，气流通常是自下而上流动的。管式电除尘器都是立式的，立式电除尘器具有占地面积小、捕集效率高的优点。

卧式电除尘器，含尘气流是沿水平方向运动来完成净化过程的。卧式电除尘器可分电场供电，容易实现对不同粒径粉尘的分离，有利于提高总除尘效率，且安装高度比立式电除尘器低，操作和维修较方便。在工业废气除尘中，卧式板式电除尘器是应用最广泛的一种。我国 1972 年提出的系列化设计 SHWB 型就属此类。

（3）单区和双区电除尘器

单区电除尘器的集尘极和电晕极装在同一区域内，粉尘粒子荷电和捕集在同一区域内完成。单区电除尘器是当今应用最为广泛的一种电除尘器。

双区电除尘器中，粉尘粒子的荷电和集尘不是在同一区域内完成，而是分别在两个区域里完成，如图 2-17 所示。在具有放电极的区域先使粉尘粒子荷电，然后在没有放电极只有集尘极的区域使荷电的粉尘粒子沉积在集尘极上而被捕集。

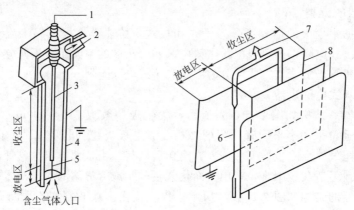

图 2-17 双区电除尘器结构示意图

1—连接高压电源；2—洁净气体出口；3—不放电的高压电极；4—集尘极；5—放电极；

6—放电极线；7—连接高压电源；8—集尘极板

（4）湿式和干式电除尘器

湿式电除尘器和与干式电除尘器的除尘原理相同，都是靠高压电晕放电使粉尘荷电，荷电后的粉尘在电场力的作用下到达集尘板/管。湿式电除尘器是用喷水或溢流水等方式使集尘极表面形成一层水膜，将沉积在极板上的粉尘冲走，湿式清灰可以避免二次扬尘，达到很高的除尘效率。因无振打装置，运行较稳定，可有效收集微细颗粒物（PM$_{2.5}$ 粉尘、SO$_3$ 酸雾、气溶胶）、重金属（Hg、As、Se、Pb、Cr）、有机污染物（多环芳烃、二噁英）等。使用湿式电除尘器后湿烟气中的烟尘排放可达 10mg/m^3 甚至 5mg/m^3 以下，收尘性能与粉尘特性无关。湿式电除尘器适用于湿烟气，尤其适用于处理电厂、钢厂湿法脱硫之后含尘烟气，是一种在湿法脱硫后增设的二级除尘设备，但设备投资费用较高，其投资技术经济性和运行成本要从整体进行评价。目前的湿式除尘技术，主要差别在于阳极板材质的选取及清灰技术。

干式电除尘器是以往最常见的一种类型，它是用机械振打等方法实现极板清灰。回收的干粉尘便于处置和利用，但振打清灰时存在二次扬尘问题，导致除尘效率降低，烟气中的烟尘排放浓度约 25～30mg/m^3。根据全面实施燃煤电厂超低排放和节能改造的要求，烟气中烟尘排放浓度须小于 10mg/m^3，甚至 5mg/m^3，故电厂干式电除尘已不能满足超低排放要求，一般改造为电袋复合除尘器，或增加湿式电除尘等二级除尘装置。新建燃煤发电项目一般采用电袋复合除尘器（每室前置电场、后设袋区）＋湿式静电除尘器等除尘设施，电袋复合除尘器工作时，烟气从进口喇叭进入电场区，粉尘在电场区荷电并大部分被收集，粗颗粒烟尘直接沉降至灰斗，少量已荷电、难收集的粉尘随烟气均匀进入滤袋区，通过滤袋过滤后完成烟气净化。

3. 电除尘器的结构

电除尘器的结构形式多种多样，但不论哪种类型的电除尘器都包括以下几个主要部分：

电晕（或放电）电极、集尘电极、气流分布装置、电极清灰装置、外壳（壳体）、保温箱、供电装置及输灰装置。

（1）电晕电极

电晕电极是产生电晕放电的电极，由电晕线、电晕极框架、框架吊杆及支撑绝缘套管、电晕极振打装置等组成。电晕线是产生电晕放电的主要部件，其性能好坏直接影响着除尘器的性能，因此要求电晕线应具有良好的放电性能（起晕电压低、击穿电压高、电晕电流大）、足够的机械强度和耐腐蚀性能，能维持较准的极距，且容易清灰。

电晕线的种类很多，目前常用的有直径 3mm 左右的圆形线、星形线、锯齿线、芒刺线等，如图 2-18 所示。

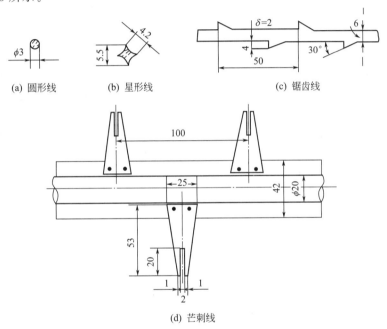

(a) 圆形线　　(b) 星形线　　　　　(c) 锯齿线

(d) 芒刺线

图 2-18　各种电晕线的形状

圆形线的直径越小，起晕电压越低，放电强度越高。但实际应用时，直径不宜太小，不然会因强度过低而断线。

星形线沿极线全长有四个棱角，一般用碳素钢冷轧制成。与圆形线相比，星形线的放电强度高，起晕电压低，但容易粘灰，适用于含尘浓度低的烟气。

芒刺线用多点放电代替沿极线全长的放电，所以放电强度高，电晕电流大。而且，刺尖会产生强烈的离子流，增大了电除尘器内的电风，对减少电晕阻塞是有利的。因此在进口气体含尘浓度比较高或微粒比电阻较高的情况下，采用芒刺形电晕极线比较合适，有的电除尘器在第一、二两电场中采用芒刺形电晕极线，在第三电场采用圆形线或星形线。尖刺间距一般取100mm 左右，尖刺长 20mm 左右。芒刺形电晕极的尖端应避免积灰，否则将影响放电。

电晕线在电场中有两种固定方式（图 2-19）：一种是每根电晕线的下端用重锤张紧（重锤悬吊式，重锤质量 5～10kg）；另一种是多根电晕线按一定的间距固定在框架上（管框绷线式）。相邻电晕线之间的距离（即极距）对放电强度影响较大，极距太大会减弱放电强度，极距过小时也会因屏蔽作用使放电强度减弱。一般极距为 200～300mm 左右。

（2）集尘电极

集尘电极的结构形式直接影响到除尘效率、金属耗量和造价，所以应精心设计。对集尘

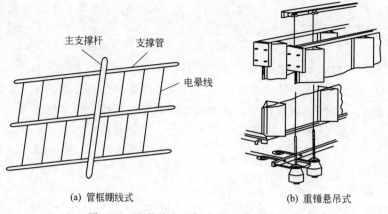

(a) 管框绷线式　　　　　(b) 重锤悬吊式

图 2-19　电晕线在电场中的两种固定方式

极的基本要求是：①极板表面上的电场强度和电流分布均匀，火花电压高；②既有利于粉尘在板面上沉积，又能使粉尘顺利落入灰斗，二次扬尘少；③板面的振打性能好，易于清灰；④形状简单，制作容易；⑤具有足够的刚度和强度，在运输、安装、运动中不易变形。

集尘极形式很多，有板式、管式两大类。管式除尘器的集尘极为直径约 15cm、长 3m 左右的圆管。板式电极又可分为平板形电极、箱式电极和型板式电极（用 1.2～2.0mm 厚的钢板冷轧加工成一定形状的板型，如 Z 形、C 形、CW 形、波浪形和槽形等）。图 2-20 为几种常见的集尘极极板形式。

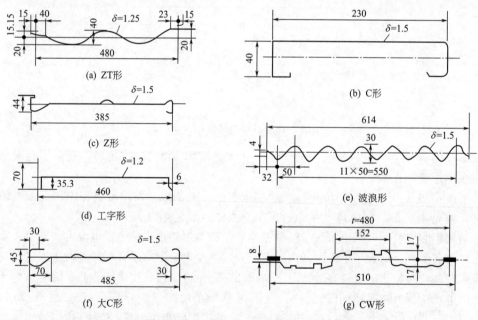

图 2-20　几种常见的集尘极极板形式

极板之间的间距，对电场性能和除尘效率影响较大。间距太小（200mm 以下），电压升不高，间距太大又受供电设备允许电压的限制。因此，在采用 60～72kV 变压器的情况下，极板间距一般取 200～350mm。近年来，板式电除尘器一个引人注目的变化是发展宽间距超高压电除尘器，这种电除尘器制作、安装、维修等较方便，而且设备小，能量消耗也小。板式电极多为 Z 形或 C 形断面的长条形极板，名义宽度为 400mm 或 500mm。第一、二电场的电晕线可选用芒刺电晕线，三、四电场的电晕线可选用菱形线，为便于制造与更换，也可都采用芒刺电晕线。

（3）气流分布装置

电除尘器中气流分布的均匀性对除尘效率影响很大，一般要求其分布均匀性好、阻力损失小。为保证气流分布均匀，在进出口处应设渐扩管和渐缩管，进口渐扩管设 1～3 层气流分布板。最常见的气流分布板有多孔板、百叶窗式板、分布格子、槽形钢式板和栏杆型分布板等。多孔板应用最广，通常采用厚度为 3～3.5mm 的钢板制作，孔径 30～50mm，开孔率约为 25％～50％，需要通过试验确定。

静电除尘器的进、出气烟箱常做成喇叭形或竖井形。为使气流或电场均匀分布，需在进气烟箱中设置气流分布装置，包括分布板及分布板振打结构（图 2-21）。当进口烟气含尘浓度较高时，还需在进气烟箱下设置灰斗，以避免由分布板分离出的大量粉尘在进气烟箱的底部堆积或大量流入第一电场前端的振打装置。

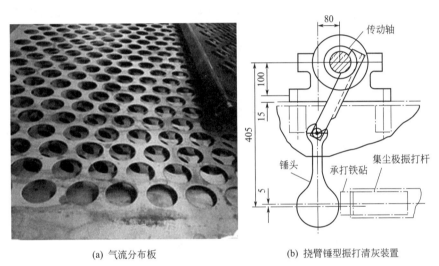

(a) 气流分布板　　　　　　　　　(b) 挠臂锤型振打清灰装置

图 2-21　气流分布装置和挠臂锤型振打清灰装置

（4）电极清灰装置

电除尘器运行过程中"清灰"是非常重要的步骤，如果聚拢在集尘极上的粉尘过厚，会造成阴极与阳极间的导电性能降低，电晕电流减弱，进而降低粉尘的驱进速度，影响电除尘器效率，若高比电阻的粉尘聚拢到一定厚度还会造成反电晕，导致电除尘器整体收尘能力不断下降。因此，及时清除集尘极和电晕极上的积灰，是保证电除尘器高效运行的重要环节之一。干式电除尘器的清灰方式有机械振打、电磁振打、刮板清灰及压缩空气振打等，目前应用较广的是挠臂锤振打。湿式电除尘器采用喷雾或溢流方式，在集尘板极板表面形成一层水膜，使沉积在集尘极板上的粉尘和水一起流到除尘器的下部而排出。

电晕电极上沉积粉尘一般都比较少，但对电晕放电影响很大。如粉尘清除不掉，有时在电晕极上结疤，不但使除尘效率降低，甚至能使除尘器完全停止运行。因此，一般对电晕极上沉积的粉尘采取连续振打清灰方式，常用振打方式有提升脱钩振打、电磁振打及气动振打等。振打装置应保证每个极板均获得足以使黏附粉尘充分剥离的适宜的振打加速度和振打频率。集尘极的振打可选用下部挠臂锤振打装置；放电极的振打可选用中部挠臂锤振打装置或顶部电磁锤振打装置。

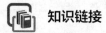

知识链接

移动电极电除尘器

通常，电除尘器是通过机械振打来清除极板上的积灰的，这种清灰方式会造成大量的二次扬尘，从而提高除尘器出口粉尘排放量，降低电除尘器效率。实验研究显示，常规振打结构的电除尘器排放的粉尘中，有20%是清灰不当产生的，当除尘器出口要求排放浓度进一步降低时，振打清灰产生的影响也进一步加大。

为解决二次扬尘问题，国内外专家进行不同的实验和工程应用研究，先后开发出了欠断电振打技术、导电滤槽技术、关断隔离振打技术等一系列技术，在一定程度上缓解了二次扬尘的影响，提高了除尘器收尘效率，但是都没有能够彻底消除二次扬尘问题。

移动电极技术保留了常规静电除尘器的优势，采用"固定电极电场＋移动电极电场"的配置形式。前级3~4个常规结构的电场处理收集绝大多数的粉尘，末级旋转移动电极电场具有独特的清灰方式，能有效保持极板的清洁，彻底解决了二次扬尘问题，从而为电除尘器实现较低粉尘排放提供了一条新的工艺路线。

移动电极电除尘器是常规电除尘器的一种改进技术，其前面几个电场采用的是与常规电除尘器一样的结构，主要区别在于最后一个电场的移动电极（阳极）结构。移动电极电除尘器末电场的阳极板排采用环形设计，每一个环形板排称为一品，单品阳极板排通过上部主动轴系和下部从动轴系张紧固定，沿高度方向布置了一定数量的防摆件，以防止其摆动。旋转清灰装置设置在从动轴上部的收尘区，对阳极板正反面进行清灰。主动轴和清灰装置由设置在电场外面的驱动电机提供动力。工作时，阳极板排通过上部的主动轴驱动缓慢地循环上下运动，这期间带电粉尘不断地被捕集，当阳极板上的粉尘聚集到一定厚度后进入灰斗上部非收尘区，这时，安装在电场下部的清灰刷从正面和反面对极板进行清灰，刷下的灰直接进入灰斗，整个清灰过程不会产生二次扬尘。移动电极电场结构及工作原理如图2-22所示。

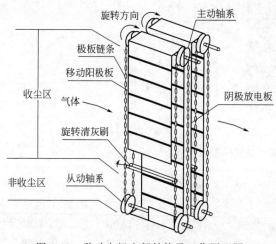

图2-22 移动电极电场结构及工作原理图

应用案例：河南某电厂3号炉135MW机组，于2003年7月投产发电，机组原配套的是一台257m²双室四电场静电除尘器，设计除尘效率≥99.6%。由于实际燃煤与原设计燃煤差距较大，且电除尘器设备运行时间较长，设备故障率增大，除尘效率下降，电除尘器实际粉尘出口排放浓度超过120mg/m³（标准状况），脱硫后粉尘排放浓度超过60mg/m³（标准状况），大大超出环保要求。

若对常规电除尘器进行改造，最终需要在原电除尘器后端增加一个6m的电场，并将原电除尘器整体抬高2m左右才能满足除尘器出口粉尘排放浓度小于40mg/m³（标准状况）的要求。此方案整体工作量大、成本高、施工工期长，无法满足电厂要求，可行性低。专家小组多次到现场踏勘，经过几番论证及对比分析，最终确定了在原电除尘器出口端新增一个移动电极电场的改造方案。

经过为期2个月的安全施工，2014年1月初移动电极电除尘器改造工程顺利完成，实测电除尘器出口气体含尘浓度为 26.1mg/m³（标准状况），远低于原设计改造要求的 40mg/m³（标准状况）。经过湿法脱硫后粉尘浓度进一步降低，根据脱硫后 CEMS（烟气在线监测系统）监控数据显示，实际烟囱入口粉尘浓度仅为 15.6mg/m³（标准状况），整体工程实现了超低排放目标。

（5）外壳

除尘器外壳必须保证严密，尽量减少漏风。当漏风量大时，不但使风机负荷加大，也会因电场风速提高使除尘效率降低。在处理高温烟气时，冷空气的渗入将使局部烟气温度降至露点以下，导致除尘器构件的积尘和腐蚀。制作除尘器外壳的材料，要根据处理烟气的性质和操作温度来选择。通常使用的材料有普通钢板、不锈钢板、铅板（捕集 H_2SO_4 雾）、钢筋混凝土及砖等。除尘器可设计成单室，也可设计成双室；壳体多采用箱形结构；壳体下部的灰斗有四棱台状和棱柱状两种。

（6）供电装置

电除尘器只有在良好供电的情况下，才能获得较高的除尘效率。随着供电电压的升高，电晕电流和电晕功率皆急剧增大，有效驱进速度和除尘效率也迅速提高。因此，为了充分发挥电除尘器的作用，供电装置应能提供足够的功率。为了保证电除尘器的正常工作和操作人员的安全，除尘器外壳必须接地，接地电阻一般应小于 4Ω。

为了提高电除尘器的效率，必须使供电电压尽可能高，但电压升高到一定值时，电除尘器内将产生火花放电。发生火花的一瞬间，正、负极间电压下降，火花放电的扰动使极板上产生二次扬尘，导致除尘效率降低。大量现场运行经验表明，每一台除尘器或每一个电场都存在一最佳火花率，这时电压升高所得效率恰好与火花造成的效率损失相抵消，高比电阻粉尘的最佳火花率为每分钟几百次，中等比电阻粉尘的最佳火花率约为 100 次/min。一般来说，在最佳火花率下平均电压最高，除尘效率也最高。因此，借助测量平均电压的仪表，能方便地将电除尘器调整到最佳运行工况。

电除尘器的供电设备包括升压变压器、整流器和电压控制系统等，通常是将 380V 或 220V 工频交流电升压和整流得到单向的高电压。若整流器后加有滤波电容器，就得到波纹很小的接近直流的平稳电压，否则得到波纹较大的脉动电压。试验结果证明，电除尘器采用脉动电压比较有利，直流电压的火花特性不能满足要求。脉动电压有全波电压和半波电压两种电流波形。目前已广泛应用可控硅控制和火花跟踪自动调压的高压硅整流装置，这种自动控制装置可根据最佳火花率在任何时间都把除尘器的功率输入保持在可能达到的最大值。

此外，高压供电装置输出的峰值电压也将影响除尘效率，一般峰值电压为 70～100kV，电流为 100～200mA。

为使电除尘器能在较高电压下运行，避免过大的火花损失，高压电源容量不能太大，必须分组供电。增加供电机组数，减少每台机组供电的电晕线数，能改善电除尘器的性能，但是需要增加投资。因此，供电机组数究竟选取多少合适，应同时考虑保证除尘效率和投资少两方面的因素。

 知识链接

扫一扫，只需六步，教你正确运行静电除尘器

该视频以实训室静电除尘器为例，详细讲解静电除尘器的组成部件，以及静电除尘器的运行步骤和注意事项。

2-3　只需六步，教你正确运行静电除尘器

高频电除尘电源

高频电除尘电源是一种用于 ESP（电除尘器电场）的供电设备。主要工作原理是 AC（交流）—DC（直流）—AC—DC 变换，最终输出高压直流电源给 ESP。

高频电源工作频率可达 40kHz，相当于工频电源（50Hz）的 800 倍，高频电源纯直流供电时输出电压波纹，通常小于 5%，远小于工频电源的 35%～45% 的波纹百分比，运行平均电压可达工频电源的 1.3 倍，运行电流可达工频电源的 2 倍，可有效增强电场的粉尘荷电过程，提高除尘效率。在保证除尘效率不变的情况下，与工频电源相比，节能幅度最高可达 90%，减少粉尘排放 40%～70%。

在燃用低硫煤、飞灰、高比电阻粉尘时会存在反电晕现象，引起除尘效率降低。理论和实践均表明，间歇脉冲供电可以在一定程度上克服高比电阻粉尘引起的反电晕。高频电源脉冲供电时具有更窄的脉冲宽度，更有利于电场降低反电晕程度，从而提高收尘效率。

另外，高频电源直接安装在电除尘器顶部，节省配电室空间，节省部分信号电缆和控制电缆，采用集成一体化的模式，把主回路、配电系统、控制系统、高频变压器集成在一个 $1m^3$ 的箱体内，质量约为工频电源的 1/4，采用三相平衡供电，对电网影响小，无缺相损耗，无电网污染，具有短路、开路、过流、超温保护等功能，可在工况恶劣的环境下使用。

4. 选型考虑因素

静电除尘器的选型设计常采用经验方法。根据收集到的原始参数类比调查，获得同行业除尘器的性能。比电阻在 10^4～2×10^{10} $\Omega \cdot cm$ 的范围，可采用普通干式电除尘器；若比电阻偏高，则采用特殊的电除尘器，如宽间距电除尘器、高温电除尘器等，或在烟气中加入一定量的水雾、NH_3、SO_3、Na_2CO_3 等进行调质处理；对于低比电阻粉尘，一般干式除尘器难以捕集，但荷电颗粒凝聚后变为大颗粒，在其后加一旋风除尘器或过滤式除尘器，则可获得较高的除尘效率。湿式电除尘器既能捕集高比电阻粉尘，也能捕集低比电阻粉尘，除尘效率较高，但除尘器的积垢和腐蚀问题较严重，产生的污泥需要处理。

 知识链接

高效低低温电除尘技术

低低温电除尘技术是指通过热回收器降低电除尘器入口烟气温度至酸露点以下（一般在 90℃左右），使烟气中的大部分 SO_3 在热回收器中冷凝成硫酸雾并黏附在粉尘表面，粉尘性质发生很大变化，比电阻大幅下降，从而避免了反电晕现象，同时由于烟气温度降低致使烟气量下降，电除尘器电场内烟气流速降低，增加了粉尘在电场内的停留时间，比集尘面积提高，除尘效率得以较大幅度地提高。

技术简介：燃煤电站锅炉烟气通过换热器进行热交换，使得进入电除尘器的运行温度由通常的低温状态（130～170℃）下降到低低温状态（90℃左右），实现提高除尘效率的目的。除尘效率可达 99.8% 以上，出口烟尘排放浓度 ≤30mg/m³，烟气余热回收系统的漏风率不大于 0.5%，电除尘器的漏风率不大于 3%。

案例应用：某 600MW 机组余热利用高效低低温电除尘工程项目于 2012 年 1 月开始设计，2012 年 5 月开工建设，2012 年 7 月竣工并于当月投入试运行。

项目主要工艺原理如下：在除尘器的进口喇叭处和前置的垂直烟道处分别设置烟气余热利用节能装置，两段换热装置串联连接，采用汽机凝结水与热烟气通过烟气余热利用节能装置进行热交换，使除尘器的运行温度由原来的 150℃ 下降到 95℃ 左右。垂直段换热装置将烟温从 150℃ 降至 115℃，水平段换热装置将烟温从 115℃ 降至 95℃。烟温降低使得烟尘比电阻降低至 $10^9 \sim 10^{10} \Omega \cdot cm$ 的电除尘器最佳工作范围，同时，烟气的体积流量也得以降低，相应地降低电场烟气通道内的烟气流速。这些因素均可提高电除尘效率，使得电除尘出口粉尘排放浓度达到国家环保排放要求。此外，同步对电场气流分布进行 CFD（计算流体动力学）分析与改进，改善各室流量分配及气流均布。将换热与电除尘器进口喇叭紧密结合，利用换热器替代原电除尘器第一层气流分布板，重新进行气流分布，形成换热、除尘一体式布置的系统解决方案，实现综合阻力最低。

另外，浙江浙能台州第二发电厂 2×1000MW 机组新建工程、浙能温州电厂四期 2×660MW 机组新建工程、华能玉环电厂 1000MW 机组改造工程均采用低低温电除尘技术，设计烟气温度 85～90℃，设计除尘器出口烟尘浓度为 15mg/m³，均于 2015 年投入使用。

影响电除尘器除尘效率的因素

影响电除尘器除尘效率的因素主要归于粉尘特性、废气特性、设备状况（电极的形状和尺寸）和操作条件（供电参数、电场风速等）四个方面，其中粉尘比电阻、气体含尘浓度及电场风速对除尘效率的影响较大。

（1）粉尘特性

对电除尘器影响最大的粉尘性质是比电阻，一般情况下，电除尘器运行最佳的粉尘比电阻范围为 $10^4 \sim 2 \times 10^{10} \Omega \cdot cm$。带电粉尘由于电场力的作用，在集尘极表面沉积，沉积的稳定程度与粉尘的导电性有很大关系。导电性好（比电阻小于 $10^4 \Omega \cdot cm$）的粉尘与集尘极表面一接触，立即释放电荷，并重新带上与集尘极电性相同的电荷，重新荷电的粉尘在斥力作用下重返电场。导电性不好（比电阻大于 $2 \times 10^{10} \Omega \cdot cm$）的粉尘沉积到集尘极表面，由于不能完全释放电荷，则在集尘极表面形成一层与集尘极电性相反的带电积尘层，从而排斥后到的带电粉尘，阻止其向集尘极沉积。另外，带电积尘层如果出现裂缝，裂缝处会形成不均匀电场，产生局部电晕放电。这一电晕放电过程的离子运动方向与整个集尘装置的离子运动方向相反，所以被称为反电晕。反电晕产生的离子与空间粉尘所带电荷的电性相反，因此碰撞后部分或全部中和，从而导致电除尘器效率显著下降。

影响粉尘比电阻的因素很多，但主要是气体的温度和湿度（图 2-23）。因此，对比电阻高的粉尘，往往通过改变废气的温度和湿度来调节，向烟气中添加比电阻调节剂（如水雾、NH_3、SO_3、Na_2CO_3 等）能降低粉尘比电阻，提高电除尘器的除尘效率。

此外，湿式电除尘器因不存在积尘层，又无二次扬尘，可用来解决粉尘比电阻过高或过低对除尘效率的影响。加强振打，减少集尘极上积尘层的厚度，对减少粉尘高比电阻的不利影响也有好处。

（2）废气特性

废气的特性主要包括废气成分、温度、湿度、压力、含尘浓度、气流速度与分布情况等。

① 废气成分 由于不同气体分子与电子的亲和能力不同，不同离子在电场中的迁

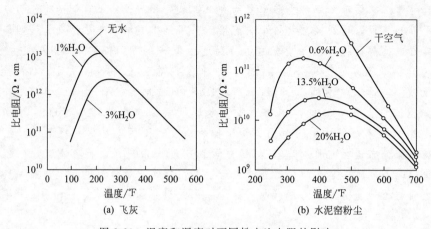

图 2-23　温度和湿度对不同粉尘比电阻的影响

注：$t/℃ = \dfrac{5}{9}(t/℉ - 32)$

移速率不同，所以废气成分对电晕电场的伏安特性和闪络电压有影响。负电性气体和离子迁离率低的气体的存在，可提高工作电压，对改善电除尘器工作性能有利。

② 温度和湿度　含尘气体温度对除尘效率的影响主要表现为对粉尘比电阻的影响。在低温区，由于粉尘表面的吸附物和水蒸气的影响，粉尘比电阻较小；随着温度的升高，粉尘表面吸附物和水蒸气的影响减弱，使得粉尘比电阻升高，达到某一最大值后，又随温度的升高而下降。

比电阻还随气流湿度的增大而减小，但温度较高时，烟气的含湿量对比电阻基本上没有影响。

③ 含尘浓度　进口气体含尘浓度不高时，浓度提高，电除尘器效率会有所提高。但如果进口浓度过高，电晕区产生的气体离子大量沉积到尘粒上，由于荷电尘粒的运动速度远较气体离子的运动速度为小，从而使电流减弱，状况反而恶化。当进口含尘浓度提高到一定程度时，电晕区产生的气体离子都沉积到尘粒上，电流几乎减弱到零，电除尘器失效，这种现象被称为电晕阻塞。为了防止电晕阻塞，对高浓度含尘气体，应先进行预处理，使浓度降到 $30g/m^3$ 以下再进入电除尘器。

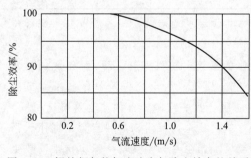

图 2-24　锅炉烟气的气流速度与除尘效率的关系

④ 气流速度与分布情况　气流速度与分布情况对电除尘器的性能有重要影响。气流速度过高，沉积在集尘板上的尘粒有可能脱离极板重新回到气流中，产生二次扬尘，以及振打清灰时，从极板上剥离下来的尘粒也可能被高速气流卷走，这都能导致除尘效率的降低。图 2-24 为锅炉烟气的气流速度与除尘效率的关系。实际生产中，断面气流速度一般为 0.6～1.5m/s。

气流分布不均匀，电除尘器各通道中的气体流速相差较大，使某些通道工况恶化，也能导致总效率降低。流速较低区域，会存在局部气流停滞现象，造成集尘极局部积灰严重，使运行电压降低；而在流速较高区域，又会造成二次扬尘。因此，断面气流速度差异越大，除尘效率越低。为解决除尘器内气流分布问题，一般在除尘器的入口或出入口同时设置气流分布装置，控制风道内气流速度在 15～20m/s 之间。

（3）电极的形状和尺寸

电极的形状和尺寸对电晕放电影响很大，放电极细或带有尖端，起晕电压低。

管式集尘极的直径和板式集尘极的极间距、集尘极是否有尖锐部分（如锐边和毛刺）等，都会影响闪络电压。

集尘极有效长度与高度之比直接影响振打清灰时二次扬尘的多少。与集尘板高度相比，集尘板不够长，部分下落的灰尘在到达灰斗之前可能被烟气带出除尘器，从而降低除尘效率。

比集尘面积 A/Q 对除尘效率也有明显影响，比集尘面积增大，颗粒被捕集的机会增加，除尘效率相应提高。

（4）供电参数

供电装置的容量、输出电压的高低、电压的波形和稳定件以及供电的分组等都会影响电除尘器的除尘效率。

电除尘器在正常运转条件下，电晕电流和功率随电压升高而急剧增大，从而提高除尘效率。所以当申晕申压接近峰值时，即使是数值不大的变化，也会对效率产生明显影响。

火花率是指每分钟产生的火花次数。火花率随电场电压升高而增大，从而有利于除尘，所以要保持较高的除尘效率，就要有一定的火花率。但火花率过高，大量能量消耗于火花放电，电场也被扰乱，将会导致除尘效率显著下降。因此，电除尘器应在最佳火花率下工作。

试验表明，整流而不加电容器滤波的脉冲供电比滤波的平稳直流供电更有利。因为电压峰值有利于提高除尘效率，电压谷值可减少火花放电和连续电弧的发生。

为使电除尘器能在较高电压下运行，避免过大的火花损失，高压电源容量不能太大。增加供电机组数，减少每台机组供电的电晕线数，能改善电除尘器的性能。

（5）电场风速

电场风速是指含尘气体在静电除尘器中的运行速度，其大小对静电除尘器的造价和除尘效率均有较大影响。风速低，除尘效率高，但处理同样风量时除尘器体积大、造价增加；风速过大，容易产生二次扬尘，使除尘效率降低。一般电场内断面风速取 0.6～1.5m/s。如除尘效率要求高时，该风速不宜超过 1.0m/s。

三、计算集尘极面积

在电除尘器性能分析和设计中，德意希方程式被广泛应用，它概括了除尘效率与集尘板面积、气体流量和粉尘粒子驱进速度之间的关系，指明了提高电除尘器除尘效率的途径。该方程式基于以下几点假定：①除尘器中气流为紊流状态；②在垂直于集尘极表面任一横断面上，粒子浓度和气流分布是均匀的；③粉尘粒径是均一的，且进入除尘器后立即完成荷电过程；④忽略电风和二次扬尘的影响。1922 年，德意希（Deutsch）在上述假定的基础上，提出了电除尘器粒子捕集（除尘）效率的理论计算公式——德意希方程式：

$$\eta = 1 - \exp\left(-\frac{A}{Q}\omega\right) \tag{2-21}$$

式中　A——集尘极总面积，m^2；

　　　Q——含尘气体流量，m^3/s；

ω——粉尘粒子的驱进速度，m/s。

但由于各种因素的影响，由式(2-21)计算得到的理论除尘效率要比实际值高得多。为此，实际中常常根据在一定的除尘器结构形式和运行条件下测得的总除尘效率 η、集尘极总面积 A 和气体流量 Q，代入德意希方程式中反算出相应的驱进速度值，并称为有效驱进速度，以 ω_p 表示。这样，便可利用有效驱进速度来表示工业电除尘器的性能，并作为类似除尘器的设计基础。一般将用 ω_p 表示的除尘效率方程称为德意希-安德森方程式，即：

$$\eta = 1 - \exp\left(-\frac{A}{Q}\omega_p\right) \tag{2-22}$$

式中　ω_p——粉尘粒子的有效驱进速度，m/s。

1. 确定除尘效率（η）和有效驱进速度（ω_p）

根据进出口粉尘浓度，计算设计电除尘器的除尘效率。

电除尘器中影响粉尘荷电及运动的因素很多，应采用经验性或半经验性的方法确定驱进速度，部分生产性烟尘的有效驱进速度范围见本章节前面表格（表2-21）。

确定 ω_p 值时应注意以下几个方面：

① 全面了解所需净化烟尘的性质，估算应用装备及运行条件，然后再给定 ω_p 值；

② 对所需净化烟尘相同及类似工艺中已应用的电除尘器，由其实测的效率、伏安曲线等获得各项运行参数，反算出 ω_p 值；

③ 通过实验获得 ω_p 值。

2. 计算集尘极面积

根据给定的气体流量 Q 和要求的除尘效率 η，按德意希-安德森方程式计算出所需的集尘极面积 A：

$$A = \frac{Q}{\omega_p}\ln\frac{1}{1-\eta} \tag{2-23}$$

式中　A——集尘极面积，m²；

　　　Q——处理气体流量，m³/s；

　　　η——除尘效率，%；

　　　ω_p——尘粒有效驱进速度，m/s。

四、计算其他各部分尺寸

1. 计算电场断面面积

电场断面面积的计算公式如下：

$$A_e = \frac{Q}{u} \tag{2-24}$$

式中　A_e——电场断面面积，m²；

　　　Q——处理气体流量，m³/s；

　　　u——电场风速，m/s，取值参照表2-22。

表2-22　电除尘器的电场风速

污染源	电场风速 u/(m/s)
电厂锅炉飞灰	0.7~1.4
纸浆和造纸工业锅炉黑液回收	0.8~1.5

续表

污染源		电场风速 u/(m/s)
钢铁工业	烧结机	1.2～1.5
	高炉煤气	0.8～1.3
	碱性氧气顶吹转炉	1.0～1.5
	焦炉	0.6～1.2
水泥工业	湿法窑	0.9～1.2
	立波尔窑	0.8～1.0
	干法窑（增温）	0.8～1.0
	干法窑（不增温）	0.4～0.7
	烘干机	0.8～1.2
	磨机	0.7～0.9
硫酸雾		0.9～1.5
城市垃圾焚烧炉		1.1～1.4
有色金属炉		0.6

2. 确定集尘室的通道个数

由于每两块集尘极之间为一通道，则集尘室的通道个数 n 可由下式确定：

$$n = \frac{Q}{bhu} = \frac{A_e}{bh} \tag{2-25}$$

式中　b——集尘极间距，m；

　　　h——集尘极高度，m。

本设计任务中同极间距选取 420mm。

3. 计算电场长度

电场长度的计算公式为：

$$L = \frac{A}{2nh} \tag{2-26}$$

式中　L——集尘极沿气流方向的长度，m；

　　　h——集尘极高度，m。

最后，在手册上查出符合集尘面积、电场断面面积要求的电除尘器规格；验算气速，如验算结果在所选的除尘器允许范围内，则符合要求，否则应重新选择。

经计算，设计电除尘器参数计算结果如下：

有效截面积：	35m²	电场有效高度：	7m
电场数：	3个	通道数：	12个
单电场长度：	3m	电场有效宽度：	5.88m

选取型号 SY35/R-3/3，极板采用大 C 形（宽 480mm），一电场电晕极极线为芒刺线，二、三电场为锯齿线，灰斗数 3 个，放电极振打方式为侧部保温箱传动拨叉锤振打，收尘极振打方式为侧部传动整体挠臂锤振打，顶部和侧部保温箱均选用绝缘子电加热＋温控器，气流进、出口为单喇叭口，气流分布采用进口三层分布板。

 任务小结

本任务介绍了燃煤电厂电除尘器选型设计任务的具体步骤和内容，通过学习相关标准和规范的应用、工艺设计参数的计算、除尘工艺系统流程图的绘制，以及除尘工艺设计方案的编制，锻炼了同学们的绘图、计算、文档编辑和沟通交流能力，也为以后实际工作中制订不同行业电除尘器的选型设计方案奠定了良好的学习基础。

任务实践评价

工作任务	考核内容	考核要点
燃煤电厂电除尘器选型设计	基础知识	能对燃煤电厂粉尘排放情况进行系统分析
		会应用相关标准和规范
	能力训练	会进行知识的归纳和分析
		提升计算能力
		能熟练编辑 word 文档
		提高团队合作、沟通交流能力

任务四 燃煤电厂湿式电除尘器选型设计

情景导入

循环流化床锅炉同煤粉炉一样，采用常规电除尘器技术以及电除尘新技术，包括低低温电除尘技术、新型高压电源和控制技术、移动电极电除尘技术、机电多复式双区电除尘技术、烟气调质技术、粉尘凝聚技术等，除尘器出口烟尘质量浓度或许可达到 20mg/m³ 重点地区的环保要求，而即使采用电袋复合除尘器或纯袋式除尘器，烟尘排放还是难以达到 5mg/m³ 的近零排放要求，此时必须采用湿式电除尘器（wet electrostatic precipitator, WESP）技术。

相较于传统除尘器，湿式静电除尘器具有控制复合污染物的功能，对微细、有黏性或高比电阻粉尘及烟气中酸雾、气溶胶、石膏雨微液滴等的收集具有较好效果，WESP 逐渐成为国内电厂解决大气复合污染物排放的主要选择之一。在冶金工业和其他行业中，WESP 作为一种控制烟气中硫酸、颗粒物排放的有效手段广泛应用。1986 年后国外燃煤电厂也开始采用 WESP，去除烟气中微细粉尘和酸雾等污染物，取得了良好的效果。过去的 20 多年中，国外有几十套 WESP 应用于美国、欧洲及日本的电厂。目前国外专业设计制造 WESP 的典型的生产厂商有美国 B&W 公司及日本三菱重工、日立等。我国从 20 世纪 60 年代就开始 WESP 的研究和应用，但技术进展缓慢，目前国内应用于大型火电厂的湿式电除尘技术是引进和自主开发并存，例如浙江菲达公司引进日本三菱技术，浙江南源环保公司引进日本日立技术，福建龙净公司自主研发金属极板技术，山大能源环保公司自主研发柔性极板技术，西安热工院也开发导电玻璃钢（fiber reinforced plastic, FRP）极板技术等，这些技术在 300MW 及以上机组都有示范应用或正在应用。

WESP 通过在除尘器上部设置喷水系统，将水雾喷向电场，水雾在强大的电晕场内荷电后分裂，进一步雾化，在电场力的作用下荷电水雾相互碰撞拦截、吸附凝并，对粉尘粒子起捕集作用，最终粉尘粒子在电场力的驱动下到达收尘极而被捕集。水在收尘极上形成连续的水膜，将捕获的粉尘冲刷到灰斗中随水排出。WESP 可有效收集细颗粒物 PM$_{2.5}$、酸雾（0.1～0.5μm）、气溶胶、重金属（如 Hg）等，其收尘性能与粉尘特性无关。WESP 也属于电除尘器，除尘效率理论上可达到 90%，甚至 99%。它布置在湿法脱硫塔后面，与干式除尘器、吸收塔协同工作，可使烟尘排放质量浓度控制在 5mg/m³ 以内。因此对循环流化床（CFB）锅炉，采用干式除尘器先将湿法吸收塔入口烟尘质量浓度控制在 30mg/m³ 以下，而吸收塔设计要求不增加烟尘含量即可，最后只需通过有 1 个电场的 WESP，使烟尘排放质量浓度达到 5mg/m³ 以内的近零排放要求。

一、项目背景

山东某发电厂一期 1、2 号机组为 $2\times315MW$ 机组，锅炉为上海锅炉厂制造的 SG-1025/17.5-M840 型锅炉，四角切圆，燃用烟煤。锅炉烟气除尘系统配套两台电袋除尘器（1 电＋3 袋）；脱硫系统采用石灰石-石膏湿法脱硫工艺，按一炉一塔设计。目前 1、2 号机组电袋除尘器运行状态基本正常，出口烟尘排放浓度约 $20\sim30mg/m^3$。脱硫出口烟尘排放浓度平均值为 $15\sim30mg/m^3$ 左右。

2014 年 9 月国办发〔2014〕2093 号文《煤电节能减排升级与改造行动计划》，要求山东地区于 2020 年前烟囱排放小于 $10mg/m^3$ 的限值；以及山东环保厅于 2014 年 10 月最新下发的〔2014〕1147 号文《关于尽快制定现役燃煤机组节能减排升级与改造计划的通知》，文件要求 2020 年前烟尘排放小于 $5mg/m^3$ 的限值。

目前除尘器设计标准无法满足新大气污染物排放标准，为进一步提高锅炉机组烟尘控制水平，满足烟囱入口固体颗粒物排放小于 $5mg/m^3$ 的要求，需要对除尘系统进行超低排放改造。

二、任务要求

湿式电除尘器布置于吸收塔后至烟囱入口烟道段内。

湿式电除尘器进口都应配备均流装置，以便烟气均匀地流过电场，均流装置必须满足吸收塔后湿烟气运行环境要求。湿式电除尘器出口应配备除雾装置，确保雾滴浓度符合要求。上述装置均应考虑积灰、结垢造成的堵塞问题。

湿式电除尘器出口固体颗粒物（含石膏）浓度$<5mg/m^3$，且效率不低于 80%（表 2-23）。

表 2-23　湿式电除尘器设计参数（一）

序号	项目	数值	单位	备注
1	入口烟气量（53℃）	1560000	m^3/h	依据设计煤计算,脱硫出口
2	入口烟气温度	≤53	℃	即脱硫出口
3	入口固体颗粒物浓度	≤25	mg/m^3	即脱硫出口
4	出口固体颗粒物浓度	<5	mg/m^3	即烟囱入口
5	出口雾滴浓度	<20	mg/m^3	即烟囱入口
6	除尘效率	>80	%	湿式电除尘器
7	进出口烟气量偏差	≤1.5	%	湿式电除尘器本体进出口
8	本体阻力	≤350	Pa	湿式电除尘器本体
9	系统阻力（含进出口烟道）	≤550	Pa	自湿式电除尘器入口至烟囱入口
10	电场风速	≤2.6	m/s	

湿式电除尘器选型设计计算步骤与干式电除尘器基本相同，具体参数见表 2-24。

表 2-24　湿式电除尘器设计参数（二）

序号	项目	单位	数值	备注
1	除尘器型号		WITWE	
2	除尘器布置形式		脱硫塔外独立布置	
3	除尘器进出风口布置		顶进，下侧出	
4	除尘效率	%	>80	
5	出口固体颗粒物浓度	mg/m^3（标准状况）	<5	
6	出口雾滴浓度	mg/m^3（标准状况）	<20	

续表

序号	项目	单位	数值	备注
7	本体阻力	Pa	＜350	
8	处理烟气量	m³/h	1560000	
9	烟气温度	℃	53	
10	系统阻力(本体及进出口烟道)	Pa	550	
11	设备外形尺寸	m	20.38×11.84×16.5	长×宽×高
12	烟气流通截面积	m²	168.7	
13	集尘面积	m²	11429	
14	比集尘面积		26.37	
15	设备寿命	a	30	
16	阳极规格	mm	内切圆直径 ϕ350	
17	阳极长度	mm	6000	
18	阳极材质		导电玻璃钢	
19	极板原材料产地		江苏、山东、河北	
20	阳极数量	组	24	
21	阳极安装方式		吊装	
22	阳极清灰方式		间歇冲洗	
23	同极间距	mm	356	
24	电场数量	个	1	6个电场分区
25	壳体设计压力	Pa	±5000	
26	阴极线	根	1536	
27	阴极线长度	mm	7800	
28	阴极线材质		2205 不锈钢	
29	极线原材料产地		江苏、山东	
30	阴极清灰方式		间歇冲洗	
31	阴极线形式		芒刺线	
32	极线安装方式		吊装	
33	冲洗喷嘴规格		3/4in,单孔实心锥	
34	冲洗喷嘴数量	个	225	
35	冲洗喷嘴材质		PP	
36	烟气流速	m/s	2.6	
37	烟气停留时间	s	2.31	
38	收集液水量	m³/h	1～3	

注：1in＝0.0254m。

 知识链接

电袋除尘器

本项目中一期机组每台锅炉原先配有 2EAA4-37.5H-2×90-105 型卧式双室四电场干式静电除尘器，除尘器为室外露天布置。由于原电除尘器出口烟尘浓度无法满足新的环保标准要求，2013 年由南京某环保有限公司将原电除尘器改造为电袋除尘器（1电＋3袋）。

将原电除尘器改为均流式电袋除尘器，布置形式为 1 电＋3 袋结构，保留原钢支架、壳体、灰斗、出口喇叭，滤袋垂直布置，采用固定行喷吹形式。原除尘器壳体内部掏空。原电除尘器第一电场壳体加高，进口喇叭改造，进口气流分布板更换（改造）。第一电场变压器、隔离开关柜利旧，高低压控制柜改造，其余一电场部件整体更换，包含更换第一电场内阳极板（加高）、阴阳极振打装置、小框架、阴极线、绝缘装置等，采用前后分区供电模式，更换电缆，将其作为电袋除尘系统的预除尘区；拆除原电除尘器的第二~四电场的阳极板、阴极线、振打系统、内外顶和高低压电源；在第二~四电场的位置布置袋式除尘器，能够在线检修，设有旁路保护系统，由第一电场顶部引出，按照设计烟气量的60%来设计容量。

任务小结

本任务通过燃煤电厂湿式电除尘器选型设计案例的学习，对电除尘器的工作原理、特点及选型设计步骤更加明晰，能正确区分干式电除尘器和湿式电除尘器，并掌握两类除尘器的具体实践应用。

任务实践评价

工作任务	考核内容	考核要点
燃煤电厂湿式电除尘器选型设计	基础知识	能对燃煤电厂烟粉尘的排放情况进行系统分析
		会应用相关标准和规范
	能力训练	会进行知识的归纳和分析
		提升计算能力
		能熟练编辑 word 文档
		提高团队合作、沟通交流能力

项目思维导图

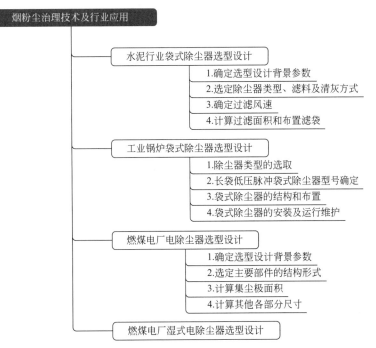

项目技能测试

一、单选题

1. 选出不能降低烟尘的比电阻的一项（　　）。
   A. 向烟气中加入 SO_2
   B. 降低烟气的湿度
   C. 降低烟气的温度
   D. 向烟气中加入 NH_3

2. 电除尘器使用时最先发生的过程是（　　）。
   A. 粉尘荷电　　　B. 电晕放电　　　C. 弧光放电　　　D. 粉尘沉积

3. 火力发电厂排出的烟气会对大气造成严重污染，其主要污染物是二氧化硫和（　　）。
   A. 氮氧化物　　　B. 二氧化碳　　　C. 烟尘和氮氧化物　　D. 微量重金属微粒

4. 在选择静电除尘装置的时候，必须考虑粉尘的物理性质，首先应关注的因素是粉尘的（　　）。
   A. 真密度　　　B. 荷电性和导电性　　C. 润湿性　　　D. 安息角

5. 对静电除尘器所用电流表述正确的是（　　）。
   A. 低压直流电流　　B. 低压交流电流　　C. 高压直流电流　　D. 高压交流电流

6. 在实际运行过程中，可能会造成静电除尘器效率下降的是（　　）。
   A. 进口粉尘浓度过高
   B. 适当降低进口气体流速
   C. 适当提高两极电压
   D. 适当增大集尘极板面积

7. 用袋式除尘器处理 $180℃$ 的高温碱性气体，应该比较合适的滤料是（　　）。
   A. 聚酰胺纤维　　B. 玻璃纤维　　C. 耐酸聚酯胺纤维　D. 不锈钢纤维

8. 袋式除尘器的过滤风速与（　　）有关。
   A. 粉尘特性　　　B. 滤料面积　　　C. 除尘器结构　　　D. 清灰方式

9. 下面关于袋式除尘器，说法不正确的是（　　）。
   A. 表面光滑的滤料容尘量小、除尘效率低　B. 薄滤料容尘量大、过滤效率高
   C. 厚滤料容尘量大、过滤效率高　　　　　D. 表面起绒的滤料容尘量大、过滤效率高

10. 下面哪一项不是袋式除尘器的主要组成部分（　　）。
    A. 滤袋　　　　B. 电晕极　　　　C. 清灰装置　　　D. 灰斗

二、判断题

1. 电除尘器适宜直接净化高浓度（$30g/m^3$ 以上）含尘气体。（　　）

2. 粉尘粒径分布是指某种粉尘中各种直径颗粒所占的比例。（　　）

3. 一般来说，袋式除尘器的运行维护费用和一次投资费用均比电除尘器高。（　　）

4. 粉尘的粒径对除尘器的除尘机制和除尘性能没有影响。（　　）

5. 对于一定种类的粉尘，其真密度、堆积密度都是一定值。（　　）

6. 粉尘粒子愈细，比表面积愈大。（　　）

7. 袋式除尘器过滤风速低，则阻力低、除尘效率高，因此过滤风速越低越好。（　　）

8. 适宜电除尘处理的粉尘比电阻范围是 $10^4 \sim 2 \times 10^{10} \Omega \cdot cm$。（　　）

9. 粉尘的安息角是设计除尘器灰斗锥度、除尘管路倾斜度的重要依据。（　　）

10. 爆炸性粉尘遇到明火、电火花等一定会引起爆炸。（　　）

三、简答题

1. 袋式除尘器除尘的基本原理是什么？它有哪些主要组成部分？

2. 袋式除尘器对滤料的选择有什么基本要求？常用袋式除尘器的滤料有哪些？

3. 袋式除尘器的主要结构形式有哪些？各有何特点？

4. 简述电除尘器的工作原理。

5. 工业电除尘器本体由哪些主要部件组成？

四、计算题

1. 拟选用逆气流清灰袋式除尘器处理烟气，过滤风速为 1.0m/min，烟气体积流量为 28260m³/h，初始含尘量为 6.0g/m³，除尘后含尘量为 100mg/m³，若每条滤袋的直径 $d=15cm$，长度 $l=200cm$，每条滤袋的面积 $a=\pi dl$。试计算滤袋面积、除尘效率及滤袋数目。

2. 用一袋式除尘器处理含 10% 以上游离二氧化硅的粉尘，已知进口气体含尘浓度为 9.15g/m³，出口气体含尘浓度为 0.0458g/m³，被污染气体的流量为 10500m³/h，滤袋室个数为 5 个，每室中滤袋数为 100 条，滤袋直径为 15cm，长度为 300cm。由于在运行过程中部分滤袋破裂，导致出口粉尘浓度超过国家规定的排放标准（100mg/m³）。假设除尘效率与滤袋的过滤面积成正比，试计算滤袋破裂的个数。

3. 甲纸业有限公司一台新建 35t/h 循环流化床锅炉已配套建设旋风除尘器，现委托乙环保设备工程有限公司设计一袋式除尘器，和原旋风除尘器串联使用处理锅炉排气中的烟尘。已知锅炉出口烟气量 150000m³（标准状况）/h，烟气温度 155℃，烟尘初始浓度 20g/m³，要求排放浓度≤20mg/m³，要求选取滤袋尺寸为 φ160×6000mm。烟尘粒径分布和旋风除尘器的分级效率如下表。

粒径间隔/μm	0~5	5~10	10~15	15~20	20~25	25~30	30~35	>35
入口频率/%	31	4	7	8	13	19	10	8
分级效率 η_i	61	85	93	96	98	99	100	100

请据此原始数据设计合适的袋式除尘器。

4. 某钢铁 90m² 烧结机尾气电除尘器的实验结果为：电除尘器进口含尘浓度为 $C_1=26.8g/m³$，出口含尘浓度为 $C_2=0.133g/m³$，进口烟气流量 $Q=44.4m³/s$。该电除尘器采用 Z 形极板和星形电晕线，断面积 $F=40m²$，集尘板的总面积 $A=1982m²$（两个电场）。试计算该电除尘器的除尘效率、有效驱进速度和电场风速。

5. 设计一静电除尘器用来处理石膏粉尘。若处理风量为 129600m³/h，入口含尘浓度为 $C_1=3\times10^{-2}kg/m³$，出口含尘浓度为 $C_2=1.5\times10^{-5}kg/m³$。试计算该除尘器所需极板面积、电场断面积、通道数和电场长度。

五、绘图题

抄绘电除尘器实训装置图，并说明每个组成部件的作用。

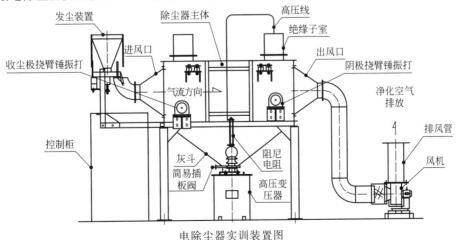

电除尘器实训装置图

工业VOCs废气治理

环保人＆环保事

　　2015年3月，江苏某化工企业蓄热式高温燃烧技术（RTO）净化系统发生了2次爆炸事故。事故虽未造成人员伤亡，但聚合物多元醇车间引风机损坏，现场仪表烧毁，RTO部分装置损毁严重，直接经济损失达100余万元。2017年6月，天津市某化工企业有机废气低温等离子体治理设备安装调试过程中，发生爆炸事故，造成环保设备损毁，安装调试人员2人当场死亡、2人受伤。

　　这两次环保事故能否给大家一些启示呢？

　　① 针对企业废气特性，应严格排查处理工艺、参数、系统设计是否合理、安全，深入查找原因，举一反三；

　　② 企业应建立健全废气治理设施的运行维护规程和台账等日常管理制度，并根据工艺要求定期对各类设备、电器、自控仪表等进行检修维护，确保设施的稳定运行；

　　③ 当采用吸附回收（浓缩）、催化燃烧、热力焚烧、等离子体等方法进行末端治理时，应编制本单位事故火灾、爆炸等应急救援预案，配备应急救援人员和器材，并开展应急演练；

　　④ 应加强员工环保安全宣教，提升安全意识；

　　⑤ 及时公布污染事故的信息，避免造成公众恐慌。

项目导航

　　在上述"环保人＆环保事"案例中，爆炸事故给企业造成了严重的人员伤亡和经济损失，影响了企业的正常生产。工业VOCs废气的大量排放对居民身体健康造成严重影响，长期接触对血液、神经系统和肝肾脏等均有不良影响，且VOCs作为臭氧和$PM_{2.5}$的重要前体物，在城市臭氧和雾霾污染过程中也扮演关键角色，对大气环境造成严重危害。工业VOCs的排放主要涉及炼油与石化、化学原料和化学制品制造、化学药品原料药制造、合成纤维制造、表面涂装、印刷、制鞋、家具制造、人造板制造、电子元件制造、纺织印染、塑料制造及塑料制品、生活服务业等13个重点行业。不同工厂产生的有机废气污染物种类、废气特性等均存在很大区别，治理技术种类也较多。因此，作为一名环保公司的技术人员，在做有机废气治理工程设计方案时要选取合适的处理工艺，参数和安全设计要科学、合理，从源头上减少事故的发生。另外，也要对已安装的治理设备进行定期维护，制定事故应急预案，进一步降低事故发生的风险。同时，应掌握 VOCs 定义和分类等基础知识，充分了解不同行业 VOCs 原辅材料使用、产排污环节分析等情况，以及国家和地方（例如广东省）工业 VOCs 治理相关的方针政策、标准和规范等环保文件。请学习以下任务内容后，完成关于某家具企业有机废气治理工程技术方案的编制。

技能目标

1. 能简单阐述各种常见工业 VOCs 治理技术分类、特点、原理及应用；
2. 能根据实际工程情况进行 VOCs 治理技术的比选；
3. 能根据实际工程情况选择合适的吸附剂；
4. 会根据实际工程情况初算活性炭装填量及更换周期；
5. 能根据企业有机废气的产排情况编制工业 VOCs 治理工程技术方案。

知识目标

1. 能够对 VOCs 产排污环节进行分析，掌握常见工业 VOCs 治理技术；
2. 了解国家及地方（例如广东省）工业 VOCs 治理有关的方针政策、标准和规范等环保文件；
3. 理解常见工业 VOCs 治理工艺流程及技术规范；
4. 掌握常见吸附剂种类、选择方法和评价方法；
5. 掌握 VOCs 治理技术比选的原则和方法；
6. 掌握工业 VOCs 废气治理工程相关工艺参数的计算方法。

任务一　VOCs 产排污环节分析

情景导入

在获得相关设计基础资料后，需对该家具制造企业生产所用含 VOCs 的原辅材料种类、用量进行统计，熟悉生产工艺，对 VOCs 产排污环节进行详细分析，为后续 VOCs 废气收集装置、管道设计及 VOCs 排放量计算做好准备。因此，工程设计人员需要对 VOCs 概念、VOCs 种类、企业所用含 VOCs 原辅材料、VOCs 产排污环节有充分的了解。为了让大家深入掌握此任务学习内容，请以 PPT、展板或科普视频的形式完成其他重点行业（如制鞋厂、皮革厂、化工厂、化学药剂厂等）VOCs 产排污环节的学习，并在课堂上进行演示和讲解。

知识链接

前边学习了烟粉尘的治理，现在学习工业 VOCs 废气治理项目，那么什么是 VOCs？VOCs 从哪儿来？学习前可通过观看视频了解一下。

一、挥发性有机物（VOCs）定义

挥发性有机化合物（volatile organic compounds，VOCs），是一类具有挥发性的有机化合物的统称。目前，国际上对 VOCs 的定义不尽相同，但可归纳为基于物理特性、基于化学反应性和基于监测方法的三类定义。国外典型挥发性有机物定义及其特点如表 3-1 所示。

表 3-1　国外典型 VOCs 定义及其特点

国家（地区）或国际组织	定义	出处	定义类型		
			物理特性	化学反应性	监测方法
国际组织或跨国公司	熔点低于室温而沸点在 50～260℃之间的挥发性有机化合物的总称	世界卫生组织（WHO）	√		
	常温常压下，任何能自然挥发的有机液体或固体，一般都视为可挥发性有机物	国际标准化组织（ISO）	√		
	在 101325Pa 压力下，任何初沸点低于或等于 250℃ 的有机化合物	巴斯夫（BASF）	√		
美国	除 CO、CO_2、H_2CO_3、金属碳化物或碳酸盐、碳酸铵外，任何参与大气光化学反应的碳化合物	州实施计划（SIPs）40CFR51.100(s)		√	
	任何参与大气光化学反应的有机化合物，或者依据法定方法、等效方法、替代方法测得的有机化合物，或者依据条款规定的特定程序确定的有机化合物	新固定源标准（NSPS）40CFR60.2		√	√
欧盟	人类活动排放的、能在日照作用下与 NO_x 反应生成光化学氧化剂的全部有机化合物，甲烷除外	环境空气质量指令2008/50/EC 国家排放总量指令 2001/81/EC		√	
	在 293.15K 条件下，蒸气压大于或等于 0.01kPa，或者特定适用条件下具有相应挥发性的全部有机化合物	工业排放指令2010/75/EU	√		
	在标准压力 101.3kPa 下初沸点小于或等于 250℃ 的全部有机化合物	涂料指令2004/42/EC	√		
日本	排放或扩散到大气中的任何气态有机化合物（政令规定的不会导致悬浮颗粒物和氧化剂生成的物质除外）	大气污染防治法	√		

二、VOCs 种类

按照 VOCs 化学结构的不同，可将其分为以下八类：烷类、烯类、芳烃类、卤烃类、酯类、醛类、酮类和其他化合物。除了按照结构分类外，世界卫生组织也按照沸点的不同，将 VOCs 分为易挥发性有机物（very volatile organic compounds，VVOCs）、挥发性有机物和半挥发性有机物（semi volatile organic compounds，SVOCs）。目前已鉴别出 300 多种 VOCs，其中美国环保署所列的优先控制污染物名单中就有 50 多种 VOCs。表 3-2 列出了一些常见的 VOCs 种类。

表 3-2　常见的挥发性有机物（VOCs）种类

分类	挥发性有机物（VOCs）	分类	挥发性有机物（VOCs）
烷类	戊烷、正己烷、环己烷	酯类	乙酸乙酯、乙酸丁酯
烯类	丙烯、丁烯、环己烯	醛类	甲醛、乙醛
芳烃类	苯、甲苯、乙苯、二甲苯	酮类	丙酮、甲基乙基甲酮、丁酮、环己酮
卤烃类	二氯甲烷、四氯化碳、二氯乙烯	其他化合物	乙醚、四氢呋喃

三、家具行业 VOCs 的产排

以家具行业为例，按照使用的主要材料、加工工艺等，家具可分为木质家具、竹藤家具、金属家具、塑料家具及其他家具。家具制造行业使用的原辅材料主要有两大类：一类为家具制造的主体材料，如板材、海绵、铝材、铁、皮革、布、玻璃等；另一类为涂装用的涂料及其配套产品、稀释剂等。家具制造企业 VOCs 主要来源于涂料、稀释剂、固化剂、清洗剂、胶黏剂等含 VOCs 原辅材料的使用，原辅材料 VOCs 含量对 VOCs 排放水平有显著影响。家具制造行业常用的原辅材料及主要成分具体如表 3-3 所示。

表 3-3　家具制造行业常用的原辅材料及主要成分

类别	原辅材料名称	主要成分
主体材料	板材、海绵、铝材、铁、皮革、布、玻璃	—
涂料及其配套产品	不饱和聚酯涂料（PE 漆）	苯乙烯、甲苯、二甲苯、环己酮、乙酸丁酯、丙二醇甲醚乙酸酯
	聚氨酯涂料（PU 漆）	二甲苯、甲苯、环己酮、乙酸丁酯、乙酸乙酯
	硝基涂料（NC 漆）	甲苯、二甲苯、乙酸正丁酯、2-丁酮、甲醇
	紫外光固化涂料（UV 漆）	三丙二醇二丙烯酸酯、三羟甲基丙烷三丙烯酸酯、三丙二醇二丙烯酸酯、二甲苯、乙酸丁酯
	水性涂料	醚类物质
	粉末涂料	热塑性树脂、颜料、填料、增塑剂、稳定剂
	固化剂	二甲苯、乙酸丁酯、乙酸乙酯、丙二醇甲醚乙酸酯
	稀释剂（天那水、蓝水、白水）	二甲苯、乙酸丁酯、乙酸乙酯、环己酮、乙酸异戊酯
胶黏剂	白乳胶	聚醋酸乙烯乳液
	密封胶	烷烃类、硅酮类物质
	拼板胶	聚氨酯乳液

四、产排污环节分析

下面以承接 VOCs 废气治理工程的这家木制家具企业为例，对其生产工艺特点及 VOCs 产排污环节进行简要分析。

木质家具生产工艺通常为：选取一种或几种木质材料为基料，按照设计要求进行加工、组装，然后在基料表面涂装一层或几层涂料，形成产品；也可以是加工后，先对各个组件进行涂装，然后组装成产品。木质家具典型生产工艺流程如图 3-1 所示。根据材质及最后成品质量要求，底漆、面漆一般涂饰 1 遍或 2 遍。

1. 各生产工序的 VOCs 排放情况

涂装工序及干燥过程是木质家具制造企业 VOCs 排放的主要环节。该工序主要是涂料、

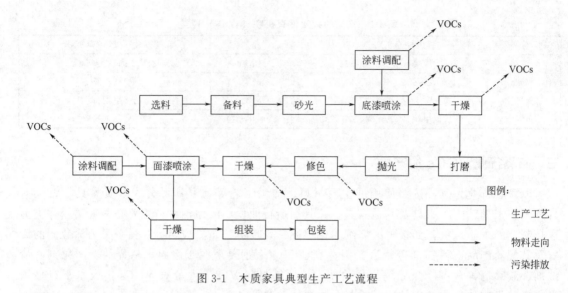

图 3-1　木质家具典型生产工艺流程

稀释剂、固化剂等含 VOCs 原辅材料的使用及干燥。涂料在使用过程中需按比例与固化剂和稀释剂进行调配。为保证良好的涂装效果，一般是先涂底漆，修色，再涂面漆，每次涂漆需干燥后才可进入下一环节。因此，按工艺及功能将生产车间分为调漆房、底漆房、面漆房、晾干房（图 3-2）。

图 3-2　木质家具生产车间

调漆房用于油漆的调配，大多自然通风，存在 VOCs 无组织排放。底漆是涂装工序的第一步，作用是增加上层涂料的附着力和面漆的装饰性，涂装过程产生大量含颗粒物（漆雾）的有机废气。底漆涂装对漆房环境要求不高，一般采用敞开式漆房，VOCs 废气以无组织排放为主。面漆是涂料系统的最外层漆，起装饰和保护作用，涂装过程产生大量漆雾。面漆涂装对漆房环境要求较高，要求无尘且通风良好，一般采用封闭式漆房，空气经送风系统除尘后进入面漆房，含漆雾的有机废气经水帘柜等除漆雾装置后排放，废气收集率高，

VOCs 无组织排放少。涂料干燥大部分都采用自然风干的方式,有与喷涂车间相连,同在一个密封空间内的车间,也有独立敞开的车间。若是独立敞开车间,涂料干燥过程中产生的 VOCs 将以无组织形式排放。

2. 不同涂装方式 VOCs 排放特点

家具涂装工艺较多,具体见表 3-4。

表 3-4 家具制造行业涂装工艺及特点

序号	涂装工艺	工艺特点
1	空气喷涂	由于工艺简单、设备费用低、工作效率高、适应性强等特点在木质家具制造行业广泛使用。空气喷涂以溶剂型涂料为主,如聚氨酯涂料、硝基涂料、醇酸涂料、聚酯涂料等,使用时按比例与固化剂和稀释剂进行调配,即用状态下 VOCs 含量约 60%。涂着效率(系指实际附着在被涂物上的涂料与涂装所使用的涂料之比,%)较低,大约在 30%,尤其是喷涂框架结构家具时,涂料利用率仅为 25%~35%,VOCs 排放量较大
2	静电喷涂	是利用高压静电电场使带负电的涂料微粒沿着电场相反的方向定向运动,并将涂料微粒吸附在工件表面的一种较为高效的喷涂方法,涂着效率能达到 50%~80%。家具行业多采用静电粉末喷涂的方式,由于使用全固分涂料,不产生 VOCs
3	刷涂	是人工以刷子涂漆,涂料利用率高,但工作效率低,常用于修补漆工艺
4	辊涂	自动化程度高,涂装速度快,生产效率高,不产生漆雾,涂着效率接近 100%,适用于平面状的被涂物。辊涂工艺主要使用 UV 涂料,VOCs 含量低,污染小

 师徒对话

徒弟:师傅,我们已经知道了 VOCs 的定义、分类,但 VOCs 具体有哪些危害和影响呢?

师傅:简单地讲,VOCs 的危害主要体现在以下三个方面:一是直接影响人体健康。短时间、低暴露量的 VOCs 对呼吸道、皮肤和眼睛具有一定刺激性。长期接触,对血液、神经系统和肝肾脏等均有不良影响,具有致癌、致畸、致突变的"三致作用"。二是对环境有严重危害。VOCs 是臭氧和 $PM_{2.5}$ 的重要前体物,在城市臭氧和雾霾污染过程中扮演关键角色。三是安全隐患。由于 VOCs 基本上都属于有机物,因此具有易燃、易爆的特性,对废气治理造成较大的安全隐患。

 知识链接

前面通过师徒对话已经了解 VOCs 对城市臭氧和雾霾是有影响的,大家可以通过观看视频了解更详细的信息。

 任务小结

对 VOCs 来源、种类和危害有一定程度的了解,对工业企业原辅材料进行收集和对 VOCs 产排污环节进行分析是废气治理工程设计前非常重要的步骤,直接决定后续设计工作的效果和进度,工程设计人员要充分认识这部分工作的必要性,必须保证获取企业相关数据、资料的真实性、准确性。

任务实践评价

工作任务	考核内容	考核要点
VOCs 产排污环节分析	基础知识	VOCs 概念
		VOCs 种类
		家具行业 VOCs 原辅材料
	能力训练	准确获取企业真实数据的能力
		对产排污环节进行分析的能力
		对产生的 VOCs 进行分析的能力

任务二　工业 VOCs 治理技术政策解读

情景导入

　　通过任务一基本了解了 VOCs 概念、VOCs 种类、企业所用含 VOCs 原辅材料及其产排污环节，那么在进行 VOCs 废气治理工程的设计前，要确保设计完全满足国家和地方政府已经出台的各项污染控制政策、法规、标准和技术规范，所以还需全面了解国家和地方（例如广东省）工业 VOCs 管控的主要发展历程，了解 VOCs 治理相关方针政策、标准、规范等。为了掌握此任务学习内容，可以 PPT、展板或科普视频的形式完成国家和地方（例如广东省）VOCs 相关政策文件、排放标准、工程技术规范、治理技术指南等内容的学习，并在课堂上进行演示和讲解。

一、国家 VOCs 污染控制相关政策解读

　　VOCs 污染物成分复杂、种类繁多、来源复杂、量大面广、活性差异显著等因素导致治理难度极大。随着大气污染向着区域复合型污染的演变，VOCs 的危害逐渐引起了重视，VOCs 污染控制已成为我国大气污染防治工作的重中之重。其中，对工业源 VOCs 防控是首要的。目前，涉及 VOCs 排放的行业众多，包括炼油与石化、化学原料和化学制品制造、化学药品原料药制造、合成纤维制造、表面涂装、印刷、制鞋、家具制造、人造板制造、电子元件制造、纺织印染、塑料制造及塑料制品等重点行业，近年来国家及各省陆续出台了一系列 VOCs 污染控制政策及法规等，简要总结见表 3-5。

表 3-5　国家 VOCs 相关政策法规

序号	年份	政策法规
1	2010 年	印发了《关于推进大气污染联防联控工作改善区域空气质量指导意见》（国办发〔2010〕33 号），首次将 VOCs 列为我国大气污染防治的重点污染物
2	2011 年	印发了《国务院关于加强环境保护重点工作的意见》（国发〔2011〕35 号），十分有力地推动了 VOCs 污染防治工作的开展。同年发布的《国家环境保护"十二五"科技发展规划》则提出研发具有自主知识产权的 VOCs 典型污染源控制技术及相应工艺设备，并筛选出最佳可行的大气污染控制技术

续表

序号	年份	政策法规
3	2012 年	印发了《重点区域大气污染防治"十二五"规划》(环发〔2012〕130 号),是我国第一部综合性大气污染防治的规划,重点区域的 VOCs 污染防治工作由此全面展开
4	2013 年	印发的《大气污染防治行动计划》(国发〔2013〕37 号)确定了十项具体措施,强调推进对重点行业(化工、表面涂装、包装印刷等)VOCs 进行综合整治。同年发布的《挥发性有机物(VOCs)污染防治技术政策》提出到 2015 年基本建立起重点区域 VOCs 污染防治体系,到 2020 年基本实现 VOCs 从原料到产品、从生产到消费全过程减排要求
5	2014 年	新修订的《中华人民共和国环境保护法》在原有基础上加大了处罚力度,突出了信息公开,并相继通过《环境保护主管部门实施按日连续处罚暂行办法》和《企业事业单位环境信息公开暂行办法》等,为 VOCs 等污染物的污染防治提供了更有力的法律保障
6	2015 年	下发了《关于印发〈挥发性有机物排污收费试点办法〉的通知》(财税〔2015〕71 号)和《关于制定石油化工和包装印刷等试点行业挥发性有机物排污费征收标准等有关问题的通知》(发改价格〔2015〕2185 号),将工业 VOCs 纳入排污费的征收范围,规定了石化行业和包装印刷行业的收费政策,各省、市可根据实际情况增设试点收费行业。同年新修订的《中华人民共和国大气污染防治法》将 VOCs 防治首次纳入监管范围,并使 VOCs 污染防治有了法律依据,该法规从源头、过程到末端,明确了工业 VOCs 污染防治措施及相应的法律责任
7	2016 年	发布了《关于挥发性有机物排污收费试点有关具体工作的通知》(环办环监函〔2016〕113 号),明确了不同层次管理机构和企业自身的具体工作。2016 年,《中华人民共和国国民经济和社会发展第十三个五年规划纲要》明确 VOCs 约束性指标作为预期性排放指标列入规划,并在重点区域、重点行业推进挥发性有机物排放总量控制,全国排放总量要下降 10% 以上。同年工业和信息化部和财政部联合印发《重点行业挥发性有机物削减行动计划》(工信部联节〔2016〕217 号),提出推进促进重点行业挥发性有机物削减,提升工业绿色发展水平,到 2018 年工业 VOCs 排放量比 2015 年削减 330 万吨以上
8	2017 年	印发了《"十三五"挥发性有机物污染防治工作方案》(环大气〔2017〕121 号),强调全面加强 VOCs 污染防治工作,强化重点地区、重点行业、重点污染物的减排,建立健全以改善环境空气质量为核心的 VOCs 污染防治管理体系,提高管理的科学性、针对性和有效性
9	2018 年	发布《中共中央国务院关于全面加强生态环境保护 坚决打好污染防治攻坚战的意见》,提出全面加强生态环境保护,坚决打赢蓝天保卫战,推进挥发性有机物排放综合整治,到 2020 年挥发性有机物排放总量比 2015 年下降 10% 以上。同年,又印发了《国务院关于印发打赢蓝天保卫战三年行动计划的通知》(国发〔2018〕22 号)

二、广东省 VOCs 污染控制相关政策解读

广东省也相应地出台了多项 VOCs 污染控制政策及法规,具体见表 3-6。

表 3-6　广东省 VOCs 相关政策法规

序号	年份	政策法规
1	2009 年	颁布了《广东省珠江三角洲大气污染防治办法》,明确对当时印刷行业的排污现象提出印刷行业应当按照有关技术规范治理无组织排放 VOCs
2	2010 年以来	颁布了 7 个广东省地方排放标准,分别是《家具制造行业挥发性有机化合物排放标准》《印刷行业挥发性有机化合物排放标准》《表面涂装(汽车制造)行业挥发性有机化合物排放标准》《制鞋行业挥发性有机化合物排放标准》《集装箱制造行业挥发性有机化合物排放标准》《电子工业挥发性有机物排放标准》和《电子设备制造业挥发性有机化合物排放标准》
3	2012 年	颁布了《关于珠江三角洲地区严格控制工业企业挥发性有机物排放的意见》(粤环〔2012〕18 号)
4	2013 年	颁布了《广东省木质家具制造行业挥发性有机化合物排放系数使用指南》《广东省制鞋行业挥发性有机化合物排放系数使用指南》《广东省印刷行业挥发性有机化合物废气治理技术指南》《广东省表面涂装(汽车制造)行业挥发性有机废气治理技术指南》《广东省制鞋行业挥发性有机废气治理技术指南》和《广东省家具行业挥发性有机废气治理技术指南》,提出了从源头控制、过程管理到末端治理的一系列 VOCs 防治管控方法技术

续表

序号	年份	政策法规
5	2014 年	颁布了《广东省大气污染防治行动方案（2014—2017 年）》（粤府〔2014〕6 号），提出要对典型行业 VOCs 排放实施治理，深化重点行业 VOCs 排放达标治理工作。强化污染源监督性监测工作，把典型行业 VOCs 排放企业等纳入监督性监测范畴。同年省环保厅印发《广东省重点行业挥发性有机物综合整治的实施方案（2014—2017 年）》（粤环〔2014〕130 号），提出关于全省 13 个重点行业企业 VOCs 治理的具体工作要求。2015 年实施《广东省环境保护条例》，规定生产、进口、销售、使用含 VOCs 的原材料和产品的，其 VOCs 含量应当符合规定的标准，鼓励生产、进口、销售和使用低挥发性有机溶剂
6	2016 年	颁布了《挥发性有机物重点监管企业名录（2016 版）》（粤环函〔2016〕525 号），印发省级 VOCs 重点监管企业和需要开展 LDAR 技术应用的企业名单。同年，印发了《广东省环境保护厅关于开展固定污染源挥发性有机物排放重点监管企业综合整治工作指引》（粤环函〔2016〕1054 号），提出规范企业 VOCs 治理工作，开展一企一策综合整治，全面提升 VOCs 综合整治水平，大力削减固定源 VOCs 排放量
7	2018 年	颁布了《广东省挥发性有机物（VOCs）整治与减排工作方案（2018—2020 年）的通知》（粤环发〔2018〕6 号），明确要求严格 VOCs 新增污染排放控制，抓好重点地区和重点城市 VOCs 减排，强化重点行业与 VOCs 关键活性组分减排。同年印发了《广东省打赢蓝天保卫战行动方案（2018—2020 年）》，明确到 2020 年全省挥发性有机物减排相对于 2015 年下降 18%，实施建设项目 VOCs 减量替代，分解落实 VOCs 减排重点工程，检查审核 VOCs 治理成效，建立重点工业企业 VOCs 排放电子台账，完善 VOCs 防治政策标准体系
8	2019 年	生态环境部印发了《重点行业挥发性有机物综合治理方案》，明确了重点控制的 VOCs 物质、VOCs 治理台账记录要求、工业企业和油品储运销 VOCs 治理检查重点。同年颁布了《挥发性有机物无组织排放控制标准》（GB 37822—2019），规定了 VOCs 物料储存无组织排放控制要求、VOCs 物料转移和输送无组织排放控制要求、工艺过程 VOCs 无组织排放控制要求、设备与管线组件 VOCs 泄漏控制要求、敞开液面 VOCs 无组织排放控制要求，以及 VOCs 无组织排放废气收集处理系统要求、企业厂区内及周边污染监控要求。广东省颁布了《广东省大气污染防治条例》，明确规定对 VOCs 实施总量控制，对 VOCs 污染防治规定了具体要求

综上所述，国家和广东省在 VOCs 治理领域已经出台了大量的政策法规、制度、标准和规范，但距离实际需要还相差甚远，在排污申报制度体系、排放标准体系、工程技术规范体系、治理技术指南体系等方面仍需加快建立及不断完善。

 想一想

目前，国家和地方已经对多个工业 VOCs 重点行业分别制定了排放标准，还有部分行业 VOCs 排放标准正在制定中。请同学们思考一下为什么每个 VOCs 重点行业都需要单独制定排放标准呢？

 任务小结

在做 VOCs 治理技术方案之前，不仅要做好国家和地方（例如广东省）VOCs 相关政策、排放标准、治理技术指南、工程技术规范等政策解读工作，还要注意紧跟政策走向，避免使用国家明令淘汰的技术工艺或设备，尽可能采用国家鼓励发展的重大环保技术装备，既满足了工程技术要求，也践行了循环经济理念，具有重要意义。

任务实践评价

工作任务	考核内容	考核要点
工业 VOCs 治理技术政策解读	基础知识	国家对 VOCs 控制的相关技术政策文件
		广东省对 VOCs 控制的相关技术政策文件
	能力训练	能简单阐述我国 VOCs 管控历程
		制作宣传单和海报能力
		视频脚本的编写和拍摄能力
		知识的归纳和分析能力
		创造思维能力
		人际沟通能力和语言表达能力
		团队协作能力

任务三 工业 VOCs 治理技术方法比选

∞ 情景导入 ∞

在获得了企业相关设计基础资料，了解了企业所用含 VOCs 原辅材料、VOCs 产排污环节以及国家和地方政府已经出台的各项 VOCs 污染控制政策、法规、标准和技术规范等，要想根据实际治理工程情况选择最优的治理技术，需全面了解工业 VOCs 治理技术的分类、原理、适用范围及优缺点。而工业 VOCs 治理技术本身种类较多，目前实际应用过程中又存在多种组合技术。请认真学习任务知识，以小组为单位进行讨论，掌握工业 VOCs 治理技术的原理及比选方法。

一、工业 VOCs 治理技术介绍

目前，国内外对工业 VOCs 的单一治理技术主要分为回收技术和销毁技术两大类。回收技术主要有吸附法、吸收法、冷凝法和膜分离法等四种类型，销毁技术主要有燃烧法、生物降解法、光催化法及低温等离子法等。其中，燃烧法分为直接燃烧法（TO）、催化燃烧法（CO）、蓄热燃烧法（RTO）和蓄热催化燃烧法（RCO），生物降解法又可分为生物过滤法、生物滴滤法和生物洗涤法。具体工业 VOCs 治理技术分类情况见图 3-3。

VOCs 治理技术种类繁多，适用条件及范围等各不相同。在实际情况下，由于工业 VOCs 废气成分及性质的复杂性和单一治理技术的局限性，采用单一技术往往难以达到治理要求，且成本较高。因此，为了能够实现多种 VOCs 在较大范围内的高效去除，通常将两种或多种治理技术联用，发挥各种技术的优点，也可大大降低 VOCs 治理的成本。因此，采用两种或多种净化技术的组合工艺受到极大的重视，并得到迅速发展，成为工业 VOCs 治理的主流。目前，常见的组合技术有：吸附浓缩-催化燃烧、吸附浓缩-冷凝、吸附-光催化、吸附-吸收、等离子体-光催化、等离子体-催化等。

（1）吸附法

吸附法是利用多孔性固体吸附剂对排放废气中的污染物进行吸附、净化，使其中所含的

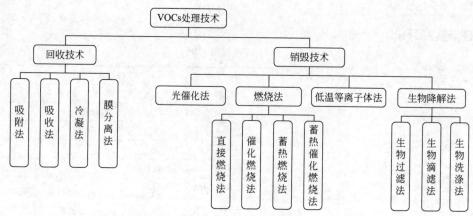

图 3-3 具体工业 VOCs 治理技术分类

一种或数种组分浓缩于吸附剂表面上，以达到分离的目的。吸附法是一种比较传统的有机废气治理技术，目前也是应用极为广泛的治理技术和方法，主要用于低浓度、大风量有机废气的净化。吸附法的优点是设备简单，净化效率高，适用范围广，无二次污染，操作方便，工艺成熟且易实现自动控制，具有很好的环境和经济效益；缺点是处理设备比较大，由于吸附容量受限，不适于处理高浓度有机气体和含水废气，当废气中有胶类或其他杂质时，吸附剂易失效，同时吸附剂需要再生，而失效后的吸附剂会造成一定的环境污染。

吸附法的关键问题就在于对吸附剂的选择。吸附剂要具有密集的细孔结构，比表面积大，吸附性能好，化学性质稳定，耐酸碱，耐水，耐高温高压，不易破碎，对空气阻力小。常用的吸附剂主要有活性炭、活性氧化铝、活性碳纤维、硅胶、分子筛等，而活性炭又可细分为颗粒活性炭、蜂窝活性炭和活性炭纤维。目前在采用吸附法治理有机废气中，活性炭的吸附性能最好，去除效率高。吸附法比较典型的工艺流程如图 3-4 所示。

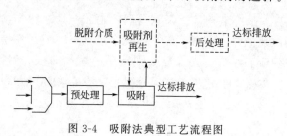

图 3-4 吸附法典型工艺流程图

 师徒对话

徒弟：师傅，吸附 VOCs 饱和了的活性炭需要从吸附装置中被更换下来，那更换下来的饱和活性炭，企业能否随意处理呢？

师傅：绝对不能。吸附 VOCs 饱和的活性炭按照《国家危险废物名录》规定，属于危险废物。企业应建立严格的活性炭购买、更换、处理台账记录，废气治理设施更换下来的饱和活性炭要放置于按照《危险废物贮存污染控制标准》要求建设的危险废物贮存仓库暂存，定期交由具有危险废物处理资质的公司进行运输、处置。私自转移、处理危险废物，依据《中华人民共和国固体废物污染环境防治法》要对当事人进行行政处罚，构成刑事责任的要被判处有期徒刑。

（2）吸收法

吸收法是利用低挥发或不挥发液体作为吸收剂，通过吸收装置，利用废气中各种组分在吸收剂中的溶解度或化学反应特性的差异，使废气中的有害组分被吸收剂溶解、吸收，从而达到净化废气的目的。吸收过程按其机理可分为物理吸收和化学吸收，前者主要是指吸收过程中进行的是纯物理溶解过程，即溶解的气体与吸收剂不发生任何化学反应，而后者在吸收过程中常伴有明显的化学反应。吸收效果的好坏，与多种因素密切相关。其中，吸收剂性能的优劣是关键因素之一，选择吸附剂要考虑以下因素：溶解度大、选择性好、饱和蒸气压较低、价格便宜、易再生、黏度低、无毒、无害、不易燃。

　　根据所处理的气体不同、污染物不同，可以选择特定的吸收剂，这种方法适用于浓度较高、温度较低和压力较大情况下气相污染物的处理，在油气回收、漆雾净化等领域有较广泛的应用。但该法存在后处理过程复杂、净化效率下降较快、安全性差及存在二次污染等问题，因而应用范围受到很大限制，目前应用相对较少。吸收法比较典型的工艺流程如图 3-5 所示。

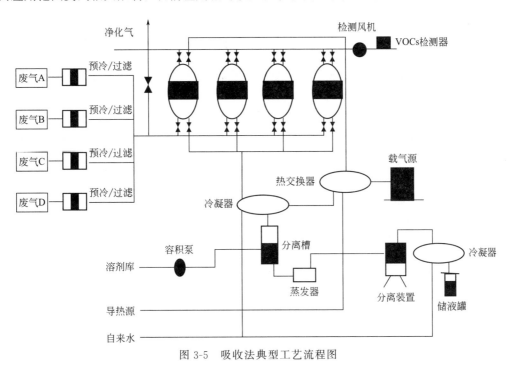

图 3-5　吸收法典型工艺流程图

（3）冷凝法

　　冷凝法是利用物质在不同温度下具有不同饱和蒸气压的特性，通过降低系统温度或者提高系统压力，使处于蒸气状态的污染物从废气中冷凝分离出来的方法。这种方法适用于高浓度有机溶剂蒸气的净化，经过冷凝后的尾气可能还含有一定浓度的有机物，需进行二次低浓度尾气治理。冷凝法常用来回收 VOCs 中有价值的组分，实现资源化利用。但冷凝法分离气体成本比较高，工厂排放的气体风量较大，能否在短时间内分离处理大量的 VOCs 是一个挑战。

　　用冷凝法处理污染气体需要考虑其他诸多因素，如压力以及各种 VOCs 沸点，所需能耗很大，不同气体还得采用不同的冷凝器，不灵活。该方法具有工艺成熟、设备简单、投资较低等优点，用于处理高浓度和成分比较单一的 VOCs 废气效果较好，在实际应用的过程中，常将该方法与吸附法或燃烧法一起联合使用，达到降低设备的运行条件和运行成本的目的。但缺点是设备和操作费用较高，只适用于高浓度废气，冷凝液直接排放会产生二次污染。冷凝法比较典型的工艺流程如图 3-6 所示。

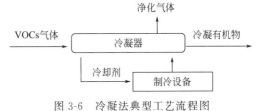

图 3-6　冷凝法典型工艺流程图

（4）膜分离法

膜分离技术是利用天然或人工合成的膜材料来分离污染物，是一种新型高效的分离方法，利用气体中不同组分在一种介质中传播、扩散、运输的速率不同来进行有机废气的分离。此方法具有流程简单、无二次污染、能耗小等特点。

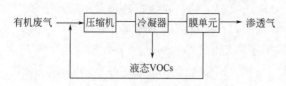

图 3-7　膜分离法典型工艺流程图

20 世纪 80 年代后，膜分离技术被广泛应用于海水淡化、食品工业、生物化工及化学化工等领域的液相分离和 VOCs 的回收，还用于石油化工中乙烷蒸气、甲苯、二氯甲烷、氯乙烯等的分离与回收。可回收的 VOCs 包括脂肪类和芳香族烃类、含氯溶剂、酮、醛、腈、醇、胺、酸等。膜分离方法的优点在于可以根据要被去除的特定物质的需要，有针对性地选择特定的膜。缺点是压降高，需要高气压操作条件，对膜依赖性强，需要对膜进行清洗。膜分离法比较典型的工艺流程如图 3-7 所示。

（5）光催化法

光催化法主要是利用光催化剂（例如 TiO_2）的光催化性，氧化吸附在催化剂表面的 VOCs 的一种方法，其原理是利用特定波长的光（通常为紫外线）照射 TiO_2 光催化剂，激发出"电子-空穴"（一种高能粒子）对，这种"电子-空穴"对与水、氧发生化学反应，产生具有极强氧化能力的羟基自由基和氧负离子等活性物质，将吸附在催化剂表面上的有机物氧化为 CO_2 和 H_2O 等无毒无害物质。除了氧化性，还有高能电子，电子可以使废气内的分子变得种类更加复杂，会产生一系列的正向反应来分解 VOCs 分子。光催化材料是光催化法中非常重要的组成部分，一种好的光催化剂需要有较高的光致活性和稳定性，同时对化学、生物等物质具有一定的惰性，并且成本较低，其中二氧化钛应用最为广泛。光催化技术的净化效率取决于多方面因素，除了催化剂本身的性能外，催化剂所处的条件，如光源的性能及温度、湿度等条件均会影响光催化效率。此方法的优点在于应用的范围比较广，而且应用环境比较普遍，投资费用低，运行费用低，占地面积小，建设周期和调试周期短，副产物较少。缺点主要是反应速率慢、光子效率低、废气处理效率不高，也会产生一些中间产物，

图 3-8　光催化法典型工艺流程图

易造成催化剂失活，经常更换催化剂不是十分方便。光催化法比较典型的工艺流程如图 3-8 所示。

（6）燃烧法

燃烧法是利用有机废气污染物易燃烧的性质进行处理的一种高效处理方法。这种方法包括直接燃烧法、催化燃烧法、蓄热燃烧法和蓄热催化燃烧法。各种方法的适用范围、原理、优缺点等见表 3-7。

（7）低温等离子体法

等离子体技术是近年来发展起来的废气治理新技术，属低浓度 VOCs 治理的前沿技术。其原理主要是在外加高压电场作用下，高能电子与 VOCs 污染物接触时，通过碰撞将其自身携带的能量传递给污染物，形成活性基团，一方面这些活性基团与污染物分子通过化学反应，最后生成 CO_2 和 H_2O，另一方面 VOCs 污染物分子化学键断裂，分解成无害的气体或单质原子。

表 3-7　各种燃烧法介绍

序号	工艺方法	适用范围	原理及特点	优缺点	典型工艺流程图
1	催化燃烧法（CO）	高温、中高浓度，稳定排放，无回收价值的有机废气	此法是一种由气相进入固相的催化反应，即在催化燃烧过程中，催化剂降低其活化能，同时催化剂表面具有吸附作用，反应气体在与催化剂接触过程中，一气体分子聚集在催化剂表面，同时氧化可降低有机废气的起燃温度，可提高反应速率，并发生无火焰燃烧，并放出大量热量。同时可降低为 CO_2 和 H_2O，同时放出大量热量。此方法常用铂、钯等贵金属催化剂及过渡金属氧化物催化剂，操作温度较低在 250~500℃	优点：起燃温度低，无二次污染，余热可回收，运转费用低，操作简便。缺点：运行维护成本高，需更换催化剂，不宜用于废气中含有易使催化剂中毒物质的废气处理等	含VOCs气体／净化装置／催化室／阻火器／排空阀门／有机废气源／风量调节阀／风机／排空
2	直接燃烧法（TO）	高温、中高浓度，稳定排放，无回收价值的有机废气	将含有 VOCs 的气体和空气一同引入燃烧炉中，燃烧炉中的燃料开始燃烧，当温度达到预设温度（一般≥1100℃）后 VOCs 开始被焚烧，在热力作用下，VOCs 分子被最终的氧化分解为 CO_2 和 H_2O，经过燃烧的尾气具有较高的温度，在热交换器的作用下，余热回收得以利用并直接排放。净化的尾气直接排放	优点：去除效率高，不存在二次污染，操作简便。缺点：运行费用高，颗粒物要求高	空气／燃烧炉／热交换器／净化气／含VOCs气体
3	蓄热燃烧法（RTO）	高温、中高浓度，成分复杂，无回收价值的有机废气	原理是在 800℃ 高温下将 VOCs 氧化成无害的 CO_2 和 H_2O，去除效率高达 97% 以上，热量回收高达 90% 以上。RTO 主体结构由燃烧室、蓄热室和切换阀等组成。有机废气首先经过已经"蓄热"的陶瓷填充层预热后，气体继续通过燃烧室加热到 800℃ 左右，氧化成无害的 CO_2 和 H_2O，同时释放出大量热量。将热量传递给蓄热室后，气体进入低温蓄热室中，其排放温度仅稍高于废气处理前的温度。所有的蓄热室系统连续运转，自由切换，通过切换阀使高温氧化后的工作，所有的陶瓷蓄热系统完成高效放热、吸热的循环步骤，热量得以充分利用	优点：运行费用低，处理效率高，不会发生催化中毒。缺点：安全性和设备资源成本高，会产生二次污染物，废气中的颗粒物可能会对蓄热床造成堵塞，从而导致流阻增大	废气／RTO系统（蓄热室／氧化室／蓄热室）／风机／排出装置
4	蓄热催化燃烧法（RCO）	任何温度，中浓度，无回收价值的有机废气	原理主要是利用结合在高热容量陶瓷蓄热体上的催化剂，使有机气体在 250~500℃ 的较低温度下氧化为 CO_2 和 H_2O，去除效率也 97% 以上。同时处理系统和氧化室产生的热量余热利用以加热待处理有机废气，以提高换热效率。RCO 的热回收是利用一个回收废热的陶瓷填充蓄热室，经陶瓷材料作为热交换介质，将废气温度几乎达到催化剂的设定温度，并使其维持在设定温度，然后导入加热待处理后的废气导入其他预定预热的陶瓷填充，以达到的去除效率，回收热能处理到大气中，净化后的废气所有气导入其他的循环加热做热、冷却、净化等步骤以充分利用	处理效率高，适应性强，能耗较低，但也可在着催化等优点，设备投资成本高，催化剂有中毒危险等缺点	进气／预处理设施／RCO装置／风机／排出装置

等离子体技术具有反应器结构简单，反应条件为常温常压，并可同时消除混合气态污染物，对于臭味的净化具有良好的效果等优点，在橡胶工业废气、食品加工废气等的除臭中得到了比较广泛的应用。但该方法仍存在能量效率不高、安全性差、会产生二次污染物等缺点。低温等离子体法比较典型的工艺流程如图 3-9 所示。

图 3-9　低温等离子体法典型工艺流程图

（8）生物降解法

诞生于 20 世纪 80 年代初的生物法是现阶段处理低浓度 VOCs 废气的有效方法之一。生物降解法是利用微生物，以废气中 VOCs 组分作为其生命活动的能源或养分，经微生物新陈代谢降解，将有机物转化为无机物（CO_2、H_2O）或细胞组成物质。由于微生物对废气中有害物质的降解在气体中很难发生，所以废气中气态污染物首先要经气相转移到液相或固体表面的液膜中，然后污染物才在液相或固体表面被微生物吸附降解。VOCs 废气的生物处理方法主要有生物过滤法、生物滴滤法和生物洗涤法。生物法净化处理工业废气一般要经历以下四个步骤：①废气中的污染物首先要与水接触并溶解于水中；②在浓度差的推动下，溶解于水中的污染物进一步扩散到生物膜上，从而被其中的微生物捕获并吸收；③微生物将污染物分解，将其中的能量用于自身新陈代谢，并将污染物分解成 CO_2、H_2O 等；④生化反应产物 CO_2 从生物膜表面脱附并反扩散进入气相本体中，而 H_2O 则被保持在生物膜内。

生物法是一种经济有效、环境友好的 VOCs 治理方法，主要适合于低浓度、大风量且易生物降解的有机废气的治理。由于具有处理成本低、运行费用低、处理效果好、无二次污染、绿色环保等诸多优点，近年来，在国内外得到了迅速发展。不足之处是降解 VOCs 速率慢、占地面积大、运行操作条件不易控制，对于处理成分复杂或者难以降解的 VOCs 处理效果比较差。但是随着生物菌落和各种填料开发不断取得突破，生物法在今后将会成为有机废气治理的主要技术之一。生物法比较典型的工艺流程如图 3-10 所示。

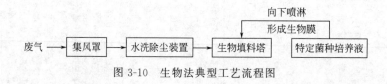

图 3-10　生物法典型工艺流程图

二、工业 VOCs 治理技术比选

1. 工业 VOCs 治理技术选择原则

选择工业 VOCs 处理工艺，总体上遵循"资源回收利用、系统性治理、处理效率稳定、经济合理"的原则，具体如表 3-8 所示。

表 3-8　工业 VOCs 治理技术选择原则

序号	原则	具体内容
1	资源回收利用	宜结合有机废气的浓度及成分，尽量提高废气收集率，并优先选择能够对废气中有机物质进行回收利用的技术方案。回收有机物质不仅可减轻后续治理的负荷，降低治理成本，而且回收的有机物质部分可用于生产或出售，降低生产成本

续表

序号	原则	具体内容
2	系统性治理	应系统考虑生产全过程中有机废气产生的各个环节,结合各环节有机废气的风量、浓度、湿度、成分,废气收集及回收难易程度,以及安全生产要求等实际情况,统筹选择适宜的治理方案
3	处理效率稳定	应根据待处理废气的风量、浓度、湿度、成分,排放要求,可用场地大小,处理设备尺寸等实际情况和要求,选用适合企业实际、处理效率稳定的废气处理技术。应充分考虑废气风量、浓度、成分变化大等特点,确定处理技术的工艺参数,以保障处理效率的稳定性。尽量选择在运行、操作、维护及管理方面简便易行、自动化程度高的技术方案,减少人为操作导致处理效果不稳定的可能性
4	经济合理	应在保证稳定达到排放要求的基础上,选择与企业经济承受能力相适应、建设成本和运行成本较低、经济合理的技术工艺;建设中充分利用地形和可用场地面积,减少废气流经路程,降低废气处理能耗,节约成本。尽量采用经济节能型工艺设备,减少处理设施的数量

2. 工业 VOCs 治理技术选择方法

选择适宜的工业行业有机废气处理工艺,通常需要综合考虑废气处理规模、废气中所含有机物种类及浓度、安全要求、排放要求、建设场地的地理环境条件、建设投资总额、运行成本承受能力以及运行管理要求等因素。具体可通过以下基本方法步骤进行选择。首先,了解待处理废气的特征,包括处理风量,所含有机物成分及浓度范围,废气温度、湿度、颗粒物含量等。例如,图 3-11 直观地给出了不同单元治理技术所适用的有机废气浓度和废气流量的大致范围,如果知道了 VOCs 废气浓度和风量,就可以从图中对处理技术进行初步筛选。依据其他废气特征,参考表 3-9 选择几项备选处理技术。然后,依据处理风量,结合各项技术的经济指标估算出废气处理系统的总建设成本、占地面积以及年运行成本等,按照经济性可接受的原则对备选技术进行优选。最后,结合排放标准要求、安全要求、运行管理要求等因素对优选出的技术进行完善和精选确定。需注意部分技术对进气有较严格要求,需采用一定的预处理手段以使待处理废气达到进气要求。

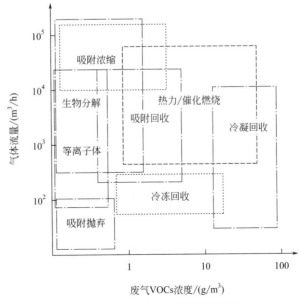

图 3-11　VOCs 治理技术的适用范围

表 3-9 常见 VOCs 末端治理技术汇总

技术方法		原理	适宜废气温度/℃	技术关键	适用场合	应用效益
冷凝法		利用气体组分的冷凝温度不同,将易凝结的VOCs组分通过降温或加压凝结成液体而得到分离的方法	<150	冷凝温度/压缩压力	高浓度	溶剂回收
吸附法	活性炭	利用多孔固体(吸附剂)将气体混合物中一种或多种组分积聚或凝聚在吸附剂表面,达到分离目的	<45	吸附温度或压力、过滤风速、穿透周期	低浓度	浓缩回收热量/溶剂
	活性炭纤维					
燃烧法	直接燃烧法	在高温下同时供给足够的氧气,将VOCs气体完全分解成二氧化碳和水等无机物	≥0	燃烧温度、停留时间	高浓度	热量回收
	催化氧化法	利用催化剂,在较低温度下将VOCs氧化分解	≥0	空间速度、氧化温度	中浓度	
吸收法		利用VOCs各组分在选定的吸收剂中溶解度不同,或者其中某一种或多种组分与吸收剂中的活性组分发生化学反应,达到分离和净化的目的	<45	吸附剂性能、吸收设备	低、中浓度	合成革DMF溶剂回收
膜分离法		利用固体膜作为一种渗透介质,废气中各组分由于分子量大小不同达核性质不同,通过膜的能力不同,从而达到分离或回收溶剂蒸汽的目的	<45	膜材料、支撑结构材料	高浓度	储运油气回收
其他	低温等离子法	利用外加电压产生高能等离子体去激活、电离、裂解VOCs组分,使之发生分离、氧化等一系列复杂的化学反应	<80	湿度、温度、VOCs浓度、氧含量、气体流速	低浓度	
	生物法	微生物以VOCs作为代谢底物,使其降解、转化为无害的、简单的物质	<45	温度、湿度、pH、生物量、废气成分及浓度	低浓度	
	光催化法	利用光催化剂(如TiO₂)、氧化分解VOCs气体	<100	光催化剂、光源、外部条件	低浓度	

大家可以通过扫码了解到三种典型的 VOCs 治理技术,快快扫码学习下吧!

活性炭吸附技术	催化燃烧技术	光催化技术
 3-1　活性炭 吸附技术	 3-2　催化 燃烧技术	 3-3　光催化 技术

 任务小结

　　对于工业 VOCs 废气治理设计方案来讲,治理技术和工艺路线的比选是关键,比选的基本原则同样也是"不求技术最先进,只求技术最合适"。在满足国家和地方相关政策法规的基础上,需要综合考虑企业废气处理规模、废气中所含有机物种类及浓度、安全要求、排放要求、建设场地的地理环境条件、建设投资总额、运行成本承受能力以及运行管理要求等因素,选出最适宜的 VOCs 治理技术和工艺路线。

任务实践评价

工作任务	考核内容	考核要点
工业 VOCs 治理技术 方法比选	基础知识	常用 VOCs 治理技术基础知识
		常用 VOCs 治理技术典型工艺流程
	能力训练	常用 VOCs 治理技术比选方法
		知识的归纳和分析能力
		对比思维能力的训练
		语言表达能力的训练
		团队协作能力的训练

任务四　吸附剂的选择及设计计算

情景导入

　　采用吸附法处理 VOCs,吸附剂的选择是十分重要的。由于吸附剂种类繁多,各自的特性也不相同,故在工程设计中如何正确地评价和选择合适的吸附剂是每个设计人员必然面对的问题。此外,还要会进行吸附的相关计算。请同学们认真学习任务知识,以小组为单位进行讨论,掌握任务相关内容。

一、吸附剂的评价方法

吸附技术是去除 VOCs 最为简单和高效的方法之一，在整个吸附环节中，选择高效的吸附材料是最为关键的问题。好的吸附剂需要对吸附质具有较高的吸附量，从而能够高效地去除 VOCs 污染物。在实际中，吸附剂的种类繁多、性能各异，因此需要根据实际情况选择不同的吸附剂。而在选择时，需要综合考虑多个方面的指标来进行评价，这些指标包括吸附剂的吸附量、吸附速率、选择性、再生性和成本等。

（1）吸附量

吸附量是指在一定条件下单位质量吸附剂上所吸附的吸附质的总量。吸附量主要取决于材料的结构性能，体现在表面积、孔体积和官能团密度等方面。同时，还与吸附剂所处的状态有关，如温度或压力不同，吸附量也不同。

（2）吸附速率

吸附速率是指单位质量吸附剂在单位时间内所吸附吸附质的质量。通常情况下，吸附速率越快，吸附剂和吸附质接触时间就越短，所需吸附设备的容积也就越小，吸附速率越快越有利于吸附。但对于某些吸附性能较强的吸附剂，其吸附热较高，吸附速率过快也会引起吸附剂温度的快速升高，从而带来一定的火灾隐患，需要引起一定的注意。

（3）选择性

选择性是指同一吸附剂在相同条件下对不同吸附质具有不同吸附能力的特性。实际应用中，选择性的作用十分关键，采用较好选择性的吸附剂可大大降低生产成本和提高去除效率。吸附剂的选择性通常取决于结构的选择性和官能团的选择性。前者主要体现在吸附剂具有的一些微孔结构或有序结构。而后者主要体现在吸附剂中极性官能团越多越有利于吸附极性的吸附质，非极性官能团更易吸附非极性的吸附质。

（4）再生性

再生是指在吸附剂本身结构和质量不发生变化的情况下，采用各种方法将吸附质从吸附剂中脱附出来的过程。经再生后吸附剂可以重复利用，从而可大大降低运营成本。再生的方法主要有加热解吸脱附、降压或真空解吸脱附、容积置换脱附等。需要指出的是虽然较多文献表明能够对吸附饱和后的吸附剂较好地脱附，但实际上要让吸附后的吸附剂完全恢复到吸附前的状态几乎是不可能的。在脱附过程中，吸附剂的微观结构或官能团性质会发生或多或少的改变。另外，再生时也要防止温度过高，避免吸附质和吸附剂发生化学反应或者吸附剂发生燃烧、着火等现象。

（5）成本

吸附剂成本也是一个十分重要的指标，在应用时需予以关注。实际应用中，吸附剂种类繁多、生产过程各异，其性质和成本也相差较大。一方面人们总是希望吸附剂的吸附量大、吸附效率高，另一方面又希望吸附剂的再生性能良好，这两者在本质上其实是矛盾的。因为吸附剂的吸附性能越好，就越不容易再生，而吸附剂的吸附性能越差，就越容易再生。因此，在选择吸附剂时要综合考虑以上各个方面的因素，合理评价。

二、吸附剂的选择方法

吸附剂种类很多，可分为无机的和有机的，天然的和合成的。目前吸附法处理 VOCs 的工程中，常用的吸附剂主要有活性炭（颗粒活性炭、蜂窝活性炭、活性炭纤维）、活性氧化铝、硅胶和沸石分子筛等，具体见图 3-12，这几种常用吸附剂的物理性质见表 3-10。吸附过程设计中，吸附剂的选择是十分重要的。一般可按下述方法进行选择。

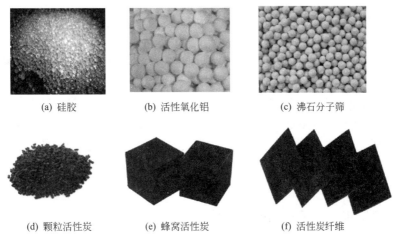

(a) 硅胶　　　　　(b) 活性氧化铝　　　　　(c) 沸石分子筛

(d) 颗粒活性炭　　　(e) 蜂窝活性炭　　　　(f) 活性炭纤维

图 3-12　常见吸附剂

表 3-10　几种常用吸附剂的物理性质

物理性质	吸附剂种类			
	活性炭	活性氧化铝	硅胶	沸石分子筛
真密度/(g/cm³)	1.9～2.2	3.0～3.3	2.2～2.3	2.2～2.5
表观密度/(g/cm³)	0.6～1.1	0.9～1.0	0.8～1.3	0.9～1.3
堆积密度/(g/cm³)	0.35～0.60	0.50～1.00	0.50～0.75	0.60～0.75
平均孔径/Å	15～50	40～120	10～140	—
孔隙率/%	33～45	40～45	40～45	32～40
比表面积/(m²/g)	700～1500	150～350	200～600	400～750
操作温度上限/K	423	773	673	873
再生温度/K	373～413	473～523	393～423	473～573

注：1Å＝10⁻¹⁰m。

（1）吸附剂的初步选择

选择的吸附剂除了要有一定的机械强度外，最主要的是对预分离组分要有良好的选择性和较高的吸附能力。这主要取决于吸附剂本身的物理化学结构和吸附剂的性质（例如极性、分子大小、浓度高低、分离要求等）。

对极性分子，可优先考虑使用分子筛、硅胶和活性氧化铝。而对非极性分子或分子量较大的有机物，应选用活性炭，因为活性炭对烃类化合物具有良好的选择性和较高的吸附能力。对分子较大的吸附质，应选用活性炭和硅胶等孔径较大的吸附剂。而对分子较小的吸附质，则应选用分子筛，因为分子筛的选择性更多地取决于其微孔尺寸极限。很重要的一点是，要除去的污染物的尺寸必须小于有效微孔尺寸。

当污染物浓度较大而净化要求不太高时，可采用吸附能力适中而价格便宜的吸附剂。当污染物浓度高而净化要求也高时，可考虑用不同吸附剂进行两级吸附处理或用吸附浸渍的方法。

（2）活性与寿命实验

对初步选出的一种或几种吸附剂应进行活性和寿命实验。活性实验一般在小试阶段进行，而对活性较好的吸附剂一般应通过中试进行寿命实验（包括吸附剂的脱附和活化实验）。

（3）经济评估

对初步选出的几种吸附剂进行活性、使用寿命、脱附性能、价格等方面的综合比较，进行经济估算，从中选用总费用最少、效果较好的吸附剂。

在上述吸附剂中，由于活性炭类吸附剂（颗粒活性炭、蜂窝活性炭和活性炭纤维）属于非极性吸附剂，与沸石分子筛、硅胶、活性氧化铝等吸附剂相比，它具有吸附 VOCs 物质种类多、吸附容量大的特点，因此，在处理 VOCs 的工程上得到了更广泛的应用。但是，由于活性炭种类较多，在应用活性炭类吸附剂时如何正确地选择吸附剂，是每个吸附器设计者必然面对的问题。在 VOCs 处理中，对活性炭类吸附剂选择的原则是首先根据所吸附的有机气体的分子动力学直径去选择具有合适孔径的活性炭，其次再去考虑吸附剂的比表面积。

三、活性炭装填量核算和更换周期的计算

1. 活性炭更换周期计算

如该家具厂排风风机风量为 5000m³/h，废气浓度为 150mg/m³，每天运行时长 15h，活性炭的平衡吸附量取 30%，如果该活性炭吸附装置中活性炭装填量为 327.25kg，试计算该活性炭吸附装置中活性炭达到吸附饱和的时间。

2. 活性炭装填量计算

假设该家具厂采用吸附法处理 VOCs 废气，通过选择最终确定了活性炭作吸附剂。该厂排风风机风量为 5000m³/h，废气通过吸附层的初始气体流速按 2m/s 计，吸附层装填厚度取 0.5m，试计算所设计的活性炭吸附装置中活性炭装填量。计算公式为：

$$M = \rho_S S L \tag{3-1}$$

式中　M——吸附剂用量，kg；

　　　ρ_S——吸附剂的堆积密度，kg/m³，活性炭的堆积密度取 425kg/m³；

　　　L——吸附层装填厚度，m；

　　　S——吸附层的截面积，m²。

根据表 3-10，活性炭的孔隙率取 0.45，根据公式：

$$S = \frac{废气风量}{气体流速 \times 孔隙率} \tag{3-2}$$

代入数据，则　　　　　$S = \frac{5000}{3600 \times 2 \times 0.45} = 1.54(\text{m}^2)$

代入式(3-1)，经计算，该活性炭吸附装置中活性炭的装填量为：

$$M = \rho_S S L = 425 \times 1.54 \times 0.5 = 327.25(\text{kg})$$

根据公式：

$$T = \frac{MS}{CFt} \tag{3-3}$$

式中　T——更换周期，d；

　　　M——活性炭的质量，kg；

　　　S——平衡吸附量，%；

　　　C——VOCs 总浓度，mg/m³；

　　　F——风量，m³/h；

t——每天运行时间，h/d。

将数据代入式(3-3)，则

$$T=\frac{327.25\times0.3}{150\times10^{-6}\times5000\times15}=8.73(\mathrm{d})$$

因此，活性炭吸附装置装填的活性炭在上述条件下，8.73 天就达到吸附饱和，需要更换了，即更换周期为 9 天。

 想一想

大家知道对具体的工业企业，其 VOCs 排放量的计算方法有哪些吗？说说看吧。登录网站学习上海市工业企业挥发性有机物排放量核算暂行办法。

 任务小结

吸附法是工业 VOCs 废气治理技术中应用最广泛的一种技术，而吸附剂的评价和选择尤为重要，其直接决定了 VOCs 的去除效果。要综合考虑吸附剂的各种影响因素，并依据一定的选择方法进行科学选择，并要掌握吸附相关的一些基本计算。

 任务实践评价

工作任务	考核内容	考核要点
吸附剂的选择及设计计算	基础知识	吸附法常用的吸附剂
		吸附剂的物化特性
		吸附剂的评价指标
		吸附剂的选择方法
	能力训练	知识的归纳和分析能力
		对比思维能力的训练
		计算能力
		语言表达能力的训练

应用案例拓展一 喷漆 VOCs 废气治理

1. 项目概况

某集装箱有限公司集装箱喷漆废气治理工程，以蜂窝状活性炭作为吸附剂，采用吸附浓缩-催化燃烧技术治理低浓度的有机废气，广泛应用于印刷、集装箱、造船等行业。低浓度的废气经过吸附床浓缩以后最终进入催化反应器进行催化燃烧净化，催化燃烧器的净化效率设计在 95% 以上，从实际运行时的检测结果来看也可以达到 95% 的净化效率。

2. 吸附浓缩-催化燃烧技术特点

在目前的 VOCs 联用技术中，吸附浓缩-催化氧化技术是应用比较广泛的一种。吸附浓缩-催化燃烧技术和催化燃烧技术有机地结合起来，适合于大风量、低浓度或浓度不稳定的废气治理。该技术的实质是将大风量、低浓度的 VOCs 转化为小风量、高浓度的VOCs，然后再进行催化燃烧净化。经过吸附浓缩之后的 VOCs 废气具有较高的浓度，在催化反应器中可以维持氧化燃烧状态，在平稳运行的条件下催化反应器不需要进行外加热。催化燃烧后产生的高温烟气经过调温后可用于加热空气、吸附床的再生。可充分利用废气中有机物的热值，显著降低了处理设备的运行费用。具体的工艺步骤如下：首先，废气中的 VOCs 组分通过预处理系统处理后，进入含有吸附剂的吸附床层进行吸附；其次，对于吸附 VOCs 已达饱和的床层，可采用小气量的热空气等作为脱附介质对吸附饱和的吸附剂床层进行脱附操作，脱附后含有高浓度 VOCs 的气流进入含有催化剂的催化反应器；最后，在催化剂的作用下，VOCs 分子被氧化分解为二氧化碳和水。整个工艺流程中通常含有两个或多个固定吸附床交替进行吸附和脱附（吸附剂的再生），在生产过程中可进行切换，从而保证系统的高效性和连续性。该企业采用的工艺流程如图 3-13 所示。

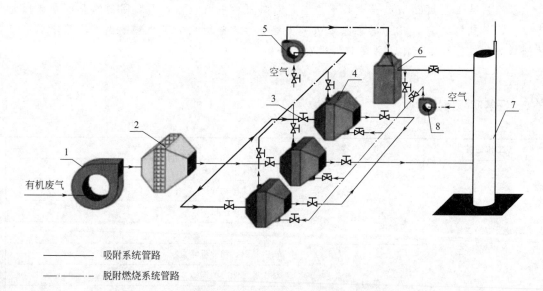

图 3-13 有机废气净化装置工艺流程图

1—主风机；2—高效复合过滤器；3—电动控制风阀；4—固定吸附床；5—脱附风机；
6—催化燃烧床；7—烟囱；8—补冷风机

该集装箱有限公司在生产过程中每年耗用 1000 多吨稀释剂，在喷涂、烘干、补漆等过程中产生大量有组织排放的 VOCs 污染，污染物中含有二甲苯、甲苯、苯、乙苯、苯乙烯等污染物（表 3-11）。

表 3-11 某集装箱有限公司有机废气排放量统计表

序号	工序名称	废气排放浓度/ppm(10^{-6})	风量/($10^4 m^3/h$)	排放量/(kg/h)	稀料用量/(kg/d)
1	打砂预处理	701	3.6	42	3200
2	富锌漆预涂	46	8	6.18	960

序号	工序名称	废气排放浓度 /ppm(10^{-6})	风量/($10^4\,m^3$/h)	排放量/(kg/h)	稀料用量/(kg/d)
3	手工富锌底漆喷涂	653	11.5	125.4	
4	中间漆喷涂	354	11.5	68	640
5	内面漆喷涂	212	12	42.4	680
6	沥青漆预涂	164	5.5	15.1	
7	外面漆预涂	90	8	12	600
8	面漆喷涂	464	11.5	89.2	
9	补漆	285	8	38	
10	分界线喷涂	39	5.5	3.6	
11	沥青漆喷涂	20	16.5	5.5	
12	防水箱喷涂	200	12	40	120
13	托盘箱喷涂	200	12	40	100
	合计	3128	125.6	527.4	6300
	有组织排放的 VOCs 总量/(kg/d)				5277
	有组织排放量占总排放量的比例/%				84

3. 吸附浓缩-催化燃烧技术主要参数

共计 7 套有机废气净化装置,总处理风量合计为 $38 \times 10^4\,m^3$/h。

漆雾预处理装置采用空气净化过滤专用无纺布作为过滤材料,催化剂采用杭州凯明催化剂有限公司生产的 KMF 系列铂钯催化剂,吸附剂使用景德镇特种陶瓷研究所生产的高性能蜂窝状活性炭。具体吸附-催化装置主要设备工艺设计参数见表 3-12。

表 3-12 有机废气净化装置主要设备工艺设计参数

纤维过滤器(1 座) 型号 GL-1200,尺寸 2795mm×3126mm×2573mm	单台处理风量	120000m³/h
	进出口流速	11.57m/s
固定吸附床(3 台) 型号 XFB-600,尺寸 3128mm×2346mm×4663.5mm	单台处理风量	60000m³/h
	吸附进出口流速	11.57m/s
	脱附进出口流速	10.41m/s
	停留时间	0.5s
催化燃烧床(1 座) 尺寸 3128mm×2346mm×4663.5mm	处理风量	6000m³/h
	进出口流速	12.04/10.42m/s
	电加热总装功率	105kW
	换热面积	145m²

① 辅助设施 净化装置须设置必要的辅助设施如阶梯、测量孔、测试架、人孔等以便操作、维修、监测,辅助设施具体位置、详细做法由设计人员与现场管理人员确定后施工;管道和部分设备的支架、基座、加强筋由现场确定,要求结构合理、用材节省、外形美观,且符合公司规范的相应要求。

② 设备防腐 风管、管件、烟囱、设备底处理应采用喷砂工艺。经检验合格后涂

刷铁红醇酸防锈漆两道、醇酸船壳漆（颜色待定）两道；烟囱内表面经良好除渣及除锈后涂刷环氧沥青漆（甲＋乙双组分）两道；吸附、前端系统管件内壁需除锈后涂刷铁红醇酸防锈漆两道；吸附床、催化床、过滤器、阻火器、混流器等主要设备防腐措施应严格按照设备图纸说明执行；所选用的油漆品牌、种类应符合公司规范的相关要求。

③ 设备保温　脱附所有管道及管件需加以保温（保留操作和检修位置）。保温层必须包缚完整，不得有空隙，拼缝宽度不得大于 5mm。外部保护层所有接头及层次应密实、连续，无漏设和机械损伤；表面无气泡、翘口、脱层、开裂、划伤、漏水等缺陷。

④ 电气及控制　在电气及自控方面，JY-C 型有机废气净化设施采用 PLC 全自动化控制方式，特设电脑触摸屏实时监控、记录，主要特点有：ⓐ实现操作过程全自动，大大降低操作人员的劳动强度；ⓑ实现处理设施的自动、连续、稳定运行；ⓒ采用触摸屏使控制系统具有良好的人机界面和重要工作参数的实时记录和储存功能；ⓓ采用 PLC 控制方式，便于调整设施的工作参数；ⓔPLC、变频器和触摸屏均采用国外品牌，同时系统配套精度很高的电动模拟量调节阀。PLC 自控系统的控制水平达到国内先进水平。低压电气控制柜由具有相关生产资质的厂家提供。

4. 经济性分析

该处理装置运行费用比较低，以一套有机废气净化设施为例，分析结果见表 3-13，即处理 1000m³ 的有机废气的费用仅为 0.15 元。但需要说明的是，表中运行成本分析不包括主风机的运行费用及活性炭、催化剂的更换费用；一套活性炭及催化剂总成本约 49.80 万元，按三年更换 2/3 计算，则每年活性炭与催化剂的费用约为 11.07 万元。

表 3-13　有机废气净化设施运行费用

序号	费用名称		金额/(万元/a)	备注
1	电费	a. 脱附风机 7.5kW，混流风机 4kW	12.29	电费 0.6 元/(kW·h)，生产 330d/a,24h/d，电机实际功率按 0.80 计，a 项连续工作，b 项 20h/d，合计：[24×(7.5+4)×0.80＋20×20]×330×0.6×10⁻⁴＝12.29(万元/a)
		b. 电加热平均功率 20kW		
2	维护费	a. 预处理材料费	0.72	a. 以 0.04 万元/60d,330d/a 计 0.04×330/60＝0.22(万元/a)
		b. 日常维护保养费用		b. 日常维护保养费 0.5 万元
3	人工费		1.60	2 人兼职管理,以 0.8 万元/(年·人)计 0.8×2＝1.6(万元/a)
4	年运行费用总计		14.61	12.29＋0.72＋1.60＝14.61(万元/a)
5	单位运行费用/(元/km³)		0.15	146100÷(330×24×120)＝0.15(元/km³)

5. 运行效果

该集装箱有机废气经过吸附浓缩-催化燃烧工艺治理后，其烟囱排放口均达到《大气污染物综合排放标准》中新污染源二级排放标准，环保监测合格。

⇄ **应用案例拓展二　印刷行业 VOCs 废气治理**

1. 项目概况

某印刷厂在生产过程中大量使用油墨和有机溶剂，污染物主要是油墨和溶剂的挥发所产生的有机废气。废气中有机化合物种类较多，主要为印刷及烘干过程中挥发出来的苯、甲苯和二甲苯以及其他 VOCs。

2. 废气处理工艺介绍

本工艺主要由冷却器、中效过滤器、活性炭吸附器、催化反应器、主排风机、脱附风机、补冷风机、控制系统、管道及其附件等部件组成。

本工程项目根据生产废气的成分及性质，进行综合的环境经济评价，考虑其处理效果、是否有二次污染、成本等因素，采用预处理＋深度处理的方法净化生产废气，其中：①预处理方法采用冷却＋中效过滤工艺，净化废气可能含有颗粒物及起到对废气进行降温的作用；②深度处理方法采用活性炭吸附＋催化燃烧一体化工艺，净化挥发性有机化合物类（VOCs）物质。具体工艺流程见图 3-14。

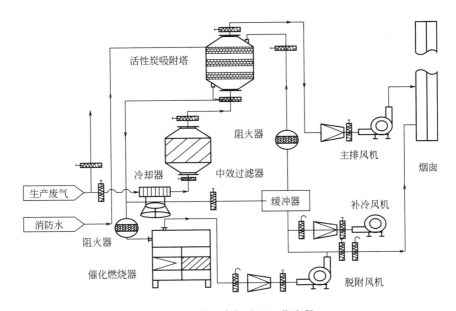

图 3-14　有机废气处理工艺流程

3. 系统特点

（1）废气收集系统

废气收集系统包括收集口及收集管道。在印刷机四周设置挡风帘，可有效对风量以及废气的浓度进行控制，废气通过设备上方集气罩进行收集，经过收集管道进入处理系统进行处理。

（2）预处理工艺

根据废气的原始设计条件，进气温度为 100～120℃，高于一般吸附材料的工况温度，必须对废气进行冷却降温，使其在进入吸附器前达到常温状态。废气进入的第一级净化装置为冷却器及中效过滤器，经冷却器冷却后 40% 的废气凝结为液态或者雾气得到净化，剩余废气进入中效过滤器，该过滤器中过滤材料由金属丝网及中效滤袋组成，其中金属丝网层主要起到散热作用，中效滤袋去除废气中可能含有的颗粒物。中效滤袋具有结构简单、成本低、阻力小、运行能耗低等优点。

（3）深度处理工艺

生产废气经中效过滤器过滤后，基本上仅含有机污染物，经活性炭吸附器净化后排放，活性炭吸附器使用的吸附材料为成型活性炭，具有性能稳定、抗腐蚀和耐高速气流冲击的优点，用其对有机污染物的净化效率达到80%以上，活性炭吸附饱和后可用热空气脱附再生使活性炭重新投入使用。

4. 主要工艺参数

通过控制脱附过程热空气流量，可将有机废气浓度浓缩10～15倍，而产生中高浓度有机废气，同时保证有机废气浓度在爆炸下限的25%以内。脱附气流经催化床内设的电加热装置加热至280～320℃，在催化剂作用下起燃，燃烧后生成 CO_2 和 H_2O 并释放出大量热量。该热量通过催化燃烧装置内的热交换器循环利用，一部分再用来加热脱附活性炭产生的高浓度废气，另一部分加热系统外的补冷新鲜空气。

系统达到脱附-催化燃烧所需要的系统热量，自平衡过程须启动电加热器1h左右。达到热平衡后可关闭电加热装置，这时再生处理系统靠废气中的有机溶剂作燃料，在无须外加能源基础上使再生过程达到自平衡循环，极大地减少能耗，并且无二次污染的产生。

（1）活性炭吸附器

采用固定床活性炭吸附，活性炭粒径为0.2～0.9mm。活性炭装填厚度为1m，气体通过吸附器的速度为0.4m/s，停留时间2.5s。废气含苯、甲苯、二甲苯的混合质量浓度为122mg/m³，废气量为50000m³/h，每天吸附时间为8h，再生周期为12～15d。

（2）催化燃烧装置

催化燃烧反应器包括预热器（换热器）、电热启动器、催化床、温度监控器等。催化反应器采用方形截面结构，其长度与当量直径之比为0.5～1。催化燃烧装置进气浓度为原始废气浓度的10～15倍，空速为50000m³/h，催化燃烧装置入口温度300℃左右，总烃质量浓度为1242～2758mg/m³，芳烃质量浓度为：苯质量浓度为19～152mg/m³，甲苯及二甲苯合计质量浓度为3～74mg/m³。

（3）主要设备参数

设备型号：活性炭吸附器5台，催化燃烧器1台，冷却器1台，中效过滤器2台。

设备处理风量：50000m³/h。

设备工作温度：常温。

废气介质：颗粒物、非甲烷总烃。

废气质量浓度：≤122mg/m³。

净化效率：>80%。

设备终压力：≤1300Pa。

设备总功率/运行功率：151kW/108kW。

输入电压：380V。

引风机型号：4-72 No 12D（960r/min，37kW，2台）。

主要设备最小占地面积：10.0m×6.0m。

5. 运行结果及运行费用

采用"活性炭吸附＋催化燃烧一体化工艺"处理该项目废气，苯、甲苯、二甲苯、乙苯净化效率分别达到96%、90%、90%、93%以上，非甲烷总烃净化效率>95%，有机废气排放达到相关标准要求。项目投资主要为蜂窝活性炭、主排风机、催化反应器、活性炭吸附器、中效过滤器、通风管道、冷却管道和自控系统的设备投资和安装，该项目投资费用约为300万元。系统运行费用主要由设备消耗电力产生，运行电耗108kW·h，电价按0.7元/(kW·h)计，即该废气处理系统每小时电费为75.6元。

项目思维导图

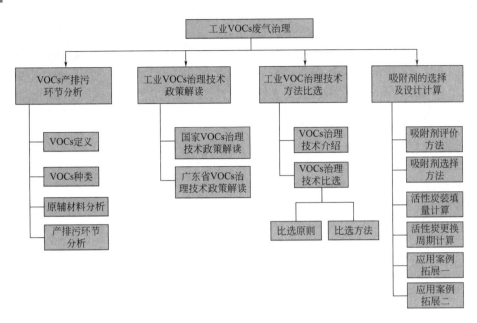

项目技能测试

一、判断题

1. 物理吸附不可逆，且吸附速率快，具有非选择性；化学吸附是可逆的，吸附速率较慢，具有选择性。（ ）
2. 高浓度气体净化不宜采用吸附法。（ ）
3. 吸收设备应具有较大的并能迅速更新的气液接触表面。（ ）
4. 催化剂一般具有选择性，专门对某一化学反应起加速作用。（ ）
5. 催化剂的性质比较特殊，在工作前不需要预热。（ ）
6. 催化燃烧为无火焰燃烧，所以安全性好。（ ）

二、简答题

简述有机废气主要的净化方法及各方法的适用范围。

项目四
燃煤电厂烟气脱硫

光化学烟雾

烟笼寒水月笼沙，夜泊秦淮近酒家。

商女不知亡国恨，隔江犹唱后庭花。

这首《泊秦淮》是唐代著名诗人杜牧的诗作，借助雾将"水""月""沙"由两个"笼"字联系起来，融合成一幅朦胧冷清的水色夜景，与诗人心中淡淡的哀愁交融在一起，渲染气氛，朦胧中透出忧凉。雾本是文学素材中一美景，古今中外许多诗人都曾歌颂描写过它。"烟笼寒水月笼沙""花非花，雾非雾"，雾缥缈、轻盈，来去无踪，仿若仙人之姿，更多诗人借助雾烘托自己的心境和感受。

图 4-1　美国洛杉矶光化学烟雾

而今随着经济的快速发展，早在 20 世纪 40 年代美国洛杉矶及 70 年代日本千叶和东京就遭遇了另一种"雾"——光化学烟雾（图 4-1）带来的种种恶果：大气能见度降低，人眼睛和咽喉疼痛、咳喘、恶寒、呼吸困难以及麻木痉挛、意识丧失等，严重的甚至引起死亡，总之让人谈之色变，人人避之不及。后来，在澳大利亚和欧洲也出现了光化学烟雾事件。

什么是光化学烟雾？其指的是由工业生产及汽车尾气等污染源排放到大气中的氮氧化物和挥发性有机污染物达到一定浓度时，在阳光的作用下发生一系列复杂的化学反应，生成以臭氧、醛、酮等污染物及细颗粒物为特征在夏季城市天空中出现的有刺激性的烟雾。

光化学烟雾的形成机理较为复杂，一般认为其产生主要受氮氧化物和碳氢化物的制约，二氧化氮的光解起着主要作用，最终生成了臭氧等大气污染物。随着我国汽车保有量的不断增加，近十几年来我国北京、武汉等城市也出现了疑似光化学烟雾现象。

环保人＆环保事

2007 年春天，我国某城镇一家化肥生产公司发生二氧化硫气体泄漏事故，当地周围学校部分师生和群众共 450 多人吸入二氧化硫气体，普遍出现呼吸不畅症状，部分出现较严重的头晕、头痛、胸闷、腹痛等症状。事故发生后，地方政府等相关部门及时启动突发环境事件应急预案，有序开展救援救护工作，一个月后，大部分留院观察者全部出院。

作为一名环保人，如何看待这次环境污染事故呢？

① 企业应增强应急管理工作，健全公司应急管理组织体系和工作机制；一旦发生环境污染事故，相关部门一定要及时上报，及时启动应急预案。

② 企业及相关部门要及时科学查找污染原因和污染源，及时划定严重污染区域，通知有关部门联合采取措施，及时救护和疏散群众，防止损害的加重。

③ 公众要提高自身的应急自救知识水平，学校要加强学生的自我保护意识。

④ 及时公布污染事故的信息，避免造成公众恐慌。

项目导航

在上述"环保人 & 环保事"案例中，工厂二氧化硫气体的偶尔泄漏短时间内对周围居民带来了严重影响，而工业源二氧化硫的长期排放对大气环境的污染面更大，危害更广。工业源二氧化硫的排放涉及几乎所有燃煤企业，如燃煤电厂、水泥厂、陶瓷厂、金属冶炼厂、垃圾焚烧厂、造纸厂及使用工业锅炉的其他企业，而燃煤电厂因二氧化硫排放总量大，是烟气脱硫控制的重点企业。作为一名环保公司的技术员在开展脱硫工程时，需在编制脱硫技术方案和烟气脱硫运行维护手册之前，充分了解国家对二氧化硫治理的相关政策法规，掌握常见的脱硫技术原理和工艺。请学习以下任务内容，为编制脱硫技术方案和脱硫运行维护手册打下良好的基础。

技能目标

1. 能简单阐述烟气脱硫技术的不同分类、脱硫原理及应用；
2. 能根据实际工程情况进行烟气脱硫技术的比选；
3. 能根据实际工程情况进行烟气脱硫工艺流程的比选；
4. 能尝试编写企业脱硫运行维护手册。

知识目标

1. 理解烟气脱硫技术的不同分类；
2. 掌握常见的烟气脱硫技术；
3. 了解常用烟气脱硫技术工艺流程的几种形式；
4. 了解烟气脱硫日常维护要点和运行程序。

任务一 编写设计基础资料清单

情景导入

编制环境工程技术方案，收集真实、可靠的基础资料是基础。若收集的设计基础资料不充分，会拖延后期设计工作进度；若收集的设计基础资料不可靠，则很可能影响设计的质量。所以，为保证设计基础资料尽可能收集得全面、完整及可靠，需要编制设计基础资料清单，再与相应部门进行科学、高效的沟通，收集并整理出全面、科学及有用的设计基础资料。请同学们认真学习下面任务知识，以小组为单位，尝试编写设计基础资料清单，并在课堂上进行清单的展示和讲解。

一、设计基础资料的主要内容

废气治理项目设计的基础资料主要包括企业锅炉、烟气、燃料等内容，详见表 4-1。

表 4-1 设计基础资料具体情况分析表

序号	类别	具体情况
1	锅炉	锅炉炉型、蒸发量吨位或热负荷、台数、投运时间等
2	烟(废)气	主要参数：流量、排放温度、体积分数组成、大气污染物种类和浓度等
3	燃料	燃料种类(煤、油、气)，燃料成分分析数据(尽可能收集)，燃料低位发热量，燃烧过程空气过剩系数等
4	引风机参数	流量、压力、功率等
5	原设计资料及不达标原因的分析	有治理设施但是不达标需要改造的情况
6	电价相关	电价、水价及工人工资水平
7	用户要求	污染物排放总量及排放浓度需要执行的标准；自动控制的要求；系统阻力要求等
8	年运行时间	—

二、大气污染源调查与工程分析

在众多设计基础资料中，污染源参数是最重要的工程基础数据，很多情况下，企业无法提供详细的污染源参数数据，所以需要设计人员自行进行污染源调查，并进行污染控制工程分析。

知识链接

你知道燃煤电厂具体哪些环节产排大气污染物么？

燃煤电厂的废气主要来源于锅炉燃烧产生的烟气、气力输灰系统中间的灰库排气和煤场产生的含尘废气，以及煤场、原煤破碎及煤输送所产生的煤尘。其中，锅炉燃烧产生的烟气量和其所含的污染物排放量远远大于其他废气，是污染治理的重点。锅炉燃烧烟气中主要污染物有飞灰、煤尘、SO_2 和 NO_x，且烟气排放量大，一般达到每小时数十万到数百万立方米，烟温在 $120\sim150℃$，但气态污染物浓度一般较低，如 SO_2 浓度就非常低，通常每标准立方米烟气中只有数千毫克，因此，烟气脱硫装置相对庞大，运行费用较高。

大气工业污染源调查和污染控制工程分析主要内容见表 4-2，必要时需设计人员进行企业现场勘察，与企业工艺和安环人员进一步核实污染源等相关重要信息和数据，确认重要数据及资料的真实性。现场勘察常用的检测仪器（图 4-2）有测距仪、风速仪、便携式 VOCs 仪等，对于污染物成分复杂的情况，可携带采样设备进行现场采样。大家在针对某项目进行污染源调查与工程分析时，可以根据实际情况进行简化。

表 4-2　大气工业污染源调查和污染控制工程分析概表

序号	类别	具体情况
1	企业概况	企业名称、性质、厂址、规模、占地面积、投产时间、产品、产值、生产水平等
2	工艺调查	工艺原理、工艺流程（表明污染物产生位置及污染物的类型）、工艺水平、设备水平
3	能源及原材料调查	能源（如煤）及原材料的种类、产地、成分、单耗、资源利用率及规定的利用率
4	企业布置调查	厂区内的布置图及场外环境图
5	管理调查	管理体制、编制、规章制度、管理水平及经济指标等
6	污染物治理调查	待改造项目：原治理方法、工艺投资效果、运行费用、副产品成本及销路、存在问题、改进措施及今后的治理规划及设想
7	污染物排放调查	含大气污染物的种类、数量、性质、排放方式及规律、途径、排放浓度、排放口位置及事故排放情况等
8	清洁生产水平分析	主要分析建设项目与国内外同类项目的排污水平

(a) 测距仪　　　　　　　(b) 风速仪　　　　　　　(c) 便携式VOCs仪

图 4-2　现场勘察常用的检测仪器

三、资料的来源与整理

写好设计基础资料清单后，要根据不同的资料内容选择合适的资料"发送"对象，做到"有的放矢"。表 4-3 概括了不同资料对应的"发送"清单对象。

表 4-3　设计基础资料类型及对应的"发送"清单对象

序号	资料类型	对应的"发送"清单对象
1	（新建项目）项目建议书，可行性研究报告，环境影响评价报告；（已建项目）原始设计资料，现场平面图，治理要求和排污情况，水、电及气的供应情况和价格等	建设单位

续表

序号	资料类型	对应的"发送"清单对象
2	气象资料、地表水资料、地质资料及城市建设规划资料等	省市有关机构
3	设计图纸、设计说明书等	设计、研究单位
4	通过供销部门的产品目录和样本查阅或直接向设备供应厂商咨询设备、原材料、燃料等物质的相关价格	供销部门、设备供应厂商
5	物料的物化数据、热力学数据,一些设备的设计方法、计算公式、治理工艺流程等	书籍、手册、文献等
6	一些无法提供需要现场调查的数据	

设计基础资料收集完毕后,设计人员需要对其进行整理、增减和汇总。总的来说,资料整理过程中要坚持以下整理原则:

① 删去不能说明问题的资料,去粗取精,去伪存真,减少后续查看基础资料的工作量,提高效率;

② 保证资料的完整性、正确性和实用性,有必要时可进行资料的二次收集和核查;

③ 选用资料要考虑技术的先进性,也要考虑企业的经济承受能力、技术上的消化能力及原材料和设备的来源,不求"最先进",只求"最合适"。

 任务小结

环境工程设计基础资料的收集工作很重要,其收集的质量和数量在一定程度上决定了后期设计工作的效能和进度,工作人员要做好同"业主"及相关单位部门及时、融洽地沟通和交流,才能使后期设计工作"事半功倍"。

 任务实践评价

工作任务	考核内容	考核要点
编写设计基础资料	基础知识	基础资料的类型
		不同工业企业的产排污情况
	能力训练	会进行知识的归纳和分析
		提升文字表达能力
		能够准确说出要表达的内容
		提高与人沟通交流的能力

任务二　烟气脱硫技术政策解读

情景导入

在获得相关设计基础资料后,需要根据所需处理的大气污染物种类、数量及规模,针对性地收集处理该类污染物的相关资料（如国家或地方的相关环保标准、处理技术路线及相关工艺参数、运行费用、耗材与仪器设备、处理效果及发展动向等资料）。所以，需要工程设计人员在确定处理技术和工艺路线前对当前烟气脱硫技术和政策有充分的了解。为了让大家很好地掌握此内容，请以幻灯片、海报或科普视频的形式完成烟气脱硫技术相关政策标准的学习，课堂上进行演示或讲解。

一、烟气脱硫技术解读

燃料的燃烧和金属的冶炼等人类活动造成了大气中硫氧化物（SO_x）的过量排放。各种有机燃料（煤、石油、天然气等）都含有一定量的硫，虽然各种燃料中硫的化学形态不尽相同，但燃烧时，无论是有机硫还是无机硫，大部分都转化为二氧化硫（SO_2），少量为三氧化硫（SO_3）。所以，控制大气中硫氧化物的排放需要"追本溯源"，从燃料入手，故目前多采用燃烧前脱硫、燃烧中脱硫和燃烧后脱硫三大类脱硫方法。

燃烧前脱硫又叫燃料脱硫，即主要通过对煤炭的洗选去除煤中部分硫分和灰分。以我国为例，我国煤硫分变化范围较大（0.1%～10%），从总体上看，我国煤炭资源中大约30%的煤含硫量在2%以上，西南地区有的煤炭含硫量高达10%。煤炭的脱硫方法主要有物理脱硫、化学脱硫和微生物脱硫三种。

① 物理脱硫主要指重力选煤，利用煤中净煤、灰分、黄铁矿的密度和磁性不同而使它们分离，由于不能去除煤中的有机硫，所以此法更适合高硫煤的去除。目前应用最广泛的是跳汰选煤法，其次是重介质选煤法、浮选选煤法和风力选煤法等。

② 化学法可分为物理化学法和纯化学法。物理化学法即浮选法；纯化学法包括碱法脱硫、气体脱硫、热解与氢化脱硫及氧化法脱硫等。

③ 微生物法是在细菌浸出金属的基础上应用于煤炭工业的一项生物工程新技术，可脱除煤中的有机硫和无机硫。

二、我国烟气脱硫相关政策标准解读

煤炭在我国能源消费比例中占70%左右，且此状况在今后很长时间内难以改变，且我国煤炭中灰分较高，硫分变化范围大，燃煤导致大量二氧化硫的排放，故控制二氧化硫排放已成为我国社会和经济可持续发展的迫切要求。

从1982年包含二氧化硫超标排放收费的《征收排污费暂行办法》，到1987年颁布并在2000年修订的《中华人民共和国大气污染防治法》，2002年的《"两控区"酸雨和SO_2污染防治"十五"计划》，再到2003年的《中华人民共和国洁净生产促进法》，国家对SO_2的控制在有序进行。2017年，国务院发布的《"十三五"节能减排综合性工作方案》中明确提出了约束性指标：2020年二氧化硫排放总量比2015年下降15%。在国发〔2013〕37号《大气污染防治行动计划》中提到，严格实施SO_2污染物排放总量控制，将其与氮氧化物、烟粉尘等污染物排放是否符合总量控制要求作为建设项目环境影响评价审批的前置条件。2016年1月1日起开始施行的《中华人民共和国大气污染防治法》中提到，推行区域大气污染联合防治，对SO_2、氮氧化物、颗粒物等大气污染物和温室气体实施协同控制。可以看出，我国对SO_2的控制是长期稳步推进。

由于不同工业行业的SO_2排放情况不同，故我国火电、石油炼制、石油化学、水泥、钢铁等众多行业都有各自的SO_2排放标准和技术规范。以火电厂为例，目前，我国执行的世界上最严格的火电厂大气污染物排放标准《火电厂大气污染物排放标准》（GB 13223—2011）中规定：新建燃煤电厂二氧化硫的排放限值为 100mg/m^3（高硫煤地区为 200mg/m^3）；现有电厂改造执行 200mg/m^3（高硫煤地区执行 400mg/m^3）；重点地区的燃煤电厂执行 50mg/m^3。2014 年 9 月，《煤电节能减排升级与改造行动计划（2014—2020年）》中要求重点区域燃煤电厂的烟气污染物排放限值达到燃气轮机组 SO_2 浓度 $\leqslant 35\text{mg/m}^3$（标准状况），即"超洁净排放"的要求。因此，各燃煤锅炉电厂大力开展超洁净排放改造工作。值得肯定的是，天津 2018 年发布了地方强制性标准《火电厂大气污染物排放标准》（DB 12/810—2018）。呼和浩特和山东也相继出台了《火电厂大气污染物排放标准》地方标准，这些地方标准中对二氧化硫的排放限值又是多少呢，同学们自己找找看吧。

 **想一想**

上文中提到的"超洁净排放"其实就是指燃煤电厂的"超低排放"，大家如果感兴趣可以登录网站，搜索关键词"超低排放"学习相关内容。

三、我国烟气脱硫技术发展解读

据相关资料显示，我国从 20 世纪 60 年代就开始研究烟气脱硫技术，主要集中在用煤量大的火电厂行业。下面就以电厂行业来介绍我国烟气脱硫技术的发展。

随着经济发展和公众环保意识的不断提高，人们对 SO_2 的控制也提出了更高的要求，以电厂为例（图 4-3），1996 年首次提出的二氧化硫排放浓度为 1200mg/m^3，经过 2003 年和 2011 年两次提标到 2014 年的超低排放，浓度加严了 34 倍，且随着排放要求的加严，我国电厂的烟气脱硫技术也在不断地改进和完善，烟气脱硫技术路线由分散趋于集中，由 21世纪初的美国、德国、日本等多个发达国家的技术在我国应用的"百花齐放"，发展到现在"湿法为主，半干法为辅"的技术应用格局。据统计，截止到 2016 年年底，97% 以上的脱硫机组使用湿法脱硫技术，其中，石灰石-石膏湿法脱硫技术占 92.90%（含电石渣法），海水法脱硫技术占 2.60%，氨法和烟气循环流化床法脱硫技术各占 1.80%（图 4-4）。目前，电

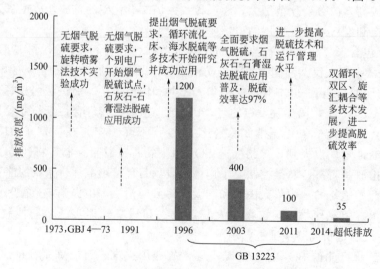

图 4-3　电厂二氧化硫排放限值及控制演变

厂烟气脱硫技术发展相对集中，主要在石灰石-石膏法如何进一步增效，协同脱除颗粒物，增强气液接触效果和提高除雾效果，提升脱硫效率和协同除尘效率等。

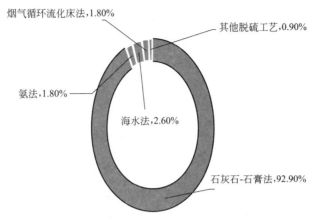

图 4-4 脱硫技术应用情况

随着相关政策法规的颁布实施，我国进入了脱硫产业的快速发展期。随着 SO_2 排放标准的进一步收严，大力发展满足更严格排放标准、具有更稳定高效的脱硫效率、脱硫副产物可资源化的烟气脱硫工艺技术将成为大势所趋。

 任务小结

做技术方案之前，不仅要做好烟气脱硫技术相关政策标准、规范等政策解读工作，还要避免使用国家明令淘汰的技术工艺或设备，尽可能采用国家鼓励发展的重大环保技术装备，既满足了工程技术要求，也在践行国家的循环经济理念，具有重大意义。

 任务实践评价

工作任务	考核内容	考核要点
烟气脱硫技术政策解读，包括以下几项： 1. 宣传单制作和宣传 2. 海报的制作与讲解 3. 短视频的制作	基础知识	二氧化硫基础知识
		二氧化硫超标排放的危害
		国家对二氧化硫控制的政策文件
		我国烟气脱硫技术的发展
		常见的烟气脱硫技术
	能力训练	宣传单和海报的制作和宣传
		视频脚本的编写和拍摄
		视频剪辑软件的使用
		知识的归纳和分析
		创造思维能力的提升
		人际沟通和语言表达能力的提升
		团队协作能力的培养
		组织管理和市场活动能力的提升

任务三　脱硫方法及工艺流程的比选

❧ 情景导入 ❧

在环境工程技术方案中，环境污染治理方法的确定和工艺路线的设计是很重要的，二者涉及治理方法技术上是否先进，经济上是否合理，是否达到用户对污染治理的要求，是否符合国家及地方有关政策法规，是衡量技术方案质量高低的关键性因素。所以，治理方法和工艺路线的选择原则应是在结合企业实际情况和国情的基础上，做到合法性、先进性、可靠性、环保和安全性，并力求处理流程和设备简单。请认真学习第一部分的内容，掌握常见烟气脱硫技术。另外，假设通过前期脱硫技术的比选，我们初步选定石灰/石灰石-石膏法的湿法脱硫技术或喷雾干燥半干法脱硫技术，请认真学习第二部分，完成这两种脱硫技术工艺流程的比选。

一、脱硫技术的比选

同一种大气污染物有众多处理方法，针对二氧化硫的烟气脱硫（FGD）技术也不少。按脱硫剂的种类划分，FGD 技术可分为以 $CaCO_3$（石灰石）为基础的钙法、以 MgO 为基础的镁法、以 Na_2SO_3 为基础的钠法、以 NH_3 为基础的氨法及以有机碱为基础的有机碱法这五种方法。世界上普遍使用的商业化技术是钙法，所占比例在 90％以上。按脱硫产物的用途，FGD 技术又可分为抛弃法和回收法两种。请认真学习任务知识，以小组为单位进行讨论，掌握烟气脱硫技术的比选方法。

按吸收剂及脱硫产物在脱硫过程中的干湿状态，FGD 技术可分为湿法、干法和半干法。

① 湿法 FGD 技术是用含吸收剂的溶液或浆液在湿状态下脱硫和处理脱硫产物，该法具有脱硫反应速率快、设备简单、脱硫效率高等优点，但普遍存在腐蚀严重、运行维护费用高及易造成二次污染等问题。

② 干法 FGD 技术的脱硫吸收和产物处理均在干燥状态下进行，该法具有无污水废酸排出、设备腐蚀程度较轻、烟气在净化过程中无明显降温、净化后烟温高、利于烟囱排气扩散、二次污染少等优点，但存在脱硫效率低、反应速率较慢、设备庞大等问题。

③ 半干法 FGD 技术是指脱硫剂在干燥状态下脱硫、在湿状态下再生（如水洗活性炭再生流程），或者在湿状态下脱硫、在干燥状态下处理脱硫产物（如喷雾干燥法）的烟气脱硫技术。特别是在湿状态下脱硫、在干燥状态下处理脱硫产物的半干法，既有湿法脱硫反应速率快、脱硫效率高的优点，又有干法无污水废酸排出、脱硫后产物易于处理的优势，受到人们广泛的关注。

据有关资料显示，目前燃煤电厂中大容量机组广泛应用的主流工艺有：石灰石/石灰-石膏湿法脱硫工艺（WFGD）、喷雾干燥脱硫工艺（LSD）、炉内喷钙后增湿活化脱硫工艺（LIFAC），循环流化床烟气脱硫工艺（CFB-FGD）和海水脱硫工艺。这五种烟气脱硫工艺技术指标见表 4-4。对于常用的石灰石-石膏法、喷雾干燥法和循环流化床法，我们也可以通过表 4-5 来了解其各自的优缺点和适用工况，方便大家进行进一步选择。

表 4-4 我国火电厂主要采用的 5 种烟气脱硫工艺技术指标

序号	指标名称	石灰石/石灰-石膏湿法脱硫工艺(WFGD)	喷雾干燥脱硫工艺(LSD)	炉内喷钙后增湿活化脱硫工艺(LIFAC)	循环流化床烟气脱硫工艺(CFB-FGD)	海水脱硫工艺
1	适用的煤种含硫率/%	>1.5	1~3	<2	不限	<2
2	n(钙硫比,Ca/S)	1.1~1.2	1.5~2.0	<2.5	约1.2	—
3	脱硫效率/%	90~97	80~90	70~85	80~95	<90
4	相对工程投资[①]/%	15~20	10~15	4~7	5~7	7~8
5	钙利用率/%	>90	50~55	35~40	>70	—
6	运行费用	高	中	较低	较低	较低
7	设备占地面积	大	较大	小	小	大
8	灰渣状态	湿	干	干	干	—
9	工艺成熟度	成熟	较成熟	成熟	较成熟	国内已工业示范
10	适用规模与范围	大型电厂高硫机组	燃用中、低硫煤的中小型机组改造	燃用中、低硫煤的中小型机组改造	中小型机组改造及新建	燃用中、低硫煤机组

① 工程投资占电厂总投资的比例。

表 4-5 三种常用的脱硫技术分析表

序号	技术	优势	劣势	适用工况
1	石灰石-石膏法	技术成熟;脱硫效率高(90%~98%);脱硫剂来源广泛且价格低廉。副产物脱硫石膏可作为水泥添加剂或建材	工艺比较复杂;占地面积较大;脱硫剂来源不稳定;设备腐蚀问题严重,容易堵塞和结垢,后期运行维护工作量及资金投入较大,且其副产物脱硫石膏的出路也有待拓宽	能广泛应用于各种规模的多种行业,尤其适合于脱硫要求严格的大规模企业,但该技术的运行及后期维护的资金投入相对较大,最终的外排烟气视觉感官较差,不太适合建在厂区周围居民较多的近郊地区
2	喷雾干燥法	工艺流程简单;水耗、电耗低;系统阻力低;半干法的防腐性能也优于传统湿法,后期维护费用较低,比较适合小规模企业,例如小规模的烧结机和球团设备的脱硫	脱硫效率低于湿法脱硫技术;脱硫副产物成分较为复杂,不好利用;脱硫后的烟气通常还需经过除尘设备(普遍采用布袋除尘器)处理才能排放,因此会导致基建成本增加	适用于脱硫效率要求不是特别高,且计划投资不多,后期运行维护投入也较少的烧结机烟气脱硫,但企业需对副产品有合理的处置出路
3	循环流化床法	工艺较湿法简单;脱硫剂石灰的反应停留时间较长,对烟气负荷的波动适应性较强;运行费用相对较低;设备的后期维护工作简单,且装置折旧较慢	我国高品位的石灰较为缺乏,因此,吸收剂可能存在品位低、质量不稳定的情况;钙硫比较湿法高,脱硫剂利用率较低;与旋转喷雾干燥法相同,该法的脱硫塔后需要增设高效除尘设备,如布袋除尘器;脱硫副产物目前仍无合适的处置途径	适合烟气量不大、计划投入资金较少、石灰来源广且品质较好的小规模烧结机或球团的烟气脱硫

师徒对话

徒弟：师傅，脱硫技术那么多，具体对一家企业来说，脱硫技术怎么去选择呢？

师傅：总的来说，在脱硫技术的选择上，要综合考虑排放标准、技术政策、总量控制、排污收费、可靠性和循环经济等各方面的要求，如在沿海海域扩散条件良好的地区应优先发展海水法脱硫技术。

二、工艺流程的比选

1. 石灰/石灰石-石膏法烟气脱硫技术

此技术最早是由英国皇家化学工业公司提出的，其基本原理是用石灰或石灰石浆液与烟气中的 SO_2 发生反应生成硫酸钙，副产品石膏可抛弃也可回收利用。

（1）脱硫反应机理

 想一想

大家还记得在初中和高中化学课上学到哪些酸碱中和反应和氧化反应么？说说看吧。

简单来讲，此脱硫反应机理就是我们初中和高中学过的酸碱中和反应和氧化反应，即用碱性的石灰石或石灰浆液吸收烟气中的酸性组分 SO_2，生成亚硫酸钙，然后再被氧化为硫酸钙。所以，此脱硫过程可分为吸收和氧化两个过程。

① 吸收过程在吸收塔内进行，主要反应如下：

石灰浆液作吸收剂：
$$Ca(OH)_2 + SO_2 \longrightarrow CaSO_3 + H_2O \tag{4-1}$$

石灰石浆液吸收剂：
$$CaCO_3 + SO_2 + \frac{1}{2}H_2O \longrightarrow CaSO_3 \cdot \frac{1}{2}H_2O + CO_2 \tag{4-2}$$

$$CaSO_3 \cdot \frac{1}{2}H_2O + SO_2 + \frac{1}{2}H_2O \longrightarrow Ca(HSO_3)_2 \tag{4-3}$$

由于烟道气中含有氧，还会发生如下副反应：

$$2CaSO_3 \cdot \frac{1}{2}H_2O + O_2 + 3H_2O \longrightarrow 2CaSO_4 \cdot 2H_2O \tag{4-4}$$

② 氧化过程在氧化塔内进行，主要反应如下：

$$2CaSO_3 \cdot \frac{1}{2}H_2O + O_2 + 3H_2O \longrightarrow 2CaSO_4 \cdot 2H_2O \tag{4-5}$$

$$2Ca(HSO_3)_2 + O_2 + 2H_2O \longrightarrow 2CaSO_4 \cdot 2H_2O + 2SO_2 \tag{4-6}$$

 知识链接

听石灰石小老弟讲解湿法脱硫原理

你想知道上述的脱硫反应是如何在系统里发生的吗？立即扫码，听石灰石小弟给你讲解湿法脱硫原理。

4-1 听石灰石小老弟讲解湿法脱硫原理

（2）脱硫系统的工艺及设备

石灰石（石灰）-石膏湿法脱硫工艺流程如图 4-5 所示，主要设备是吸收塔，将含 SO_2

的锅炉烟气通过增压风机、换热器冷却后进入吸收塔的底部，石灰石块经过球磨成粉制备成浆液由浆液泵提升到吸收塔的上部进入，通过吸收塔内"气往上、液往下"的气液充分接触去除烟气中的 SO_2，吸收塔底部石膏浆液由浆液泵排出后经过进一步脱水最终形成固态湿石膏的脱硫产物。

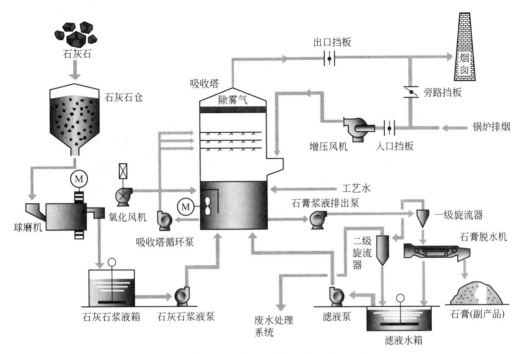

图 4-5　石灰石（石灰）-石膏湿法脱硫工艺流程

可看出，与前边所学的除尘系统相比，石灰石（石灰）-石膏湿法脱硫工艺流程相对复杂，整个工艺系统主要由几个分系统组成：烟气系统、吸收氧化系统、浆液制备系统、石膏脱水系统、各类水排放系统、控制系统等。

① 烟气系统　烟气系统为脱硫提供烟气的进出通道，兼有降低进入吸收塔的烟气温度和升高吸收塔出口烟气温度的作用。经过脱硝、除尘后的原烟气先经增压风机加压后进入换热器进行降温，然后再进入吸收塔进行脱硫净化，净化后的烟气再经换热器升温，最后通过烟囱排放至大气。

烟气系统包括烟道、烟气挡板、增压风机和烟气换热器等。烟气挡板是脱硫装置进入和退出运行的重要设备，安装在 FGD 系统的进出口，它由双层烟气挡板组成，当关闭主烟道时，双层烟气挡板之间连接密封空气，以保证 FGD 系统内的防腐衬胶等不受破坏。

② 吸收氧化系统　吸收系统的主要设备是吸收塔（图 4-6），它是 FGD 设备的核心装置，系统在塔中完成对 SO_2、SO_3 等有害气体的吸收。常用的湿法脱硫吸收塔有填料塔、湍球塔、喷射鼓泡塔、喷淋塔等，其中喷淋塔因具有脱硫效率高、阻力小、适应性强等优点而被广泛应用，是石灰石/石膏湿法烟气脱硫工艺中的主导塔型。

图 4-6　吸收塔外观

喷淋层设在吸收塔的中上部，吸收塔浆液循环泵对应各自的喷淋层。每个喷淋层都由一系列喷嘴组成（图 4-7），其作用是将循环浆液进行细化喷雾。一个喷淋层包括母管和支管，母管的侧向支管成对排列，喷嘴就布置在其中。喷嘴的这种布置安排可使吸收塔断面上实现均匀的喷淋效果。吸收塔循环泵将塔底的浆液循环打入喷淋层，为防止塔内沉淀物吸入泵体造成泵的堵塞或损坏及喷嘴的堵塞，循环泵前都装有网格状不锈钢滤网（塔内）。

氧化空气系统是吸收系统内的一个重要部分，其功能是保证吸收塔反应池内生成石膏。氧化空气注入不充分将会引起石膏结晶的不完善，还可能导致吸收塔内壁的结垢，因此，对该部分的优化设置对提高系统的脱硫效率和石膏的品质显得尤为重要。吸收系统还包括喷淋层及其冲洗设备，吸收塔内最上面的喷淋层上部设有二级除雾器（图4-8），它主要用于分离由烟气携带的液滴，采用阻燃聚丙烯材料制成。

图4-7　喷淋层的喷嘴

图4-8　除雾器

 知识链接

浅谈吸收塔

吸收塔是湿法脱硫最重要的设备，通过视频回顾认识一下脱硫的吸收塔的相关知识。

4-2　浅谈
吸收塔

③ 浆液制备系统　浆液制备系统的作用是向吸收系统提供合格的石灰石浆液。一般地，脱硫所需的石灰石细料先由封罐车卸入石灰石筒仓（仓顶一般装有布袋除尘器），再通过筒仓底部的振动给料机将石灰石送上皮带运输机，经称重皮带运输机称重后，将其送入湿式球磨机（图4-9）磨制成石灰石浆液，流入石灰石浆液箱（图4-10）（有的企业会在球磨机后浆液箱前设旋流器对石灰石浆液进行分选，旋流器上层稀的浆液流入浆液箱，下层粗的、较稠的浆液送回球磨机重新磨制）。

图4-9　球磨机

图4-10　石灰石浆液箱

想一想

通过学习已经知道球磨机是浆液制备系统中重要的设备之一，但是球磨机是怎样将石灰石块变成石灰石粉的吗？老师将十几个小钢珠连同几块饼干放在一个较大容积的饮料瓶中，盖上盖子后通过手腕运动使饮料瓶快速旋转，大概一分钟后，观察瓶内饼干的情况。

④ 石膏脱水系统　石膏脱水系统的作用是将吸收塔底部抽出的石膏浆液脱水成固态的湿石膏。吸收塔的石膏浆液主要由石膏晶体二水硫酸钙组成，通过石膏排出泵送入水力旋流站（即液力旋流器）进行一级脱水，浓缩后的40％～50％的石膏浆液再进入真空皮带脱水机进行二级脱水处理，脱水至含水率小于10％的湿石膏后输送到石膏仓（图4-11）储存待运，可供综合利用。

图4-11　石膏仓的石膏

石膏脱水系统中，水力旋流器（图4-12）和真空皮带脱水机（图4-13）是关键设备。水力旋流器是石膏浆液的一级脱水设备，石膏浆液沿水力旋流器的入口切线方向进入，在旋流器内部做离心环形运动，使浆液中的粗大颗粒富集在水力旋流器的周边，而细小颗粒则富集在中心。已澄清的液体从上部区域溢出（溢流），而增稠浆液则在底部流出（底流）。

图4-12　水力旋流器

图4-13　真空皮带脱水机

想一想

水力旋流器的工作原理与我们前边学习的哪种除尘器的原理非常类似呢？

⑤ 工艺水、工业水和废水排放系统　工艺水主要为循环水，为脱硫系统提供各生产设备正常工作所需水量。工业水主要为补充水，为脱硫系统的湿式球磨机和真空皮带机提供正常的所需水量，其水质优于工艺水，其目的是冲洗石膏成品，以期获得低氯离子的产品。废水主要由石膏脱水系统产生，pH值范围为4～6，含有悬浮物及汞、铜、铅、镍、锌等金属污染物，需要处理后才能排放。

⑥ 控制系统　FGD系统一般采用集中控制的方式，所需运行操作人员较少，系统正常

运行及启停过程主要由操作人员在中控室通过 CRT 显示器、键盘和鼠标对系统进行监视和控制操作完成。除操作台的旁路挡板门等个别紧急操作按钮外，控制室一般不设其他常规仪控表盘。

数据采集系统具备工艺流程（图 4-14）状态显示、操作过程（图 4-15）显示、实时数据显示、趋势显示、报警、历史数据存储检索、定期报表、计算等功能。系统主要的闭环调节回路包括增压风机入口压力控制、石灰石浆液浓度控制、脱硫塔 pH 及 FGD 出口 SO_2 浓度控制、吸收塔液位控制、石膏浆排出量控制等。

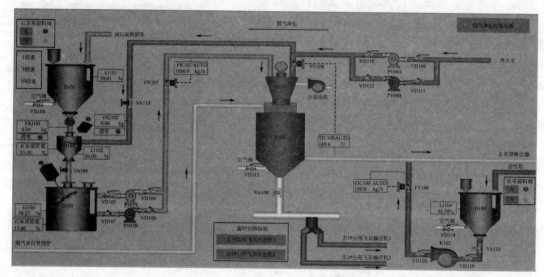

图 4-14　FGD 中控工艺流程示意图

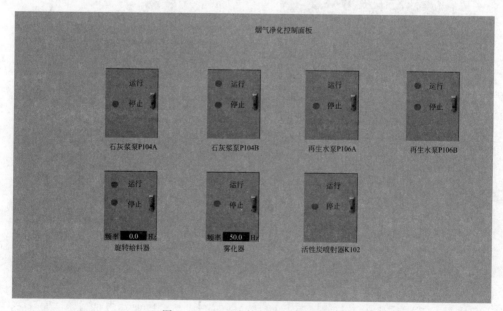

图 4-15　FGD 中控部分操作过程图

2. 喷雾干燥烟气脱硫技术

石灰石-石膏湿法脱硫是目前世界上技术最为成熟、效率最高和应用最多的脱硫工艺，可满足大容量机组和高脱硫率的要求，但整个工艺过程为湿态，吸收剂制浆设备易结垢、堵塞，脱硫塔易磨损和易腐蚀，检修维护困难，存在长期运行稳定性差、占地面积大的问题。另外，湿法工艺无法有效脱除 SO_3，使得抗腐蚀问题更加严峻；SO_3 以气溶胶的形式存在，与含细微颗粒的浆液绕过喷淋层，排到大气中形成"蓝烟"和"石膏雨"，带来一系列环境问题。所以根据实际情况，有些电厂在扩建时，开始尝试半干法技术这种简洁、低投资、高性能的脱硫系统来代替湿法脱硫，例如采用半干法＋静电除尘器和用于循环流化床锅炉的半干法脱硫系统，克服湿法脱硫的一些缺点，在实际使用中取得了较好的脱硫效果。目前旋转喷雾干燥法脱硫技术使用较为广泛，故下面针对旋转喷雾干燥法脱硫技术进行详细介绍。

属于半干法工艺的旋转喷雾干燥法于 20 世纪 70 年代由美国 JOY 公司和丹麦 NIRO 公司合作开发，以生石灰为脱硫吸收剂，以喷雾干燥塔为核心设备，同时实现反应吸收硫和脱硫产物的干燥两方面的作用，具有技术成熟、流程简单、系统可靠性高等特点，脱硫率可达到 85％以上，当时成功应用于美国海滨电厂的锅炉烟气脱硫，目前此技术已在 50 多个国家的多个行业得到广泛应用。目前我国沈阳黎明发动机制造公司、四川白马电厂、山东黄岛电厂都采用该种方法。

（1）脱硫反应机理

作为吸收剂的生石灰（主要成分是 CaO）经熟化变成熟石灰［主要成分为 $Ca(OH)_2$］后制备成浆液，熟石灰经吸收塔顶部的高速旋转雾化器喷射成细小均匀的雾滴（雾滴直径通常小于 $100\mu m$），具有很大比表面积、常温的雾滴在吸收塔内与自下而上的高温烟气充分接触，在气、液、固三相之间发生复杂的强烈的化学反应和传热作用，在雾滴中水分蒸发的同时，烟气中的 SO_2 被吸收并与雾滴中的 $Ca(OH)_2$ 颗粒发生反应，最后得到干燥的脱硫反应产物 $CaSO_4$、$CaSO_3$，这些脱硫反应产物及未被利用的吸收剂以干燥的颗粒物形式随烟气带出吸收塔，进入除尘器，被收集下来。

$Ca(OH)_2$ 吸收 SO_2 的主反应为：

$$Ca(OH)_2(s)+SO_2(g)+H_2O(l)\!=\!\!=\!CaSO_3 \cdot 2H_2O(s) \tag{4-7}$$

$$CaSO_3 \cdot 2H_2O(s)+0.5O_2(g)\!=\!\!=\!CaSO_4 \cdot 2H_2O(s) \tag{4-8}$$

（2）脱硫系统的工艺及设备

旋转喷雾干燥法烟气脱硫工艺流程见图 4-16，整个工艺流程包括：①吸收剂制备；②吸收剂浆液雾化；③雾滴与烟气的接触混合；④液滴蒸发与 SO_2 吸收；⑤废渣排出；⑥灰渣再循环。其中②~④在喷雾干燥吸收塔内进行。

吸收剂溶液或浆液的现场制备。吸收剂的选择取决于当地是否能够容易得到及价格因素。目前，石灰是常见的吸收剂，活化氧化钙含量为 80％~90％是最好的，已用于喷雾干燥法脱硫的石灰达一百多种，因石灰石比石灰便宜，一些企业也有用石灰石作吸收剂的。另外，苏打粉和烧碱也在一些企业用作吸收剂，如啤酒工业，其废水含有氢氧化钠或苏打灰，这种废水可用作烟气脱硫的反应剂。当苏打灰用作吸收剂时，产生一种由苏打灰和亚硫酸钠组成的脱硫产物，这种混合物可以直接用于纸浆和造纸工业中。

含 SO_2 烟气进入喷雾干燥器后，立即与雾化的浆液混合，气相中 SO_2 迅速溶解，并与吸收剂发生化学反应。同时，烟气预热使液相水分蒸发，并将水分蒸发后的残留固体颗粒干燥。喷雾干燥室为烟气与雾滴提供足够的接触时间，以便得到最大的 SO_2 去除率，并且充分干燥由吸收液雾滴形成的固体颗粒。大部分石灰系统的烟气脱硫时间为 10~12s。在大多数制浆系统中还包括灰渣再循环，再循环又包括灰渣的处理、再制浆与新石

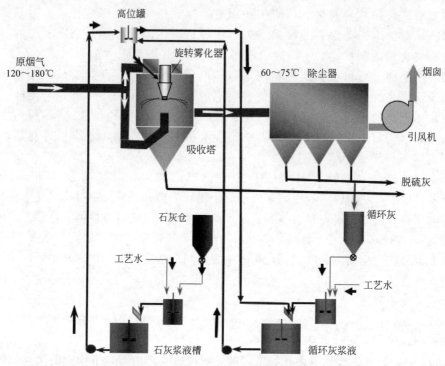

图 4-16　旋转喷雾干燥法烟气脱硫工艺流程

灰的混合。

　　旋转喷雾干燥法的关键设备是吸收塔。吸收塔内除了顶部安装雾化器（图 4-17、图 4-18）外，还装有烟气分配器（图 4-19、图 4-20），可使烟气沿圆周分布均匀并降低压力损失。吸收塔筒体下部柱体一般设计成 60°锥体容器以便为烟气提供大约 10～12s 的滞留时间，以保证液滴在进入除尘器前有足够的反应时间和干燥时间。吸收塔的结构尺寸由许多因素来决定，如雾化器类型、雾化器出口液滴速度、烟气量、SO_2 浓度、烟气滞留时间、吸收剂特性等。另外，要求吸收塔有较好的密封保温性能。

图 4-17　雾化器整体结构图

图 4-18　雾化器转轮

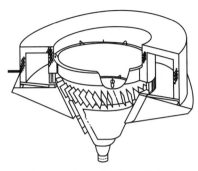

图 4-19　烟气分配器结构简图

图 4-20　烟气分配器实物图

3. 循环流化床烟气脱硫技术

（1）脱硫反应机理

循环流化床烟气脱硫的主要化学反应如下：

$$CaO+SO_2+2H_2O \longrightarrow CaSO_3 \cdot 2H_2O \tag{4-9}$$

$$CaSO_3 \cdot 2H_2O+\frac{1}{2}O_2 \longrightarrow CaSO_4 \cdot 2H_2O(石膏) \tag{4-10}$$

同时也可脱除烟气中的 HCl 和 HF 等酸性气体，反应为：

$$CaO+2HCl \longrightarrow CaCl_2+H_2O \tag{4-11}$$

$$CaO+2HF \longrightarrow CaF_2+H_2O \tag{4-12}$$

（2）脱硫系统的工艺及设备

循环流化床烟气脱硫（CFB-FGD）技术是 20 世纪 80 年代后期由德国 Lurgi 公司首先研究开发的。整个循环流化床脱硫系统由石灰制备系统、脱硫反应系统和收尘引风系统三个部分组成，其工艺流程见图 4-21。

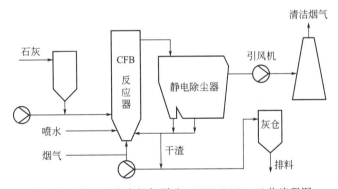

图 4-21　循环流化床烟气脱硫（CFB-FGD）工艺流程图

循环流化床烟气脱硫的主要优点是脱硫剂反应停留时间长及对锅炉负荷变化的适应性强。由于床料有 98% 参与循环，新鲜石灰在反应器内停留时间累计可达到 30min 以上，提高了石灰利用率，可满足锅炉负荷在 30%～100% 范围内的变化。但目前循环流化床烟气脱硫系统只在较小规模电厂锅炉上得到应用，尚缺乏大型化的应用业绩。

 知识链接

海水脱硫

天然海水中含有大量的可溶性盐类，其主要成分是氯化钠和硫酸盐，此外，还有相

当数量的 OH^-、CO_3^{2-}、HCO_3^- 等呈碱性的酸盐类，它们使海水具有很强的酸碱缓冲及吸收能力。海水烟气脱硫技术就是利用天然海水的这种特性，脱除烟气中 SO_2。海水烟气脱硫技术作为一项成熟可靠的技术，在国际上已有近 40 年的成功应用业绩，挪威、印度、西班牙、塞浦路斯、印度尼西亚、委内瑞拉和瑞典等国家均有工业装置投入运行。我国 20 世纪 90 年代末，福建后石电厂 600MW 机组、深圳妈湾电厂 300MW 机组引进海水烟气脱硫技术并投入运行，鉴于其系统简单、维护方便、不需添加脱硫剂等优点而越来越受到滨海电厂的青睐。目前，我国已有十多个电厂海水脱硫装置投入运行或在建。海水烟气脱硫技术适宜于我国东、南部沿海排放海域扩散条件良好的地区，且适用于使用含硫量小于 1% 煤种的以及 300MW 以上新建燃煤发电锅炉。此外，海水脱硫后排放海水的水质指标，应满足《海水水质标准》（GB 3097—1997）的要求。

 任务小结

通过任务的学习，相信大家已经掌握了烟气脱硫设计方案中脱硫技术和工艺路线的比选，简单来说，必须遵循"不求技术最先进，只求技术最合适"的思路，不仅要考虑初建投资，也要考虑运行管理及维护费用，即在结合企业实际情况和国情的基础上，做到合法性、先进性、可靠性、环保和安全性，找到"性价比"最高的脱硫技术和工艺路线。

 任务实践评价

工作任务	考核内容	考核要点
脱硫方法及工艺流程的比选	基础知识	常用烟气脱硫技术基础知识
		常用烟气脱硫技术应用情况
	能力训练	提高知识的归纳和分析能力
		提高对比思维能力
		增强语言表达能力
		提升团队协作能力

任务四 吸收剂的选择及设计计算

✦❄ **情景导入** ❄✦

吸收剂是指在脱硫工艺中用于脱除二氧化硫等有害物质的反应剂。吸收剂性能的优劣直接影响到脱硫效果及系统的运行。假设该厂所在地区不易得到生石灰，且厂内无磨机设备，初定采用石灰石/石灰-石膏湿法脱硫工艺，那么选择何种吸收剂及吸收剂制备方案呢？

一、吸收剂的选择原则

选择合适的脱硫吸收剂，首先要遵循一般吸收剂的选择原则：

① 吸收能力高。要求对 SO_2 具有较高的吸收能力，以提高吸收速率，减少吸收剂的用量，减少设备体积和降低能耗。

② 选择性好。要求对 SO_2 吸收具有良好的选择性能，对其他组分不吸收或吸收能力很低，确保对 SO_2 具有较高的吸收能力。

③ 挥发性低，无毒，不易燃烧，化学稳定性好，凝固点低，不发泡，易再生，黏度小，比热容小。

④ 不腐蚀或腐蚀性小，以减少设备投资及维护费用。

⑤ 来源丰富，容易得到，价格便宜。

⑥ 便于处理及操作时不易产生二次污染。

二、吸收剂的选择

表 4-6 是我国火电厂常见烟气脱硫工艺中用到的吸收剂。从表中可以看出，石灰石和生石灰应用最广泛。

表 4-6 我国火电厂常见烟气脱硫工艺中用到的吸收剂

序号	吸收剂的种类	石灰石/石灰-石膏湿法脱硫工艺（WFGD）	喷雾干燥脱硫工艺（LSD）	炉内喷钙后增湿活化脱硫工艺（LIFAC）	循环流化床烟气脱硫工艺（CFB-FGD）	海水脱硫
1	石灰石	√		√		—
2	生石灰	√			√	—
3	熟石灰		√			—

三、吸收剂用量的计算

假设该电厂采用石灰石湿法进行烟气脱硫，通过比选最终选择了石灰石作吸收剂，要求脱硫效率为 90%，电厂燃煤含硫为 3.6%，含灰为 7.7%。试计算：

① 如果按化学剂量比反应，脱除每千克 SO_2 需要多少千克的 $CaCO_3$；

② 如果实际应用时 $CaCO_3$ 过量 30%，每燃烧一吨煤需要消耗多少 $CaCO_3$。

 任务小结

石灰石和生石灰是我国火电厂常见烟气湿法脱硫工艺中用到的吸收剂。吸收剂的性能从根本上决定了二氧化硫吸收操作的效率，故吸收剂不仅要对二氧化硫具有较高的吸收能力，还应该对 SO_2 吸收具有良好的选择性能，另外挥发性低、腐蚀性低、无毒、化学稳定性好、来源丰富、容易得到、价格便宜等性质也要考虑在内。

 任务实践评价

工作任务	考核内容	考核要点
1. 吸收剂的选择 2. 吸收剂用量计算	基础知识	常用烟气脱硫技术的吸收剂
		吸收剂发生的化学反应方程式及物化特性
		吸收剂的选择原则

续表

工作任务	考核内容	考核要点
吸收剂的选择及 设计计算	能力训练	增强知识的归纳和分析能力
		增强对比思维能力的训练
		提高计算能力
		提高语言表达能力

任务五　吸收塔的选择

情景导入

国家关于烟气脱硫的相关规范中要求：300MW 及以上机组宜一炉（锅炉）配一塔（吸收塔），200MW 及以下机组宜两炉配一塔。吸收塔无疑是湿法脱硫系统中最重要的设备，如何根据实际工程情况选择合适的吸收塔呢，请学习以下任务知识，进行吸收塔的选择。

一、吸收塔的选择原则

以石灰石-石膏湿法烟气脱硫技术为例，目前此技术吸收塔的类型较多，其结构各具特点，但无论采用哪种类型的吸收塔，都应具有气液接触面积大、湍流程度高、压力损失小、结构简单易操作、维修方便且造价低廉等特点。

经过几十年的发展、完善，目前运行业绩较多的吸收塔类型主要有喷淋塔（根据内部结构不同可分为喷淋空塔、托盘塔、旋汇耦合塔、浆液分层脉冲悬浮塔、文丘里栅棒塔等）、填料塔、液注塔、鼓泡塔和双回路循环塔等。喷淋塔因具有脱硫效率高、阻力小、适应性强等优点而被广泛应用，是石灰石-石膏湿法烟气脱硫的主导塔型。表 4-7 和表 4-8 给出了国外各种吸收塔和常用塔的性能比较。

表 4-7　石灰/石灰石法各种洗涤器的比较

形式	SO₂/% 入口	SO₂/% 出口	吸收率/%	烟气量/[kg/(m²·h)]	液体量/[kg/(m²·h)]	液气比/(L/m)	传质单元数 NOG	总传质系数/{kg·a/[kg²·mol/(m·h·Pa)]}	阻力/Pa	备注
栅条填充塔	0.128~0.144	0.01~0.04	70~92	5000~10500	4800~13600	0.5~1.5	1.2~2.4	2.96×10^{-4}~1.09×10^{-3}	<250	十字栅格 10%CaCO₃
	0.08	0.006	93	11000	32000	3.2	2.4	2.36×10^{-4}	745	(12×18)m，高 30m，英国班克赛德电站
文氏管洗涤器	0.13~0.14	0.02~0.008	36~86	60① m/s	—	0.4~2.1	0.5~2.0	4.93×10^{-3}~2.17×10^{-2}	3240~6080	10%CaCO₃ 料浆
喷雾塔	0.3	0.03	90	1460	7600	5.5	2.3	1.09×10^{-4}	—	直径 6.4m，高 11m，喷嘴 139 个，6%Ca(OH)₂ 料浆

续表

形式	SO₂/%		吸收率/%	烟气量/[kg/(m²·h)]	液体量/[kg/(m²·h)]	液气比/(L/m)	传质单元数 NOG	总传质系数/{kg·a/[kg²·mol/(m·h·Pa)]}	阻力/Pa	备注
	入口	出口								
MCF②洗涤器	0.13~0.14	0.01~0.05	80~92	15000~23000	5000~10000	0.3~0.6	—	$4.24 \times 10^{-3} \sim 6.42 \times 10^{-3}$	1470~1960	10%CaCO₃料浆

① 文氏管洗涤器的 60m/s，系指喉颈处气速。

②MCF 洗涤器为三菱错流式洗涤器的简称。

表 4-8　板式塔和填料塔的性能比较

项目	板式塔	填料塔
压力降	压力降一般比填料塔大	压力降小,适用于压力降小的场合
空塔气速(生产能力)	空塔气速很大	空塔气速低,但新型填料塔空塔气速较大
塔效率	效率较稳定,大塔板效率比小塔的有所提高	塔径 1.5m 以下并适用小填料时效率高,塔高较低;塔径增大,效率下降,所需填料高度急增,但新型规整填料例外
液气比	适应范围较大	对液体喷淋量有一定要求
持液量	较大	较小
材质要求	塔板一般用金属材质制作	内部结构简单,可用非金属耐腐蚀材料
安装维修	较容易	较困难
造价	直径大时一般比填料塔造价低	塔径 800mm 以下,一般比板式塔便宜,直径增大,造价显著增加
重量	较轻	重

二、吸收塔的选择

随着近年来吸收塔的发展，这里对喷淋空塔、托盘塔、旋汇耦合塔和填料塔做简单介绍。

1. 喷淋空塔

喷淋塔一般为空塔。烟气自下而上运动，吸收剂浆液则由塔顶的喷嘴呈喇叭状垂直向下喷洒或与水平面呈一定角度向下喷洒。吸收塔内浆液喷嘴分层布置，喷淋方向可以是自上而下的直喷式或斜喷，也可以采取自下而上的喷淋或组合式喷淋，如图 4-22 喷淋（喷雾）吸收塔示意图和图 4-23 喷淋（喷雾）吸收塔喷淋层现场图所示。

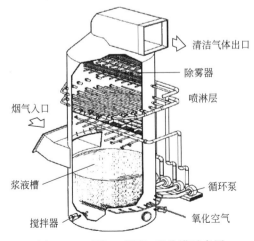

图 4-22　喷淋（喷雾）吸收塔示意图

图 4-23　喷淋（喷雾）吸收塔喷淋层现场图

喷淋塔中的烟气和吸收剂浆液两相接触面积与喷淋密度成正比，选择合适的喷淋密度，可使气液充分接触，完成 SO_2 吸收过程。喷淋塔的优点是结构简单，造价较低，压降小，烟气流速较大，吸收效率较高；缺点是烟气分布不均匀，液气比（L/G）较大。

目前，大容量烟气脱硫吸收塔的发展方向是喷淋空塔，为了克服传统塔型的缺点，在以下几个方面在不断地改进和完善：

① 在喷嘴材料的选择、喷嘴形式和布置方式上的变化；

② 在烟气入口装设导流设施和塔内设置烟气均布设施等，使烟气分布均匀；

③ 吸收塔下反应池采用空气搅拌方式或用循环搅拌泵代替搅拌器；

④ 在塔体上部装设竖向隔板，延长烟气在吸收塔内停留时间，以利水分去除等。

这些改进使喷淋空塔技术日臻完善，增强了竞争力，增强了适应大容量（最大达到1300MW）烟气脱硫要求的能力，成为脱硫吸收塔的主要塔型。

2. 托盘塔

此技术来源于美国的巴威公司，此塔是在喷淋空塔的基础上，设置一层塔板，塔板位于吸收塔浆液喷嘴下部，塔板上按照一定的开孔率布满小孔，吸收剂浆液在塔板上形成一定厚度的液层，因此称塔板为多孔托盘。烟气从吸收塔底部进入，气液两相逆向通过托盘上的小孔，烟气在托盘上被分散成小股气流（托盘实际上是布风装置），均匀分布到整个吸收塔截面上，气流在液层中鼓泡，流体剧烈湍动，形成气液接触界面，液体则直接由小孔下落，在此过程中完成 SO_2 的吸收过程。托盘上的液层高度靠烟气托住。图 4-24 为托盘吸收塔示意图，图 4-25 为托盘实物图。

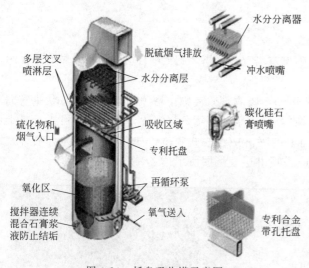

图 4-24 托盘吸收塔示意图

图 4-25 托盘实物图

吸收塔内设置托盘，其效果相当于增加了一层喷淋层，提高喷淋密度。托盘塔的特点是液气比较低，吸收塔的脱硫效率高，操作性能好，结构比较复杂，处理能力大，吸收塔内表面及托盘无结垢、堵塞问题，托盘可同时用作维修喷嘴的平台。缺点是阻力较大，抗腐蚀、磨蚀的要求较高。

3. 旋汇耦合塔

国电清新的"单塔一体化脱硫除尘深度净化技术（SPC-3D）"是近期推出的实现脱硫除尘超净排放的专利技术，SPC 超净脱硫除尘一体化技术由旋汇耦合脱硫技术、高效喷淋技术和管束式除尘装置三部分组成，即旋汇耦合脱硫技术（图4-26、图4-27）。

图4-26 旋汇耦合塔

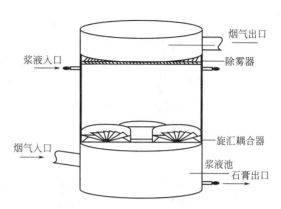

图4-27 旋汇耦合塔内部结构示意图

从引风机引来的烟气进入吸收塔后，首先进入旋汇耦合区，通过旋流和汇流的耦合，在湍流空间内造成一个旋转、翻覆、湍流度很大的有效气液传质体系。在完成第一阶段脱硫的同时，烟气温度迅速下降；在旋汇耦合装置和喷淋层之间，烟气的均气效果明显增强；烟气在旋汇耦合反应中，由于形成的亚硫酸钙在不饱和状态下汇入浆液，避免了旋汇耦合装置内结垢。第二阶段进入吸收区，经过旋汇耦合区一级脱硫的烟气继续上升进入二级脱硫区，来自吸收塔上部两层喷淋联管的雾化浆液在塔中均匀喷淋，与均匀上升的烟气继续反应。净化烟气经除雾后排放。该技术脱硫效率达到95%以上。由于旋汇耦合装置的作用，进入吸收塔的烟气迅速降温，有效实现了在取消烟气再热器情况下对塔防腐层的保护；均气效果的增强也提高了吸收区脱硫效果。

4. 填料塔

填料塔以填料作为气、液接触和传质的基本构件，液体在填料表面呈膜状自上而下流动，气体呈连续相自下而上与液体逆向流动，并进行气、液两相间的传质和传热。两相的组分浓度和温度沿塔高连续变化。图4-28是填料塔的结构示意图。

填料塔由于易结垢堵塞，清理困难，填料损耗大，压损大，维修替换困难，目前该塔型已经被逐渐淘汰。鼓泡塔由于

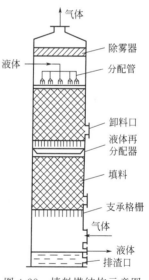

图4-28 填料塔结构示意图

阻力较大，增压风机压力和功率过于庞大，塔内结构复杂，塔内组件易结垢，结垢后清理困难，近年来的应用也受到一定的局限。

填料的正确选择对塔的经济效果有很大影响。在选择填料时，一般要求：比表面积及空隙率要大，填料的润湿性要好，气体通过能力大、阻力小，液体滞留量小，单位体积填料的重量轻，造价低，并有足够的机械强度。目前填料按材质可分为陶瓷、金属及塑料，按堆放形式分为散堆填料和规整填料，如图4-29所示。规整填料与散堆填料相比，具有传质效率高、压降低、处理量大、持液量小、操作弹性大等一系列优点，同时使大塔径的填料塔工业化成为可能。

塑料材质

金属材质

陶瓷材质

(a) 散装填料

丝网波纹填料

网孔波纹填料

孔板波纹填料

(b) 规整填料

图 4-29　常见填料类型

 任务小结

　　在目前电厂烟气石灰石-石膏脱硫技术中，吸收塔是脱硫技术的关键设备，吸收塔设计的好坏直接影响到脱硫效率的高低和浆液循环量的大小，直接影响到循环泵电耗的高低。对于大容量、高效率的脱硫装置来说，要求吸收塔技术成熟、造价低、运行可靠、脱硫效率高、能耗小、操作简单、维修方便等，喷淋塔、液柱塔、双回路循环塔等能够很好地适应这些要求，且国际上此类吸收塔的运行业绩也较多，完全能够适应大容量、高效率机组烟气脱硫的各项要求。

 任务实践评价

工作任务	考核内容	考核要点
吸收塔的选择	基础知识	常用烟气脱硫吸收塔的类型
		常用烟气脱硫吸收塔的结构和原理
		常用烟气脱硫吸收塔的应用情况
	能力训练	增强知识的归纳和分析能力
		锻炼对比思维能力
		增强计算能力
		提高语言表达能力

任务六　编制烟气脱硫运行维护手册

 情景导入

《中国安全生产法》中明确了生产经营单位从业人员超过一百人的,应当设置安全生产管理机构或者配备专职安全生产管理人员。在中大型企业中,通常把负责企业安全、健康、环保的人员归入一个部门,称之为"安环部"。安环部主要由安环部长、安全专员、消防专员、环保专员、现场管理专员、安全工程师、安环内业管理人员等组成,因企业规模及岗位不同,人员配备数量也不同。假设你是某企业安环部中的一员,请编制本企业石灰石-石膏法烟气脱硫运行维护手册。

知识链接

南方某电厂废气脱硫工艺系统现场介绍

现在大家对湿法烟气脱硫了解多少呢?扫二维码,观看"南方某电厂废气脱硫工艺系统现场介绍"视频,复习一下所学知识,再继续本任务的学习。

4-3　南方某电厂废气脱硫工艺系统现场介绍

一、脱硫系统的运行

在脱硫装置总体安装完毕后,还应对整个FGD系统进行全面的检查和调整,从以下几点做好准备工作:

① 烟气系统的检查　如烟道、电气设备、热控仪器、烟气通道挡板、增压风机及换热器的检查,烟道的疏水阀及其疏水管冲洗阀和增压风机本体的排放阀呈关闭状。

② 吸收塔系统的检查　如各类仪表和测量装置(压力表、压差计、液位计、流量计等)的检查,各种阀(手动阀、调节阀、电动阀)的检查,供浆液系统和工艺水系统的检查,现场清洁等。

③ 转动机械类的检查　确保泵和风机等润滑油系统正常,事故按钮位置正常,电动机和电气系统正常等。

脱硫系统的启停是由运行人员在中控室内操作FGD控制系统进行控制的。脱硫系统启动的大致顺序如下:

① 换热器启动;

② 原烟气挡板门关闭;

③ 吸收塔排空门关闭;

④ 净烟气挡板门打开;

⑤ 增压风机子组启动;

⑥ 手动缓慢关闭旁路挡板门,同时开增压风机动叶;

⑦ 增压风机的入口压力设置为自动;

⑧ 换热器防泄漏风机子组启动。

脱硫系统停止的大致顺序如下:

① 增压风机动叶开度设置为手动，入口压力设置为手动；

② 打开烟气旁路挡板；

③ 手动缓慢关闭增压风机动叶，使开度为最小；

④ 增压风机子组停止；

⑤ 换热器防泄漏风机子组关闭；

⑥ 原烟气挡板门关闭；

⑦ 吸收塔排空门打开；

⑧ 净烟气挡板门关闭；

⑨ 增压风机停止 2h 后，手动停止换热器子组。

为确保 FGD 系统正常运行，运行人员应该按照表 4-9 来控制 FGD 系统的主要参数。

表 4-9　FGD 系统的主要参数控制情况表

主要控制参数	优化值	主要控制参数	优化值
脱硫效率	≥95%	液气比	10~18
吸收剂利用率	≥95%	石膏	表面水质量分数≤10%
烟囱入口烟气温度	≥80℃		$CaCO_3$ 残留质量分数≤3%
浆液 pH 值	5~5.5		亚硫酸盐质量分数≤0.4%
浆液密度	1050~1150kg/m³		石膏中 Cl^- 含量低于 100mg/L(干膏)

在运行过程中，还需要注意以下几个问题：

(1) 吸收塔反应闭塞问题

吸收塔反应闭塞是指在石灰石-石膏脱硫系统中，由于石灰石的溶解受到阻碍使得反应不能继续进行，脱硫效率降低的现象。吸收塔反应闭塞一般是由氟化铝或亚硫酸盐引起的。

氟化铝引起的反应闭塞问题是因飞灰、石灰石粉及工艺水中的氟和铝含量较高，它们在吸收塔浆池内形成稳定的氟化铝化合物，这种化合物呈黏性的絮凝状态，会封闭石灰石颗粒的表面，阻止石灰石颗粒的溶解，此时加入石灰石，吸收剂浆液的 pH 值不会升高，反而可能会下降，脱硫效率大大降低。

亚硫酸盐引起的反应闭塞现象是因为 pH 值会影响石灰石、$CaSO_4 \cdot 2H_2O$ 和 $CaSO_3 \cdot (1/2) H_2O$ 的溶解度，随着 pH 值的升高，$CaSO_3$ 溶解度明显下降。故随着 SO_2 的吸收，溶液的 pH 值降低，溶液中的 $CaSO_3$ 增加，并在石灰石颗粒表面形成一层液膜，液膜内部的 $CaCO_3$ 溶解导致 pH 值上升，pH 值上升使得 $CaSO_3$ 溶解度降低，从而使 $CaSO_3$ 析出并沉积在石灰石颗粒表面，形成一层外壳，使粒子表面钝化，阻碍 $CaCO_3$ 的继续溶解，抑制吸收反应的进行。

若实际运行中出现了反应闭塞现象，如何解决呢？首先要停止向吸收塔供浆，尽可能降低吸收塔内的 pH 值，使吸收塔内过剩的石灰石消耗殆尽，并不断向外排放石膏，降低系统内的杂质含量；接着，恢复石灰石供浆，观察脱硫效率变化情况，如果系统未恢复正常则需重复第一步。当由氟化铝引起的闭塞相当严重时，需置换部分吸收塔浆液，减少系统内的杂质含量，使脱硫系统正常运行。

(2) 石膏脱水困难问题

国家标准要求脱硫石膏的含水率要低于 10%，而实际处理时石膏含水率易高于 10% (12% 以上)，达不到国家标准要求。造成石膏脱水困难的原因有：

① 原烟气中的飞灰含量过高，在真空皮带机上脱水时，比结晶石膏的粒径小得多的细颗粒粉煤灰会通过石膏颗粒之间的间隙到达滤布表面，把滤布的细孔堵死，使得皮带上的真空度不能提高，影响脱水效率。

② 吸收塔反应池的体积过小，使得石膏的结晶时间太短，不能形成较大直径的石膏晶

体，导致脱水非常困难。

解决办法有：

① 降低入口烟气的粉尘浓度；

② 加大废水排放量，由于旋流器顶流排出的废水中细颗粒含量比例高，因此加大废水排放量可以减小浆液中细颗粒的比例；

③ 在脱水皮带的顶部加蒸汽罩，用热蒸汽来吹干石膏，使石膏的含水率从 12% 降低到 10% 以下。

（3）结垢和堵塞问题

在湿法烟气脱硫系统中有三种结垢形式：

① 灰垢　灰垢现象在吸收塔入口干湿交界处非常明显。

② 石膏垢　当吸收塔的石膏浆液中的硫酸钙过饱和度大于或等于 1.4 时，溶液中的硫酸钙就会在吸收塔内各组件表面析出结晶形成石膏垢。吸收塔壁面、循环泵入口及石膏泵入口滤网的两侧一般为石膏垢。

③ CSS 垢　当浆液中亚硫酸钙浓度偏高时会与硫酸钙同时析出结晶，形成这两种物质的混合结晶，即 CSS（calcium sulfate and sulfite）垢。CSS 垢在吸收塔内各组件表面逐渐长大形成片状的垢层，其生长速度低于石膏垢。当充分氧化时，这种垢就较少发生。在吸收塔底尽管均匀分布着四台搅拌器，但是仍会存在"死区"，沉积在此处的石膏便堆积在此处，可高达 0.5m，有的硬如石块。

解决办法可从 FGD 系统的设计和运行两方面来考虑：

① 科学设计参数，从原理上防止结垢。另外，设计清除结垢的装置（如在吸收塔入口烟道增加冲洗水喷嘴，定期冲洗积尘），选择合适的材料等。

② 运行时，可提高除尘效率和设备可靠性，使 FGD 入口烟尘在设计范围内；选择合适的运行 pH，尤其避免 pH 的急剧变化；保证吸收塔浆液的充分氧化；可向吸收剂中加入添加剂（如镁离子、己二酸、乙二胺四乙酸等），己二酸可起到缓冲 pH 的作用，抑制二氧化硫的溶解，加速液相传质，提高石灰石的利用率，而镁离子的加入生成了溶解度大的碳酸镁，增加了亚硫酸根离子的活度，降低了钙离子的浓度，使系统在未饱和状态下运行，以防止结垢。另外，运行时定期检查，停运时要将接触浆液的管道及时冲洗干净。

在 FGD 系统中，泵、阀门及大、小接头处易造成堵塞，所以要防止吸收塔内、喷嘴处、除雾器及浆液配管内结垢，在设计时要充分考虑水洗、调节 pH 及脱硫设备停运时进行搅拌等处理方法防止堵塞。

（4）腐蚀问题（图 4-30、图 4-31）

图 4-30　脱硫风机腐蚀

图 4-31　脱硫塔人孔腐蚀

设备腐蚀的原因十分复杂，主要有以下几个方面：

① 烟气中部分二氧化硫被氧化成三氧化硫，三氧化硫与水蒸气作用形成硫酸雾，硫酸雾沉积在管壁上而造成腐蚀；

② 浆液中的中间产物亚硫酸和稀硫酸处于其活化腐蚀温度状态，渗透能力强，腐蚀速率快，对脱硫塔主体和浆液管道等产生腐蚀作用；

③ 烟气和工艺水中含有氯离子，氯离子会在浆液中累积，然后破坏金属表面钝化膜，造成麻点腐蚀，使腐蚀速率大增；

④ 温度越高，腐蚀越严重。

腐蚀问题可以通过以下方法加以解决：

① 采用内衬防腐技术，如玻璃鳞片树脂内衬技术和橡胶衬里技术（图 4-32、图 4-33）；

图 4-32 吸收塔玻璃鳞片树脂内衬

图 4-33 脱硫衬胶钢管

② 易腐蚀设备可采用防腐蚀非金属材料制作，如玻璃纤维增强塑料、花岗岩；

③ 易腐蚀设备可采用防腐蚀合金材料制作，如镍基合金，但由于镍基合金防腐材料造价高昂，目前难以大量推广。

（5）磨损问题

含有烟尘的烟气高速穿过设备及管道，在吸收塔内和吸收液湍流搅动接触，造成设备磨损。

解决磨损的主要方法有：

① 采用更合理的工艺过程设计，如烟气进入吸收塔前进行高效除尘，以减少高速流动烟尘对设备的磨损；

② 采用耐磨材料制作吸收塔及其有关设备；

③ 设备内壁内衬或涂覆耐磨损材料。

二、脱硫系统的维护

脱硫装置随着使用年限的增加，维护工作也越来越重要。脱硫系统的维护主要包含以下几个方面：

（1）加强系统运行控制

系统运行过程中若出现石膏脱水困难、吸收塔液位波动大或脱硫效率低等问题，一般可通过在运行中加强监视并及时调整系统主要运行参数来解决。

（2）加大化学监测力度

目前仍有部分电厂对脱硫装置中介质成分及性质的化学监测与分析重视不够，无专门专用实验室及化学分析仪器。若对表计的校验、维护、检修等不及时，大多数运行中的脱硫装置热工仪表的故障率就会升高，仪表显示数据与装置实际数据偏差较大，等发现问题时，系统的安全可靠运行已经受到影响。为此，必须配备专用实验室和相关化学分析仪器，在日常运行中加大脱硫装置中各介质的化学监测力度，与相关仪表进行比较，以判断仪表数据是否准确和仪表的工作状态是否正常，若仪表存在问题，应及时检修处理，避免影响系统运行。加大化学监测力度，定期对石膏浆液、石灰石浆液、石灰石品质、石膏品质等进行分析，及时向运行人员反馈分析结果，供运行调整参考。

（3）坚持日常运行维护

在运行过程中，对系统进行日常的检查与维护必不可少，这样才能及时消除设备的安全隐患，确保设备处于健康状态，以保证装置的安全稳定运行。在正常运行过程中，运行人员需严格巡查运行规程中所要求的各系统及设备的监测项目；对系统中重要的运行介质如石灰石、石膏浆液、石膏、烟气、工艺水等进行化学采样分析，为运行调节提供依据。

（4）提高运行人员水平

运行人员作为脱硫装置最基层、最前沿的一线工作人员，其知识水平、业务能力、工作经验以及责任心将直接影响装置的安全稳定运行。

喷雾干燥烟气脱硫系统的运行控制中，要注意以下几点：

① 运行中应根据进口烟气中和烟囱排放的 SO_2 浓度、干燥吸收器进出口的烟温来自动调节脱硫浆液的用量。

② 运行中，必须综合考虑脱硫效率和脱硫剂利用率。

③ 在运行中要监控一些重要参数（如钙硫比、烟气在脱硫塔中的停留时间、吸收塔烟气出口温度）的变化。

喷雾干燥烟气脱硫系统的维护与湿法脱硫系统的维护大致相同，在此不再赘述。总之，喷雾干燥法脱硫系统相对简单，投资较低且运行费用也不高，运行相当可靠，不会产生结垢和堵塞问题，脱硫产物为固态故易于处理，吸收器的出口烟气温度易控制，对设备的腐蚀性也不高，比较适用于中小型电厂，但此工艺副产品利用价值不高，吸收塔塔体直径大，受场地限制，运行中主要存在吸收塔内固体沉积、喷雾器磨损和堵塞等问题。喷雾干燥烟气脱硫技术若与活性炭喷射、布袋除尘器联用，还可去除垃圾焚烧烟气中含有的对环境有害的酸性气体颗粒物、重金属及二噁英等污染物（例如深圳南山垃圾焚烧电厂就是采用此技术与活性炭喷射、布袋除尘器联用去除烟气中二氧化硫、汞蒸气及二噁英等多种污染物）。

师徒对话

徒弟：师傅，除了刚才讲到的运行中要注意的事项，还有什么要提醒的吗？

师傅：有啊，例如要保障供应煤的含硫量长期稳定。由于目前我国电煤供需矛盾突出，电煤质量下降严重，一些电厂实际燃用煤种已与原设计煤种有较大差异，原煤中硫含量明显增加，有的煤中硫分达到原设计值的 3 倍以上，硫分的增加导致进入吸收塔的二氧化硫质量浓度增加，在液气比不变的情况下，系统脱硫效率下降。同时浆液池中的吸收反应和氧化结晶的时间、空间不足，浆液 pH 值下降，给设备的安全性带来影响。浆液中亚硫酸钙质量浓度增高，影响石膏脱硫系统的正常运行。当硫分增加到一定数值后，超过了吸收系统参数设计的裕度范围，整个吸收反应系统的动态平衡被打破，脱硫系统将无法维持运行。

任务小结

　　烟气脱硫运行维护手册一般来说是为了加强电厂脱硫装置的标准化管理，保证脱硫装置的正常安全运行，使脱硫装置的运行维护操作程序化、规范化。一般来说，手册中应该包括系统的具体情况，还应包含运行控制参数、运行和维护中需要特别注意的问题等。操作人员通过学习手册，可以了解整个装置的运行、系统连接以及设备的基本结构特点，这样才可能在系统发生故障时迅速正确地采取措施。

任务实践评价

工作任务	考核内容	考核要点
编制烟气脱硫运行维护手册	基础知识	常用烟气脱硫系统
		常用烟气脱硫工艺流程及设备
		烟气脱硫运行维护要点
	能力训练	实操能力
		仪器设备维护保养能力
		故障分析与处理能力
		台账记录与分析能力
		责任(安全)意识
		发现并解决问题的能力

技能实训　碱液吸收二氧化硫

　　本实训采用填料吸收塔，用水或 NaOH 溶液吸收 SO_2。通过实训让学生了解用吸收法净化废气中 SO_2 的效果，会通过改变气流速度来观察填料塔内气液接触状况和泛液现象，并会测定填料吸收塔的吸收效率。

一、实训原理

　　含 SO_2 的气体可采用吸收法净化，由于 SO_2 在水中的溶解度不高，常采用化学吸收方法。SO_2 的吸收剂种类较多，可采用 NaOH 溶液或 Na_2CO_3 溶液作为吸收剂，吸收过程发生的主要化学反应为：

$$2NaOH + SO_2 \longrightarrow Na_2SO_3 + H_2O$$
$$Na_2CO_3 + SO_2 \longrightarrow Na_2SO_3 + CO_2$$
$$Na_2SO_3 + SO_2 + H_2O \longrightarrow 2NaHSO_3$$

　　通过测定填料吸收塔进出口气体中 SO_2 的含量，即可近似计算出吸收塔的平均净化效率，进而了解吸收效果。通过测定填料塔进出口气体的全压，即可计算出填料塔的压降。通

过对比清水吸收 SO_2 和碱液吸收 SO_2，可测出体积吸收系数并认识到物理吸收和化学吸收的差异。

二、实训装置、仪器

1. 装置与流程

SO_2 碱液吸收实训系统如图 4-34 所示。

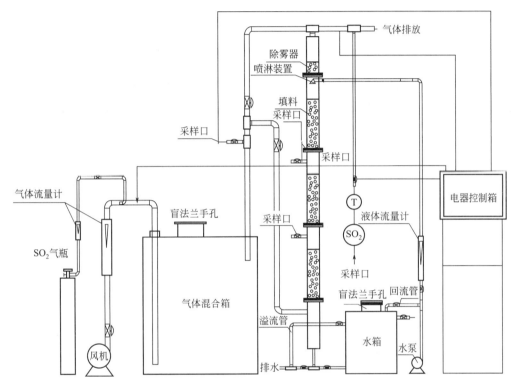

图 4-34　SO_2 碱液吸收实训系统示意图

SO_2 碱液吸收实训的相关说明如下：

① 涡轮气泵，提供实训系统载气源。

② 气体流量计，计量载气流量。

③ SO_2 气体钢瓶 1 套，与玻璃转子流量计配合用于配制所需浓度的入口 SO_2 气体。

④ SO_2 进气三通接口，SO_2 气体向载气的注入口。

⑤ 气体混合缓冲柜，在此 SO_2 与载气充分混合，使得输出气体中 SO_2 浓度相对恒定。

⑥ 混合气体主流量计，计量进入吸收塔的气体量。

⑦ 混合气体主流量计上方设有入口气体采样测定孔，测定孔上方管路不远处有一个三通管件，三通再向上的管路为旁路管，用于实验开始阶段调节实验工况（如调节入口气体浓度、流量等），向下的管段为吸收塔进气管，进气与旁路通过阀门切换。

⑧ 填料吸收塔，有机玻璃制三段填料吸收塔，每段配有气体采样口，配吸收液喷淋装置，最上部为除雾层。

⑨ 吸收塔顶部排气管，该管设有一带阀门的出口气体采样管口。

⑩ 吸收液循环槽系统，包括：储液水箱；进水管及进水阀；溢流口、放空口加上管道

和阀门组成的排液系统；不锈钢水泵（通过控制箱面板按钮控制运行）、控制阀、流量计组成的循环液系统。该系统用来准备吸收液，储存、循环吸收液。

⑪ 电气控制箱，用于系统的运行控制。

2. 仪器

此实训涉及的仪器如下：

① 有机玻璃填料塔 1 套（$D=100mm$，$H=2000mm$）、进出口风管 1 套；

② 采样口 2 组；

③ 测压环 2 组；

④ 涡轮气泵 1 台（压力 0.016MPa，气量 $100m^3/h$）；

⑤ 带气体 SO_2 钢瓶 1 套；

⑥ 喷淋系统 1 套；

⑦ 加液泵 1 台；

⑧ 气体流量计 2 只；

⑨ 液体流量计 1 只；

⑩ 电控箱 1 只；

⑪ 电压表 1 只（220V）；

⑫ 漏电保护开关 1 套；

⑬ 按钮开关 2 只；

⑭ 电源线；

⑮ PVC 制作液体缓冲箱 1 个；

⑯ PVC 制作气体缓冲箱 1 个；

⑰ 排气管道到室外 1 副；

⑱ 连接管道；

⑲ 阀门；

⑳ 不锈钢支架 1 套等。

三、实训方法和步骤

① 首先检查设备系统和全部电气连接线有无异常（如管道、设备有无破损等），一切正常后开始操作。

② 打开电控箱总开关，合上触电保护开关。

③ 当储液水箱内无吸收液时，打开吸收塔下方储液水箱进水开关，确保关闭储液水箱底部的排水阀（在图 4-33 中吸收塔排液管底部三通的右侧）并打开排水阀上方的溢流阀（如有的话）。如需要采用碱液吸收，则先从加料口加入一定量吸收剂的浓溶液或固体，然后通过进水阀进水稀释至适当浓度。当储水装置水量达到总容积的约 3/4 时，启动循环水泵。通过开启回水阀门可将储液水箱内溶液混合均匀；通过开启上方连接流量计阀门可形成喷淋水循环，使喷淋器正常运作，通过阀门调节可控制循环液流量。待溢流口开始溢流时，关闭储液水箱进水开关。

④ 通过阀门切换，使气体通道处于旁路状态，然后通过控制面板按钮启动主风机，调节管道阀门至所需的风量（由于旁路系统阻力较小，故可将此时的风量调节至稍大于预计的风量）。

⑤ 将 SO_2 测定仪密闭连接到气体入口采样管口，采样阀处于开通状态。

⑥ 在风机运行的情况下，首先确保 SO_2 钢瓶减压阀处于关闭状态，然后小心拧开 SO_2 钢瓶主阀门，再慢慢开启减压阀，通过观察转子流量计刻度读数和入口处 SO_2 测定仪所指示的 SO_2 浓度，调节阀门至所需的入口浓度（稍小于实训设定的入口浓度）。

⑦ 调节循环液至所需流量，通过气体管线阀门切换，关闭旁路，打开吸收塔入口管道，开始实训。入口和出口气体中的 SO_2 浓度可通过采样口测定或进行样品采集。通过 U 形压力计连接吸收塔出入口采样口可读出各工况下吸收设备的压降（**注意**：在不更新吸收液的情况下，吸收效率可能随实验时间的增加而下降）。

⑧ 可通过循环回路所设阀门调节循环液流量，进行不同液气比条件下的吸收试验。也可通过调节吸收液的组分和浓度进行实训。

⑨ 吸收实训操作结束后，先关闭 SO$_2$ 气瓶主阀，待压力表指数回零后关闭减压阀，然后依次关闭主风机、循环泵的电源。在较长时间不用的情况下，打开储液水箱和填料塔底部的排水阀排空储液水箱和填料塔。

⑩ 关闭控制箱主电源。

⑪ 检查设备状况，没有问题后离开。

四、注意事项

① 填料塔吸收循环液中不宜含有固体（不能采用钙盐吸收剂），较长时间不用时需用清水洗涤；

② 操作中控制一定的液气比及气流速度，及时检查设备运转情况，防止液泛、雾沫夹带现象发生。

 技能实践小结

通过本实训，学生更加深刻地认识了吸收法脱硫的原理，进一步掌握了填料塔的结构组成、塔内气液接触状况及脱硫效率的相关计算。

 技能实践评价

工作任务	考核内容	考核要点
碱液吸收二氧化硫实训	基础知识	吸收法脱硫的原理
		气液接触的状况
		填料塔的结构和组成认知
		脱硫效率的计算
	能力训练	计算能力
		理论应用于实践的能力
		观察能力
		团队协作
		发现问题和解决问题的能力
		人际沟通能力和语言表达能力

应用案例拓展一　火电行业脱硫

针对火电厂大气污染物排放造成的污染，2014 年国家出台了《煤电节能减排升级与改造行动计划》（2014—2020 年），提出将推出更严格的能效环保标准，加快燃煤发电升级与改造。东部地区新建燃煤发电机组大气污染物排放基本达到燃气轮机组排放限值，中部地区新建机组原则上接近或达到燃气轮机组排放限值，鼓励西部地区新建机组接近或达到燃气轮机组排放限值，即在基准氧含量 6% 条件下，烟尘、SO$_2$、氮氧化物排放浓度分别不高于 5mg/m³、35mg/m³、50mg/m³ 或 10mg/m³、35mg/m³、50mg/m³。国家对燃

煤电厂烟气 SO_2 排放标准越来越高，对原有脱硫工艺进行提效改造，满足大气污染物排放标准已势在必行。下面给大家介绍一个电厂脱硫工程改造的实例。

1. 工程改造概况

陕西某电厂 $4 \times 300MW$ 机组脱硫，原有脱硫装置采用石灰石-石膏湿法脱硫工艺，一炉一塔，设计煤种硫分为 1.0%，入口 SO_2 质量浓度为 $2738mg/m^3$（标态，干基，6% O_2），设计脱硫效率 95%，出口 SO_2 质量浓度为 $150mg/m^3$（标态，干基，6% O_2）。

此次脱硫提效改造后 SO_2 排放质量浓度为 $35mg/m^3$，脱硫入口 SO_2 质量浓度按 $2738mg/m^3$（标态，干基，6% O_2）设计，脱硫装置所需脱硫效率为 98.73%，同时吸收塔改造要求脱硫装置出口烟气雾滴质量浓度 $\leqslant 50mg/m^3$。

2. 电厂 $4 \times 300MW$ 机组原有脱硫系统总体设计

电厂原有脱硫工艺采用湿式石灰石-石膏法烟气脱硫工艺，4 台机组烟气脱硫采用 1 炉 1 塔方案，锅炉来的原烟气经引风机升压后，进入吸收塔进行脱硫，脱硫后的烟气经塔顶除雾器除雾，再经湿式电除尘器除尘除雾后，净烟气经烟道进入烟囱，排入大气。烟气脱硫吸收塔采用喷淋空塔，浆液池布置在吸收塔底部，由氧化喷枪对浆液进行强制氧化，通过搅拌器搅拌分散氧化空气。塔体上部设置 3 层喷淋层，从锅炉来的原烟气在吸收塔内进行脱硫反应，脱硫效率不低于 95%。石灰石制浆系统、石膏脱水系统、脱硫废水处理系统为本工程 4 台炉脱硫系统共用。石灰石制浆系统采用石灰石粉，加水直接制成质量分数为 25% 的石灰石浆液。石膏脱水系统采用石膏旋流站一级脱水，真空皮带脱水机二级脱水，脱水后石膏重力落至石膏库房内堆存并外运出厂的方案。废水处理系统采用中和、絮凝、沉淀、脱水的处理方案。

3. 电厂 $4 \times 300MW$ 机组脱硫增效改造方案

经过对原有设计数据的核算后，本次改造主要对吸收塔系统进行优化设计，其他公用系统均利旧。主要采用增加喷淋层、增效环、塔内筛孔托盘、三级高效屋脊式除雾器和扩大吸收塔浆池的改造方案。

（1）增加循环泵及喷淋层

在脱硫系统工艺参数中，液气比对脱硫效率的高低有重要影响，循环浆液量的多少决定了洗涤烟气的体积大小。在其他参数恒定的条件下，增加吸收塔内喷淋量相当于提高了液气比，从而增大了气液传质表面积，提高了脱硫效率。原脱硫系统吸收塔体设置 3 台浆液循环泵，上部设置 3 层喷淋层，采用单元制形式，喷淋层间距 1.7m，液气比为 15L/m³。此次改造保持原有喷淋系统不变，在吸收塔原有最上层喷淋层上方 2m 高度处加装一层喷淋层，相应增加一台浆液循环泵，流量选择 6690m³/h（与原有一致），液气比提高为 20L/m³，增加了气液接触时间，提高了 SO_2 吸收效率。

（2）采用 SIC 空心锥双向喷嘴

在 FGD 系统中，吸收塔喷淋喷嘴将循环吸收浆液雾化成细小的液滴，以提高气液之间的传质面积。喷嘴的选型、材料对浆液雾化效果有很大的影响，喷嘴喷出的液滴直径越小，雾滴与粉尘接触的可能性越大，除尘效率越高。该电厂在大修时，检修人员对原有喷淋层喷嘴进行检查，发现原有喷淋层喷嘴被固体颗粒物堵塞严重，此次改造对原有喷淋层喷嘴全部更换，采用 SIC 空心锥双向喷嘴。此喷嘴自由通径较大，雾滴直径小，有利于提高除尘效率。如果采用双头喷嘴，同等能耗下，就能获得更小的雾滴直径。双头喷嘴是一个喷嘴有 2 个出口，2 个出口喷出来的喷雾方向是相反的，不仅可以提高单个喷嘴的雾化效果，而且可以明显获得密集的二次雾化效果，烟气均匀分布，获得最佳的脱硫吸收效率，从而实现提高脱硫效率的同时节省浆液循环量，减少喷淋层数量，节能降耗的目的。

（3）扩大吸收塔浆池容积

原有吸收塔直径为 12.5m，浆液高度为 11.5m，浆池容积为 1410m³，循环浆液停留时间为 4.2min。改造后增加了一台浆液循环泵，如果原浆池容积保持不变，循环浆液停留时间将降为 3.16min，浆液循环停留时间太短，对吸收剂的利用率、石膏纯度、石膏结晶的长大和脱水都有影响。石灰石基工艺的停留时间一般为 3.5~7min，较长的停留时间有利于在一个循环周期内，在反应罐中完成氧化、中和和沉淀析出反应，有利于 $CaCO_3$ 的溶解和提高石灰石的利用率。因此需要扩大吸收塔浆池容积，浆液高度增加到 15.5m，浆池容积增容为 1900m³，循环浆液停留时间仍保持为 4.2min。

（4）喷淋层之间增加增效环

此次改造在原吸收塔顶部 3 层喷淋层之间增加 2 层液体再分布装置，采用 2205 双相不锈钢材质。吸收塔喷淋浆液壁流现象会减少气液接触的有效传质面积，液气交接面处的传质效率也很低。液体再分布装置是把塔壁上的液膜收集起来重新破碎成液滴，分配到烟气中：一方面靠近塔壁的喷嘴也可布置得离塔壁远些，既可减少贴面壁流动浆液，又可减轻对塔壁防腐层的冲刷；另一方面可使贴壁流动的浆液发挥余热，克服壁流现象造成脱硫效率降低的负面影响。

（5）增加筛孔托盘

托盘是一种两相逆流筛孔板，在筛孔板上表面设有单元隔离板，将上表面隔离成一个个单元，烟气在托盘上表面形成泡沫层，同时浆液也从中落下。气流和液流之间有规律地脉动，气流和液流间歇通过小孔。托盘上的隔离板是为了防止脉动过大造成气流流通量不均匀。特别当脱硫直径增大后，若无隔离板，即会出现有些孔只通气，不落液的现象，而有些刚好相反，这势必将严重影响气液间传质，降低脱硫效率。

筛孔托盘具有以下功能：

① 提高脱硫效率　一方面，托盘上的液膜增加了烟气在吸收塔中的停留时间，气液得到充分接触，从而提高脱硫效率，有效降低液气比，降低循环浆液泵的流量和功耗。另一方面，石灰石的溶解速率与浆液内水合氢离子的浓度 $[H^+]$ 成正比，而托盘上浆液的 pH 值比反应池浆液的 pH 值低，这可以大大加速石灰石的溶解，从而提高脱硫效率。例如：如果反应池内的 pH 值为 5.2，那么托盘上浆液的 pH 值将约为 4.0，pH 值为 4.0 条件下石灰石的溶解速率是 pH 值为 5.2 条件下的 28 倍以上。

② 提高除尘效率　托盘通过液膜捕捉对大于 $2\mu m$ 的粉尘具有较高的捕集效率，对于细小粉尘也有一定的捕集效率，通过与下游高效除雾器的配合可显著提高脱硫系统除尘效率。

③ 均布流场效果　常规脱硫塔均采用单侧进气方式，通过托盘的强制均布气流，可有效改善塔内流场环境，提高脱硫系统的脱硫除尘效率。此次改造在脱硫塔入口与最底层喷淋层中间增加一层筛孔托盘，采用 2507 双相不锈钢材质，托盘支撑梁采用碳钢衬胶材质，托盘开孔率为 30%。脱硫塔增加托盘后，塔阻力将增加，托盘的压力损失与

烟气流量、液体流量及自身结构有关，一般为 400～800Pa。

（6）除雾器更换为 3 级高效除雾器

原脱硫塔除雾器采用 2 级普通屋脊式除雾器。本次改造为出口净烟气中液滴质量浓度低于 50mg/m³，将原有 2 级普通屋脊式除雾器更换为 3 级高效除雾器。此高效除雾器的优点：①尽可能地增加除雾器的实际流通面积，从而提高除雾器的整体效率，高效除雾器要求除雾器有效布置率达到 82%～88%；②将第 1 级屋脊除雾器设计为"人字形"结构，第 2、3 级屋脊除雾器设计为"菱形"结构，更能有效地去除雾滴，保证出口雾滴性能。为满足高效除雾器安装空间，此次改造将脱硫塔上部整体抬高 4m，因此相应对出口烟道也需进行改造。

4. 脱硫改造前后效果对比

此次脱硫改造前后效果数据对比参见表 4-10。

表 4-10　陕西某电厂 4×300MW 燃煤机组脱硫改造前后效果数据对比

项目	参数	单位	改造前	改造后
FGD 入口烟气数据	烟气量（标准状况，湿基，6%含氧量）	m³/h	12238855	
	FGD 工艺设计烟温	℃	145	
	烟气通流能力设计温度	℃	160	
	最高烟温	℃	160	
	故障烟温	℃	180	
FGD 入口处污染物浓度（6%O₂，标准状况，干基）	SO₂	mg/m³	2738	
	最大烟尘浓度	mg/m³	<70	
一般数据	化学量比（CaCO₃/去除的 SO₂）	mol/mol	1.03	1.02～1.03
	SO₂ 脱除率	%	>95	>98.73
	FGD 装置可用率	%	98	100
FGD 出口污染物浓度（6%O₂，标准状况，干基，设计煤种）	SOₓ（以 SO₂ 表示）	mg/m³	<150	<35
	烟尘	mg/m³	50	30
	除雾器出口液滴质量分数（标准状况，湿基，实际含 O₂ 量）	mg/m³	75	50

工程实践表明，通过对陕西某电厂 4×300MW 机组脱硫塔系统的整体改造，现脱硫装置运行可靠稳定，实际运行入口 SO₂ 质量浓度基本在 2000mg/m³（标准状况，干基，6% O₂）以内，脱硫装置出口机组 SO₂ 排放质量浓度在 35mg/m³（标准状况，干基，6% O₂）以内，满足现有排放标准要求；烟尘质量浓度控制在 30mg/m³（标准状况，干基，6% O₂），减轻了装置出口湿电除尘器处理量，为湿电除尘器能更好地降低烟尘浓度奠定了基础。

5. 结语

陕西某电厂 4×300MW 机组脱硫改造项目，充分利用厂区原有各种设施和便利条件，通过增加托盘、提高液气比、更换除雾器等脱硫提效技术改造后，在满负荷运行状态下，每台锅炉每年可削减 SO₂ 排放量 985t，每年可削减烟尘排放量 170t，有效地控制和减少了该电厂含硫废气对当地大气的污染排放量，有利于改善当地的大气环境，环境效益提升显著。

应用案例拓展二 钢铁生产行业脱硫

1. 工程概况

某公司 400m² 大型烧结机烟气干法脱硫工程的工艺流程见图 4-35，400m² 烧结机配套的 LJS 干法脱硫工艺装置采用旁布置方式，与烧结机主烟气系统相对独立。采用全烟气脱硫方式，即主轴风机与烟囱间设有两个旁路风挡，烧结烟气分别从 1# 主抽风机和 2# 主抽风机出口烟道引出汇合进入吸收塔，脱硫后烟气经脱硫布袋除尘器除尘净化，净化烟气经脱硫风机返回原烟囱排放。

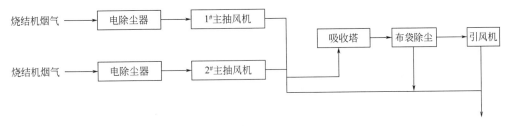

图 4-35 烧结机烟气干法脱硫工艺流程图

钢铁烧结机烟气中含有一定量的二噁英，国外一些钢铁烧结机烟气污染治理除了脱硫外，一般均加装了脱除二噁英的装置。该公司为了使 400m² 烧结机配套的干法烟气脱硫装置技术水平达到或超过国际先进水平，特别加装了脱除二噁英的装置，并预留了一定的脱 NO_x 能力。

2. 烧结机脱硫系统设计参数

烧结机脱硫系统设计参数见表 4-11。

表 4-11 烧结机脱硫系统设计参数

序号	参数名称	单位	数值
1	处理烟气量	m³/h(工况);m³/h(干标)	2400000;1330000
2	入口烟气温度	℃	平均120
3	入口烟气 SO_2 浓度	mg/m³(干标)	800~1200
4	入口烟气粉尘浓度	mg/m³(干标)	80
5	脱硫效率	%	保证≥90,设计≥95
6	出口烟气粉尘浓度	mg/m³(干标)	保证≤100,设计≤50
7	出口含尘浓度	mg/m³(干标)	≤20
8	吸收塔	LJS流化床塔	直径10.5m,高度58m
9	脱硫除尘器类型	低压回转脉冲布袋除尘器	
10	脱硫引风机	轴流风机	

3. 运行情况

该公司 400m² 烧结机干法脱硫项目，烟气出口 SO_2 浓度低于 100mg/m³（标准状况）[最低小于 20mg/m³（标准状况）]，系统脱硫效率在 95% 以上，最高可达到 99%，同时粉尘排放低于 20mg/m³（标准状况），各项性能均满足了设计要求。

项目思维导图

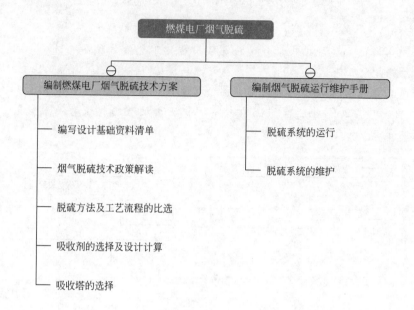

项目技能测试

一、单选题

1. 二氧化硫与二氧化碳作为大气污染物的共同之处在于（　　）。

A. 都是一次污染　　　　　　　　　　B. 都是产生酸雨的主要污染物

C. 都是无色、有毒的不可燃气体　　　D. 都是产生温室效应的气体

2. 产生酸雨的主要一次污染物是（　　）。

A. SO_2、碳氢化合物　B. NO_2、SO_2　　　C. SO_2、NO　　　　D. HNO_3、H_2SO_4

3. 位于酸雨控制区和二氧化硫污染控制区内的火力发电厂，应实行二氧化硫全厂排放总量与各烟囱（　　）双重控制。

A. 排放高度　　　　B. 排放总量　　　　C. 排放浓度　　　　D. 排放浓度和排放高度

4. 火力发电厂排出的烟气会对大气造成严重污染，其主要污染物是烟尘和（　　）。

A. 氮氧化物　　　　　　　　　　　　B. 二氧化碳

C. 二氧化硫和氮氧化物　　　　　　　D. 微量重金属微粒

5. 钙硫比是指注入吸收剂量与吸收二氧化硫量的（　　）。

A. 体积比　　　　B. 质量比　　　　C. 摩尔比　　　　D. 浓度比

6. 石灰石-石膏湿法脱硫工艺中，吸收剂的利用率较高，钙硫比通常在（　　）之间。

A. 1.02～1.05　　　B. 1.05～1.08　　　C. 1.08～1.1　　　D. 1.1～1.2

7. 按照烟气和循环浆液在吸收塔内的相对流向，可将吸收塔分为（　　）。

A. 填料塔和空塔　　B. 液柱塔和托盘塔　C. 顺流塔和逆流塔　D. 填料塔和托盘塔

8. 石灰石-石膏湿法中吸收剂的纯度是指吸收剂中（　　）的含量。

A. 氧化钙　　　　　B 氢氧化钙　　　　C. 碳酸钙　　　　D. 碳酸氢钙

9. 喷淋塔最上层一般设置的装置是（　　）。

A. 喷嘴　　　　　　　B. 除雾器　　　　　　C. 除尘器　　　　　　D. 再加热器

10. 对脱硫用吸收剂有两个衡量的主要指标，就是纯度和（　　　）。

A. 硬度　　　　　　　B. 密度　　　　　　　C. 溶解度　　　　　　D. 粒度

11. 石灰石-石膏脱硫技术中，采用石灰石块进厂方式：当厂内设置破碎装置时，宜采用不大于（　　　）mm 的石灰石块；当厂内不设置破碎装置时，宜采用不大于（　　　）mm 的石灰石块。

A. 100；20　　　　　B. 150；20　　　　　C. 150；50　　　　　D. 200；50

12. 高压控制柜内启动通风机的温度是（　　　）。

A. >20℃　　　　　　B. >25℃　　　　　　C. >30℃　　　　　　D. >40℃

13. 氧化槽鼓风氧化控制的 pH 值范围是（　　　）。

A. 1～2　　　　　　　B. 3～4　　　　　　　C. 5～6　　　　　　　D. 7～8

14. 在干燥的烟道中防腐一般采用（　　　）。

A. 喷涂涂层　　　　　B. 抹涂涂层　　　　　C. 双层衬里　　　　　D. 橡胶衬里

15. 火灾报警探测系统不包括（　　　）。

A. 探测器　　　　　　B. 照明灯　　　　　　C. 烟感电缆　　　　　D. 温感电缆

16. 对于电机等转动设备，最主要的检查项目是（　　　）。

A. 温度　　　　　　　B. 严密性　　　　　　C. 磨损　　　　　　　D. 泄漏

二、判断题

1. 石灰石-石膏湿法脱硫是燃烧后脱硫的主要方式之一。（　　　）

2. 根据脱硫产物有无用途，脱硫工艺可分为抛弃法和回收法。（　　　）

3. 石灰石粉的主要成分是氧化钙（CaO）。（　　　）

4. FGD 系统中除雾器的冲洗时间越长越好。（　　　）

5. 石灰石与 SO_2 的反应速率取决于石灰石粉的粒度和颗粒比表面积。（　　　）

6. 石灰的主要成分是 $Ca(OH)_2$，大自然中没有天然的石灰资源。（　　　）

7. 消石灰是石灰加水经过消化反应后的生成物，主要成分为 $Ca(OH)_2$。（　　　）

8. 湿法脱硫工艺的主要缺点是烟气温度低，不易扩散，不可避免地产生废水和腐蚀。（　　　）

9. 吸收塔内温度降低，有利于 SO_2 的吸收。（　　　）

10. 二氧化硫在线监测仪的探头必须定期进行吹扫。（　　　）

11. GGH 的主要作用是降低进入脱硫塔烟气的温度，改善脱硫效果。（　　　）

12. 脱硫废水处理系统处理的主要污染物是石膏脱水和各系统设备冲洗水中的氯离子。（　　　）

13. 湿法脱硫后的烟气需要外部加热升温后再排放。（　　　）

14. 石灰石-石膏法脱硫系统中的废水来源于皮带过滤机或水力旋流分离器的溢流水。（　　　）

15. 喷淋塔下部不需要设置专门的搅拌器。（　　　）

16. 亚硫酸钙在 650℃时容易分解，因此限制了 FGD 石膏的使用。（　　　）

17. 原烟气温度低于 180℃时旁路挡板门保护性打开。（　　　）

18. pH 和密度是监测吸收塔内浆液的主要指标。（　　　）

19. 风机停止 10min 以上才能停止润滑油油泵。（　　　）

三、以小组为单位课下讨论以下问题，课堂上进行陈述。

1. 钙硫比如何影响喷雾干燥法烟气脱硫效率？

2. 石灰/石灰石-石膏法烟气脱硫中如何提高石膏的品质？

3. 当地要新建一个电厂，请选择合适的脱硫技术工艺并说明理由。

4. 石灰石-石膏湿法在运行中可从哪些方面来防止结垢现象的发生？

四、请试着阐述石灰石-石膏法脱硫系统工艺流程图。

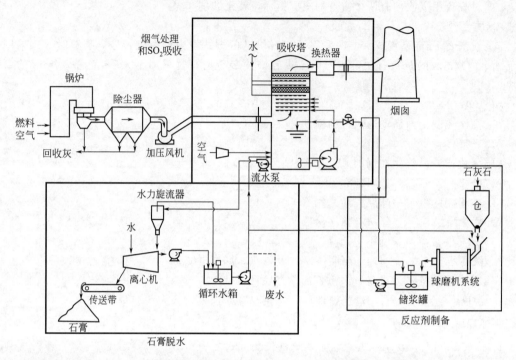

上图典型的石灰石湿法脱硫系统可能有六个子系统，脱硫吸收塔一般划分在（　　）中。

（A）烟气系统　　　（B）吸收/氧化系统　　　（C）公用系统　　　（D）吸收剂制备系统

项目五

燃煤电厂烟气脱硝

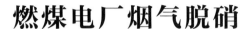

环保人&环保事

2016年政府工作报告中提到要"培育精益求精的工匠精神",这是"工匠精神"首次出现在政府工作报告中,让人耳目一新。何谓工匠精神? 简言之即工匠们对设计独具匠心、对质量精益求精、对技艺不断改进、为制作不遗余力的理想精神追求,其本质可以理解为一种人文素养或职业智慧,是指工匠在高超职业技能和良好人文修养结合下形成的一种精神理念,它既体现为工匠的气质,又体现为产品的品质,还包括工匠对职业的热爱与专注,认真的态度与革新的精神。

说到工匠精神,人们容易想到德国、日本等制造业大国。其实不然,工匠精神是中国人自古及今、绵延百代孜孜以求的。论技艺之精湛、品质之优良,我国古代的产品毫不逊色。如秦陵兵马俑,栩栩如生,其中的铜车铜马,设计极其精巧,工艺十分精细,可谓稀世珍品。长沙马王堆出土的素丝蝉衣,身长128cm,袖长190cm,质量却仅有49g,还不到一市两,可谓薄如蝉翼,轻若鸿毛,其中的一些衣服在地下埋藏了2000多年,出土时仍然色泽艳丽,完好如新。

我国要实现"中国梦"的伟大目标,在每个领域都应该充分挖掘这种传统工匠精神的价值内涵,重塑工匠精神。那如何培育我们环保专业大学生的工匠精神呢?

① 培养对环保职业的热爱与专注。"知之者不如好之者,好之者不如乐之者。"(《论语·雍也》),学习的最高境界自然是"乐之者",由学习而带来快乐和满足,产生幸福感,并进一步推动学习的深入,进入新的境界,不断有新的乐趣。环保专业大学生在日常学习和生活中要时刻关注国家环保动态,在学习中不断发掘自己的兴趣点,培养对环保事业的热爱和专注。

② 要有一丝不苟的态度和精益求精的精神。《诗经·卫风·淇奥》中写到:"如切如磋,如琢如磨。"这是以工人加工器物来比喻君子研究学问和陶冶品行的精益求精。作为环保专业大学生,不管是在课堂、实训室、工厂、竞赛场还是实习岗位上,都要积极培养自己一丝不苟、严肃认真的态度,精益求精的精神,中国的环保事业才能在面对种种挑战时稳步向前,开拓新的环保篇章。

③ 要有创新精神。目前我国环保领域的很多设备和仪器都是"外国制造",这就要求我们环保专业大学生不仅要夯实必要的理论和实践基础,更要有意地培养自己的创新精神,创造在中国环保领域中更多的"中国制造"。

工匠精神的含义很多,对于环保专业大学生,从某种层次上讲,真正的"工匠精神"应该是职业态度、专业精神和人文素养三者的统一。这就要求大学生在日常学习中，不仅要学好本专业的基础知识和基本技能，更要培养自己严谨、科学的工作态度，热爱环保的事业情怀，心怀天下的环保责任，实现从知识技能到素养、精神的高度融合。

项目导航

有效控制工业源氮氧化物的排放，就需要全面了解各国氮氧化物治理的相关情况，了解我国烟气脱硝的现状及发展趋势。针对烟气脱硝工程，如何根据工程的实际情况进行严谨科学的系统分析，进而比选脱硝技术工艺也是一种"工匠精神"的体现。

针对某一实际烟气脱硝工程，选择合适的技术和工艺路线，需要掌握的相关知识有：①熟悉我国烟气脱硝有关的方针政策、设计规范和标准；②了解国内外烟气脱硝技术和工艺。

技能目标

1. 能简单阐述烟气脱硝技术的不同分类、脱硝原理及应用；
2. 能根据实际工程情况进行烟气脱硝技术的比选；
3. 能根据实际工程情况进行烟气脱硝工艺流程的比选；
4. 能尝试编写企业脱硝运行维护手册。

知识目标

1. 理解烟气脱硝技术的不同分类；
2. 掌握常见的烟气脱硝技术；
3. 了解常用烟气脱硝技术工艺流程的几种形式；
4. 了解烟气脱硝日常维护要点和运行程序。

任务一　烟气脱硝技术政策解读

❀ 情景导入 ❀

做好环境工程项目的烟气脱硝技术和工艺路线的比选，需要在"消化"工程设计基础资料的基础上，掌握国家及地方的相关环保标准处理技术路线及其相关工艺参数、运行费用、耗材与仪器设备、处理效果及发展动向等经济与技术资料。所以，需要工程设计人员在确定处理技术和工艺路线前对当前烟气脱硝技术和政策进行充分的了解。假设你作为地方环保部门的一名普通环境管理者，需要通过发放宣传单、张贴海报和播放小视频的方式对工业园区员工进行加强大气中氮氧化物治理的宣教活动。请同学们以小组为单位，课前认真学习任务知识，以PPT、海报或科普视频的形式完成烟气脱硝技术相关政策标准的学习，课堂上进行演示和讲解。

一、烟气脱硝技术概述

氮氧化物有 N_2O、NO、NO_2、N_2O_3、N_2O_4、N_2O_5 等几种，常以 NO_x 表示，我们经常在媒体中听到的大气中氮氧化物（NO_x）的治理，主要指的是 NO 和 NO_2。大气中 NO_x 污染物来源于两个方面：

① 自然源　自然源的 NO_x 数量比较稳定，主要来自自然界的火山爆发、雷电、草原和森林失火及微生物的活动。

② 人为源　人为源的 NO_x 是由人类的生活和生产活动产生并排放进入大气的。现代火力发电厂是最大的固定源，机动车辆是主要移动源，除此之外工业炉窑、垃圾焚烧、硝酸生产及冶金过程的排放等也是 NO_x 的人为源。目前人为源产生的 NO_x 数量随着社会经济发展水平的提高而增长。在美国 NO_x 年排放量贡献率排序中，机动车辆居于首位，火电厂居于第二位。我国是发展中国家，情况有所不同，NO 和 NO_2 排放量中 70% 来自煤炭的直接燃烧，电力工业又是我国的燃煤大户，因此火力发电厂是我国 NO_x 排放的主要来源之一，但机动车辆导致其排放量的上升也在加快。

NO_x 的生成量和排放量与煤等燃料的燃烧方式，特别是燃烧温度和过量空气系数等密切相关，燃烧形成的 NO_x 可分为燃料型、热力型和快速型三种。其中快速型 NO_x 生成量很少，可以忽略不计，热力型 NO_x 是指当炉膛温度在 1350℃ 以上时，空气中的氮气在高温下被氧化生成 NO_x，当温度足够高时，热力型 NO_x 可达 20%。对常规燃煤锅炉而言，NO_x 主要通过燃料中的氮转化为氮氧化物的燃料型生成途径产生。与脱硫技术分类方法相似，根据控制途径，目前大气中氮氧化物的控制技术可分为燃烧前脱硝、燃烧中脱硝及燃烧后脱硝三种。

燃烧前脱硝又叫燃料脱硝，即通过对燃料进行处理降低煤的含氮量（煤的含氮量通常为 0.5%～2.5%），但目前还未发现可大规模商业应用的经济有效的燃料脱硝技术。燃烧中脱硝，又叫低氮燃烧技术，始于 20 世纪 50 年代对燃烧过程中氮氧化物生成机理的研究，70～80 年代此技术的研究和开发达到高潮，90 年代针对锅炉对燃烧器进行大量的改进和优化，发展到现在，此技术已经是目前工业脱硝应用广泛、经济实用的主要措施之一。

低氮燃烧技术经历了第一代到第三代的发展和演变。第一代改变的仅仅是燃烧装置的运行方式，第二代是低氮空气分级燃烧技术，再到现在的所谓第三代的低氮燃料/空气分级燃烧技术，示意图见图 5-1。低氮燃料/空气分级燃烧技术是目前应用最广泛的分段燃烧技术，主要是将燃料的燃烧过程分阶段来完成。第一阶段的燃烧发生

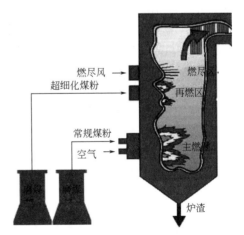

图 5-1　低氮燃料/空气分级燃烧示意图

在主燃区（即贫氧富燃区），是将总燃烧空气量的 70%～75%（理论空气量的 80%）供入炉膛，使大部分燃料（常规煤粉）在缺氧的条件下进行部分燃烧。缺氧燃烧生成的 CO 与 NO 进行反应生成 CO_2 与 N_2，燃料氮分解而成的中间产物（如 NH、CN、HCN 和 NH_3 等）

相互作用或与 NO 反应生成 N_2，从而抑制 NO_x 的生成。第二阶段的燃烧发生在再燃区和燃尽区，通过燃烧器上面的燃风喷口通入足量的空气，使剩余燃料和少量超细化煤粉燃尽，过量空气使燃烧速度降低，火焰温度也降低，从而生成的 NO_x 也较少。这种方法可使烟气中的 NO_x 减少 25%～50%。

燃烧后脱硝，又叫烟气脱硝。烟气脱硝技术是指把已生成的 NO_x 还原为 N_2，从而脱除烟气中的 NO_x，按治理工艺可分为湿法脱硝和干法脱硝，主要包括酸吸收法、碱吸收法、选择性催化还原法、选择性非催化还原法、吸附法、离子体活化法等。国内外一些科研人员还开发了用微生物来处理 NO_x 废气的方法。由于从燃烧系统排放的烟气中的 NO_x，90% 以上是 NO，而 NO 难溶于水，因此对 NO_x 的湿法处理不能用简单的洗涤法，所以湿法脱硝原理是用氧化剂将 NO 氧化成 NO_2，生成的 NO_2 再用水或碱性溶液吸收，从而实现脱硝。干法脱硝中常用的有吸附法、选择性催化还原法、选择性非催化还原法。吸附法主要适用于排气量不大、间歇排放的硝酸生产厂，用吸附法回收硝酸，主要方法有分子筛吸附法、活性炭吸附法等，但至今没有获得广泛的应用。

选择性催化还原技术（selective catalytic reduction，SCR）是在特定催化剂作用下，用氨或其他还原剂选择性地将 NO_x 还原为 N_2 和 H_2O，其脱除率高，被认为是最好的烟气脱硝技术。SCR 技术在 20 世纪 50 年代由 Engelhard 公司发明，随后日本成功研发了 V_2O_5/TiO_2 催化剂，并于 20 世纪 70 年代在日本 Shimoneski 电厂建立了第一个 SCR 系统的示范工程商业运营，现在在欧洲已有数百台成功应用经验，其 NO_x 的脱除率可达到 80%～90%，但缺点是投资和操作费用大，也存在 NH_3 的泄漏。

选择性非催化还原技术（selective non-catalytic reduction，SNCR）是在高温（850～1250℃）和没有催化剂的工况下，经锅炉炉壁上的还原剂喷嘴向烟气中喷氨气或尿素等还原剂，选择性地把烟气中的氮氧化物还原成 N_2。1975 年美国 EXXON 研究和工程公司开发了用氨作为还原剂的 SNCR 法并获得专利，此法在美国被称为 De-NO_x 法，德国则叫作热力 NO_x 法。1980 年 EPRI 开发了使用尿素作为还原剂的 SNCR 法，后来由美国 Fuel-Tech 公司做了工艺完善，并持有几项补充专利。1989 年，Miller 和 Bowman 等对 NH_3 与 NO 的反应做了分析，并提出新的反应机理模型，此模型能够较准确地模拟和预测选择性非催化还原反应。自 1974 年投入商业运营以来，由于其效率低于 SCR 法、氨的利用率低及锅炉改造难度大等缺点，全世界仅 10% 的电站运用该技术，SNCR 现在更多的是与其他脱硝技术结合使用。

二、我国烟气脱硝控制情况

1. 我国烟气脱硝的相关政策标准

我国的一次能源结构决定了我国以燃煤发电为主的基本格局，2014 年我国 NO_x 排放总量为 2078.0 万吨，工业排放 1404.8 万吨，其中燃煤烟气的氮氧化物排放就占到了工业总量的 2/3。国家"十三五"节能减排方案指出，到 2020 年，全国氮氧化物排放总量控制在 1574 万吨以内，比 2015 年下降 15%。

随着目前环保形势的日益严峻，工业氮氧化物排放要求越来越严格。以煤电行业为例，据相关数据显示，2005 年以来，我国煤电烟气中 NO_x 排放量由约 740 万吨下降到 155 万吨，下降了 79.1%，表明煤电烟气污染控制成效显著。从 2000 年到 2016 年，我国煤电装机容量从 2.4 亿千瓦增加到 10.54 亿千瓦。为加强对煤电烟气污染排放的控制，我国对《火电厂大气污染物排放标准》进行了多次修订，NO_x 等污染物排放标准不断趋严，在国家划定的大气污染重点控制区新建机组排放限值，全面超越了其他国家和地区 2016 年 12 月之前制定的同类标准要求。2014 年 9 月，国家发改委、环保部、能源局三部委发布《煤电节能减排升级与改造行动计划（2014—2020 年）》，对部分燃煤电厂提出了严于排放标准的超低排放要求，即在基准氧含量 6% 条件下，NO_x 排放浓度不高于 $50mg/m^3$，要求基本达到燃气轮机组排放限值。排放标准日趋严格，有效促进了脱硝技术的发展。2014 年 8 月，环保部办公厅发布《关于加强废烟气脱硝催化剂监管工作的通知》，明确规定为切实加强对废烟气脱硝催化剂（钒钛系）的监督管理，将废脱硝催化剂纳入危险废物进行管理。

以水泥行业为例，水泥企业最早的氮氧化物排放标准是 $800mg/m^3$，后来降到 $400mg/m^3$。进入"十三五"时期，环保形势的变化对水泥工业的大气污染防治提出了更高要求。根据《水泥工业大气污染物排放标准》（GB 4915—2013），《节能减排"十二五"规划》（国发〔2012〕40 号）等文件规定，重点区域水泥制造生产过程中涉及水泥窑及余热利用系统的氮氧化物排放值应不大于 $320mg/m^3$。通过对环保要求的控制，产品的制造成本逐步上升，部分高成本小型企业已无利润空间而自动退出。

2. 我国烟气脱硝技术的发展

面对严峻的环保形势，必须找出一种适合我国能源格局、技术基础、燃煤特性，并可广泛应用的脱硝技术。以煤电行业为例，据相关资料显示，我国从 1996 年开始提出氮氧化物的控制要求，要求锅炉安装低氮燃烧器即可达标。2003 年氮氧化物排放标准进一步提高后，烟气脱硝技术才开始起步，2010 年前后开始规模化，进入商业应用阶段（图 5-2）。煤电烟气氮氧化物治理技术基本上多采用 SCR 技术，少部分采用 SNCR 技术或 SCR-SNCR 技术。

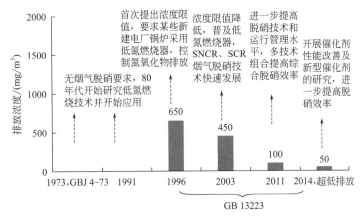

图 5-2　氮氧化物排放限值及控制演变示意图

低氮燃烧技术具有简单、投资低、运行费用低的特点，但其减排率仅为 20%～50%，减排效果有限且受煤种、燃烧方式及锅炉炉型等因素影响较大，单独使用很难满足 NO_x 控制要求，一般与其他烟气脱硝技术联合使用。目前，我国已有 90% 以上燃煤机组应用了低氮燃烧技术。我国煤质复杂多变、机组负荷波动大，早期引进的国外低氮燃烧技术存在水土不服的现象。针对该问题国内开发了多功能船型煤粉燃烧器、双通道低 NO_x 煤粉燃烧器、可调式浓淡燃烧器等多种适应我国国情的低氮燃烧器。

SCR 脱硝是指在催化剂作用下，利用脱硝还原剂选择性地将烟气中的 NO_x 还原为氮气和水，达到脱硝的目的。该技术 21 世纪初从国外引进吸收，并逐步在我国火电行业广泛应用。经过多年研究及应用，我国掌握了烟气 SCR 脱硝核心技术，实现关键设备和催化剂国产化，在脱硝催化剂制备、脱硝系统设计、脱硝流场模拟等技术方面取得了突出进展。脱硝催化剂是 SCR 脱硝系统中的核心部件，由原来的严重依赖进口发展到催化剂制备原料、关键生产设备（混炼机、挤出成型机、干燥与焙烧窑炉等）以及还原剂制备系统等均已实现国产化。目前商业化脱硝催化剂有三种形式，即蜂窝式、板式和波纹式，其中应用最多的是蜂窝式脱硝催化剂，市场占比达到 80％以上。

SNCR 脱硝是指不使用催化剂的情况下，直接通过在合适温度窗口喷入脱硝还原剂将 NO_x 还原为氮气和水。SNCR 脱硝效率对于煤粉炉可达 30％～40％，对于循环流化床锅炉可达 60％～80％。与 SCR 相比，SNCR 脱硝效率低，且对温度窗口要求严格，机组负荷变化适应性差，通常仅用于小型煤粉锅炉和循环流化床锅炉。SNCR-SCR 联合脱硝是将 SNCR 与 SCR 组合应用，脱硝效率一般为 55％～85％。

 任务小结

与烟气除尘和烟气脱硫相比，烟气脱硝技术起步较晚，我国煤电烟气氮氧化物治理技术的多样性和发展不如颗粒物和二氧化硫治理技术变化快，其成熟可靠的技术路线较为单一。近年来，在煤电 NO_x 控制上已实现广泛工程应用的主要技术进展有低氮燃烧、脱硝反应器优化和脱硝催化剂国产化，此外，中低温催化剂、硝汞协同控制催化剂等技术有一定的进展，但尚未取得广泛应用。

 师徒对话

徒弟：师傅，在提到 NO_x 排放浓度的时候为什么会出现基准氧含量？

师傅：各行业的大气污染物排放标准中都有这样一项规定，实测的排放浓度必须折算为基准氧含量浓度，换句话说，性能考核时判断排放是否达标是以折算后的浓度为准。以电厂为例，要求燃煤锅炉的烟气污染物排放浓度的折算氧基准是 6％。为什么要进行这样的规定，其原因是：经过折算能够标准化污染物的排放值，使数值具有可比性。

由于各工业的燃烧工艺对氧量的需求不同，所规定的氧基准通常就是以刚好充分燃烧时的排放浓度为准，这也是各行业的氧基准不同的原因。氧基准不同的排放指标不可直接进行比较，以燃煤和燃气机组为例，燃煤锅炉的基准氧含量是 6％，而燃气轮机的基准氧含量是 15％，如果将燃气轮机的排放限值折算成 6％，燃气轮机限值的数值变为原来值的 2.5 倍，即烟尘、二氧化硫、氮氧化物的排放限值分别由 $5mg/m^3$、$35mg/m^3$、$50mg/m^3$，变为 $12.5mg/m^3$、$87.5mg/m^3$、$125mg/m^3$。表面上燃气轮机与燃煤超低排放是同样的排放指标，但折算后发现其实燃气轮机各指标均高出燃煤机组的超低排放指标，这样比较起来，说燃煤电厂是工业废气治理要求最严格的也不为过。

 任务实践评价

工作任务	考核内容	考核要点
1. 宣传单制作和发放 2. 海报的制作与讲解 3. 短视频的制作	基础知识	氮氧化物基础知识
		氮氧化物超标排放的危害

工作任务	考核内容	考核要点
1. 宣传单制作和发放 2. 海报的制作与讲解 3. 短视频的制作	基础知识	国家对氮氧化物控制的政策内容
		我国烟气脱硝技术的发展
		常见的烟气脱硝技术
	能力训练	如何制作宣传单和海报
		视频脚本的编写和拍摄
		视频剪辑软件的使用
		知识的归纳和分析能力
		创造思维能力
		人际沟通能力和语言表达能力
		团队协作
		组织管理和市场活动能力

任务二　脱硝技术的比选

情景导入

通过学习项目四已经知道，治理方法和工艺路线的选择原则应是在结合企业实际情况和国情的基础上，尽可能做到合法性、先进性、可靠性、环保和安全性。请认真学习以下的任务知识，完成下面表格，分析比较 SCR 和 SNCR 烟气脱硝技术的异同，为脱硝技术方案的选择打下基础。

序号	不同点	SCR 脱硝技术	SNCR 脱硝技术
1	反应过程		
2	反应温度		
3	脱硝效率		
4	漏氨率		
5	初期投资		
6	运行费用		
7	适用场合		
8	其他		

一、脱硝技术的比选原则

我国地域大，各地情况不同，对于某一具体的工程采用何种烟气脱硝工艺，必须因地制宜，进行技术、经济比较。在选取烟气脱硝工艺的过程中，应遵循以下原则：

① NO_x 的排放浓度和排放量满足有关环保标准；

② 技术成熟，运行可靠，应用较多，可用率达到 90% 以上；

③ 对煤种适应性强，并能适应燃煤含氮量在一定范围内变化；

④ 尽可能节省建设投资；

⑤ 布置合理，占地面积较小；

⑥ 吸收剂、水和能源消耗少，运行费用低；

⑦ 吸收剂来源可靠，质优价廉；

⑧ 副产物、废水均能得到合理的利用或处置。

下面是常用的脱硝工艺性能特点分析表（表5-1），可供做脱硝工艺初步选择时参考。

表5-1 常见脱硝工艺性能特点分析表

脱硝工艺	适应性特点	优缺点	脱硝率	投资
SCR	适合排气量大，连续排放源	二次污染小，净化效率高，技术成熟；设备投资高，关键技术难度大	80%~90%	较高
SNCR	适合排气量大，连续排放源	不用催化剂，设备和运行费用少；NH_3用量大，有二次污染，难以保证反应温度和停留时间	30%~60%	较低
液体吸收法	处理烟气量很小的情况下可取	工艺设备简单，投资少，收效显著，有些方法能够回收NO_x；效率低，副产物不易处理，不适于处理燃煤电厂烟气	效率低	较低
微生物法	适应范围较大	工艺设备简单，能耗及处理费用低，效率高，无二次污染；微生物环境条件难以控制，仍处于研究阶段	80%	低
活性炭吸附法	排气量不大	同时脱硫脱硝，回收NO_x和SO_2，运行费用低；吸收剂用量多，设备庞大，一次脱硫脱硝效率低，再生频繁	80%~90%	高
电子束法	适应范围较大	同时脱硫脱硝，无二次污染；运行费用高，关键设备技术含量高，不易掌握	85%	高

二、SCR 烟气脱硝技术

SCR（selective catalytic reduction，选择性催化还原法）因其脱硝效率高、相对性价比高和系统安全稳定，成为了许多国家火力发电厂主流的烟气脱硝技术，也应用于硝酸生产、硝化过程、金属表面的硝酸处理、催化剂制造等非燃烧过程产生的含氮废气的治理。

具体内容可下载本书配套资源中的素材。

三、SNCR 烟气脱硝技术

1. 脱硝反应机理

SNCR（selective non-catalytic reduction，选择性非催化还原法）是仅次于SCR应用较广的脱硝技术，最初由美国的公司发明并于1974年在日本成功投入工业应用，目前美国是世界上应用实例最多的国家。

SNCR烟气脱硝的原理是不用催化剂，在高温（850~1100℃）条件下用还原剂将原烟气中NO_x还原的方法。其重要化学反应原理与SCR相同，不同的是SCR化学反应是发生在催化剂的表面，SNCR则不使用催化剂，脱硝效率受温度窗限制，脱硝效率较SCR低。

氨为还原剂： $NH_3 + NO_x$ 转化为 $N_2 + H_2O$

尿素为还原剂：

$$CO(NH_2)_2 \longrightarrow 2NH_2 + CO$$

$$NH_2 + NO_x \text{ 转化为 } N_2 + H_2O$$

$$CO+NO_x 转化为 N_2+CO_2$$

当温度过高，超过反应温度窗口时，氨就会被氧化成 NO_x。

$$NH_3+O_2 转化为 NO_x+H_2O$$

2. 脱硝系统

（1）脱硝系统的工艺及设备

SNCR 烟气脱硝以炉膛为反应器，可通过对锅炉进行改造实现，其反应物储存和操作系统与 SCR 系统相似，但所需的氨和尿素的量比 SCR 工艺要高。以尿素为还原剂的 SNCR 烟气脱硝系统工艺流程见图 5-3，此系统主要设备都是模块化设计，主要由尿素溶液储存与制备系统、尿素溶液稀释和传输模块、尿素溶液计量模块及尿素溶液喷射系统组成。

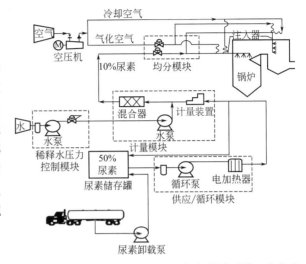

图 5-3 以尿素为还原剂的 SNCR 烟气脱硝系统工艺流程

（2）影响脱硝效率的主要因素

① 温度范围 前边讲到 SNCR 脱硝的最佳反应温度为 850～1100℃，若温度过高（高于 1100℃），还原剂氨气会因自身热分解降低脱硝效率，若温度过低（低于 800℃），NH_3 反应速率下降也会降低脱硝效率，同时可能造成氨气逃逸率增加。

② 还原剂在合适温度范围内的停留时间 一般来说，在最佳反应温度范围内，还原剂在反应器内停留时间越长，脱硝效率越高；延长还原剂在温度窗口下的停留时间，脱硝反应就会进行得更加充分。若想获得理想的脱硝效率，还原剂的停留时间至少需要 0.5s。该参数与锅炉结构有较大的关系。

③ 反应剂和烟气混合的程度 要发生理想的还原反应，还原剂必须与烟气分散和混合均匀。混合程度取决于锅炉的形状与气流通过锅炉的方式。

④ 氨逃逸率 由于 SNCR 工艺中没有催化剂，不会增加烟气中 SO_3 的浓度，在相同的逃逸氨浓度时，SNCR 工艺对由烟气中 NH_3 遇到 SO_3 产生 NH_4HSO_4 而造成的锅炉尾部受热面上飞灰沉积、空气预热器堵塞和腐蚀的危险性最小。SNCR 工艺的逃逸氨浓度一般控制在 5～10ppm（ppm 表示 10^{-6} 数量级）。

⑤ 不同还原剂的影响 氨、氨水、尿素和碳酸氢铵是 SNCR 工艺中常用的还原剂，但在反应过程中，选用不同的还原剂，有效温度窗口不同。根据最高效率温度比较：800℃ 以下，氨水的脱硝效率最好；尿素则是 900℃ 下效果最好的还原剂；碳酸氢铵在 800℃ 和 900℃ 时都很接近最高脱硝效率。根据有效温度窗比较：氨水的有效温度窗最宽（700～1000℃）；尿素的温度窗较窄，除了 900℃ 的最佳脱硝高峰以外，其他温度脱硝效率陡降；碳酸氢铵的脱硝温度窗口范围为 750～1000℃。

与 SCR 烟气脱硝相比，SNCR 烟气脱硝具有以下特点：

① 系统简单，不使用催化剂。

② 参加反应的还原剂除了可以使用氨以外，还可以用尿素。而 SCR 烟气温度比较低，尿素必须制成氨后才能喷入烟气中。

③ 因为没有催化剂，因此，脱硝还原反应的温度比较高，比如脱硝剂为氨时，反应温

度窗为 850~1100℃。当烟气温度大于 1050℃时，氨就会开始被氧化成 NO_x，到 1100℃，氧化速率会明显加快，一方面，降低了脱硝效率，另外一方面，增加了还原剂的用量和成本。当烟气温度低于 850℃时，脱硝的反应速率大幅降低。

④ 为了满足反应温度的要求，喷氨控制的要求很高。喷氨控制成了 SNCR 的技术关键，也是限制 SNCR 脱硝效率和运行稳定性、可靠性的最大障碍。

⑤ 漏氨率一般控制在 5~10ppm（mg/L），而 SCR 控制在 2~5ppm（mg/L）。

⑥ 脱硝效率比 SCR 法低 40%~50%。SCR 在催化剂的作用下，部分 SO_2 会转化成 SO_3，而 SNCR 没有这个问题。

另外，脱硫脱硝一体化工艺是当今环保工程师与学者研究的新思路、新方向，是把脱硫、脱硝两大块的工艺完全整合在一起，通过一种技术或设备的应用可以将整个系统的 SO_2 和 NO_x 这两种主要的大气污染物一并去除，可以解决脱硫脱硝技术诸如易产生二次污染、占地面积大、前期投入高等问题。目前世界上应用最广泛的脱硫脱硝工艺是应用 FGD 联合 SCR 技术分别脱除烟气中的 SO_2 和 NO_x，如石灰/石灰石-SCR 技术。该技术一般都具有较好的脱硫脱硝效率，但由于是采用两套装备分别脱硫脱硝，占地面积大，流程复杂，投资与运行费用非常高，对于小规模的工业锅炉难以实现。因此，为了降低烟气净化费用，适应国内中小企业的需求，开发工业锅炉同时脱硫脱硝的新技术、新设备已成为烟气净化技术发展的总趋势。

 任务小结

通过本任务知识的学习，我们掌握了 SCR 和 SNCR 烟气脱硝技术的区别，了解到 SNCR 烟气脱硝技术具有经济实用的特点，但是由于受到反应温度、混合等因素的制约，SNCR 烟气脱硝技术脱硝效率不高，并有氨泄漏问题。SNCR 技术与其他低 NO_x 技术（如低氮燃烧器、再燃技术、电子束辐射技术）的联合可在低成本条件下进一步降低 NO_x 的排放，这将是该技术的一个重要发展方向。目前我国的烟气脱硝技术基本上多采用 SCR 技术，研发适合于我国能源格局、技术基础、燃煤特性并可广泛应用的氮氧化物控制技术迫在眉睫。

 任务实践评价

工作任务	考核内容	考核要点
脱硝技术的比选	基础知识	两种脱硝技术的脱硝原理
		两种脱硝技术的系统工艺
		两种脱硝技术的应用场合
		两种脱硝技术的优缺点
	能力训练	比较思维能力
		知识的归纳和分析能力
		团队协作能力
		人际沟通能力和语言表达能力

任务三　脱硝工艺路线的比选

　　通过前期的烟气脱硝技术比选，假设你已经选定了 SCR 烟气脱硝技术，接下来要进行脱硝工艺路线的比选、催化剂的比选及还原剂制备系统的确定，现有三套烟气治理方案可供选择：

（1）SCR 高尘段（SCR 置于空气预热器和电除尘器前）

（2）SCR 低尘段（SCR 置于空气预热器和电除尘器后）

（3）SCR 尾部布置（SCR 置于整个烟气净化系统的末端，烟囱前）

　　请学习完本任务的相关内容，结合工程项目的实际情况进行分析，从中选择最合适的一套，并阐述理由。

　　一个完整的烟气治理方案一般包含除尘、脱硫和脱硝。除尘、脱硫和脱硝三大块设备的布置位置对烟气治理效果起着重要的作用。SCR 脱硝技术按布置方式不同分为高尘区 SCR（HD-SCR）、低尘区 SCR（LD-SCR）和尾部 SCR（TE-SCR）。

　　第一种：高尘区 SCR（HD-SCR）

　　反应器布置在空气预热器前温度为 300～400℃ 左右的位置，此时烟气中所含有的全部飞灰和 SO_2 均通过 SCR 催化剂反应器，反应器的工作条件是在"不干净"的高尘烟气中。由于这种布置方案的烟气温度在 300～400℃ 的范围内，适合于大多数催化剂的反应温度，因而它被广泛采用。

　　由于催化剂是在"不干净"的烟气中工作，烟气所携带的飞灰中，若含有 Na、Ca、Si、As 等成分时，会使催化剂"中毒"或受污染；飞灰本身不仅会对催化剂反应器造成磨损，还会将催化剂反应器蜂窝状通道堵塞。若烟气温度过高，催化剂会因烧结或使之再结晶而失效；若烟气温度过低，NH_3 会和 SO_3 反应生成酸性硫酸铵（或硫酸氢铵），堵塞催化反应器通道，污染空气预热器。

第二种：低尘区 SCR（LD-SCR）

SCR 反应器紧跟在除尘器之后，由于烟气先经过高温静电除尘器后再进入反应器，故可有效地防止烟气中飞灰对催化剂的污染和对反应器的磨损或堵塞，但没有去除烟气中的 SO_2，烟气中的 NH_3 和 SO_3 反应生成硫酸铁而发生堵塞的可能性仍然存在。

低灰区域布置方式在日本应用较多，主要原因是日本燃煤大多进口，燃煤含硫量低，低温时灰的比电阻高，积灰率低，故此布置方式的优点是在同等容积下，可布置更多的催化剂材料，明显降低 SCR 的投资。

第三种：尾部 SCR（TE-SCR）

SCR 反应器布置在静电除尘器和脱硫装置后端，这种布置方式的最大优势在于可降低催化剂的消耗量。其特点是经过脱硫后的烟气已去除掉大部分飞灰、SO_2、卤代有机化合物、重金属等物质，催化剂可完全工作在无尘、无 SO_2 的"干净"烟气中，可有效地解决反应器堵塞、腐蚀、催化剂污染中毒等问题。催化剂使用时间相对较长，清理催化剂和空气预热器的费用较低。因而，此种布置方式可选用小开孔、薄壁、高比表面积的催化剂，使反应器布置紧凑，以减小反应器体积。这种布置方式也可用在 SCR 反应器不能放在省煤器和空气预热器间的机组上。另外，这种布置方式可独立于锅炉安装，不必改造锅炉、空气预热器、风道、锅炉结构，不影响锅炉的运行及出力。

此种布置方式的缺点是烟气的温度过低，目前应用的 SCR 催化剂不能适应此温度，必须对烟气再加热，而再加热的高运行成本也成了此种布置方式最大的障碍。

表 5-2 为三种 SCR 布置方式的特征比较。

表 5-2　三种 SCR 布置方式的特征比较

比较项目	高尘区 SCR(HD-SCR)	低尘区 SCR(LD-SCR)	尾部 SCR(TE-SCR)
催化剂堵塞情况	较大	较小	最小
催化剂腐蚀程度	较大	较小	最小
催化剂活性	较低	较高	高
催化剂类型	选用防腐，防堵型	一般	一般
催化剂消耗量	大	较小	小
催化剂寿命	短	较长	长
通过催化剂烟速	4~6m/s,减低腐蚀	5~7m/s,避免堵塞	—
空气预热器堵塞情况	易堵塞	不易堵塞	不堵塞
吹灰器	需要	不需要	不需要
除尘器的粉尘品质	差	较好	好
工程造价	低	较高	高

 任务小结

采用哪种 SCR 工艺路线的布置方式，需要对烟气特性、锅炉特性、煤特性、催化剂特性及费用进行综合考虑。从成本角度看，高含尘布置占有很大的优势，目前催化剂的生产厂家也在开发越来越适应高含尘烟气的催化剂，而且国内目前基本所有的燃煤发电机组都采用高尘区 SCR（HD-SCR）布置方案。尾部 SCR（TE-SCR）布置需要在 SCR 前烟道内加装燃油或燃烧天然气的燃烧器来加热烟气，运行费用太高。

 任务实践评价

工作任务	考核内容	考核要点
脱硝工艺路线的比选	基础知识	常见除尘技术的优缺点
		常见脱硫技术的优缺点
		常见脱硝技术的优缺点
	能力训练	比较思维能力
		知识的归纳和分析能力
		创造思维能力

任务四　催化剂的选择和计算

⟨⟨⟨ 情景导入 ⟩⟩⟩

在烟气脱硝技术和工艺路线确定后，要进行脱硝主要设备的选型和设计计算，在设计计算中，催化剂的选择和计算是很关键的。请认真学习任务内容，能根据具体情况进行催化剂的选择，根据相关数据进行催化剂的设计计算。

 知识链接

环保领域中的催化剂

扫二维码，了解环保领域中的催化剂知识。

5-1　环保
领域中的
催化剂

一、催化剂的选择原则

选择合适的催化剂是 SCR 烟气脱硝技术的关键。在保证催化性能的基础上，选择催化剂主要从形式、国产和进口及性价比方面来比较。对比各种催化剂的特点，波纹式和蜂窝式催化剂是首选，这两种又主要从技术参数、比表面积、密度及体积方面进行对比选择。进口催化剂的性能比国产的好，且在国际上应用广泛，国产催化剂价格低廉，但长时间运行的性能还有待观察。所以选择催化剂，性价比高最重要。

二、SCR 催化剂的选择

一般来说，SCR 烟气脱硝催化剂是以催化剂模块形式组成脱硝主反应器，催化剂模块通常用正方体的催化剂小模块［图 5-4 (a)］以箱体［图 5-4 (b)］的形式进行组合和安装，运输到催化剂反应器中以催化剂床层［图 5-4 (c)］的形式进行安装和放置。

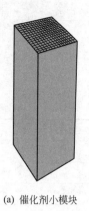

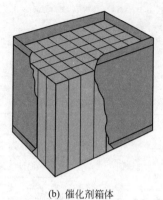

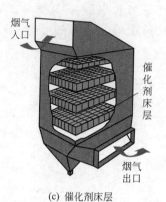

(a) 催化剂小模块   (b) 催化剂箱体   (c) 催化剂床层

图 5-4　SCR 催化剂模块

　　SCR 烟气脱硝催化剂的形式一般为蜂窝式、板式或波纹式（图 5-5）。目前市场上以蜂窝式和波纹式催化剂为主，板式催化剂生产和应用较少。在实际选用催化剂的形式时，可以参考表 5-3 进行分析。SCR 催化剂因温度不同分为高温（345～590℃）、中温（260～380℃）和低温（80～300℃）催化剂。钒钨钛系催化剂的活性温度窗口为 320～420℃，最佳反应温度窗口集中在 340～380℃。

(a) 蜂窝式催化剂   (b) 板式催化剂   (c) 波纹式催化剂

图 5-5　催化剂形式

表 5-3　常见催化剂形式性能分析

参数	波纹蜂窝式	板式	传统蜂窝式
脱硝有效活性	高	低	中等
二氧化硫氧化率	低	高	高
催化剂内部压降	低	中等	高
抗磨损效果	好	很好	中等
抗中毒效果	非常好	低	低
抗堵塞性	好	好	中等
模块重量	轻	最重	较重
抗热冲击能力	高＞150℃/min	中等	中等 60℃/min
比表面积	高	低	高
开孔率	高	高	低

SCR 烟气脱硝催化剂一般由基材、载体和活性成分组成。基材是催化剂的骨架，主要由钢或陶瓷构成。载体用于承载活性金属，可以是单组分，也可以是多组分。催化活性组分元素从 W、Mo 和 V 的氧化物向含 Fe、Ce、Mn、Bi 和 Cu 等元素的复合氧化物发展，现在工业上很多蜂窝状的催化剂是把载体材料本身作为基材制成蜂窝状。活性组分一般有 V_2O_5、WO_3 和 MoO_3 等。目前 SCR 烟气脱硝催化剂主要是以 TiO_2 为载体的 V_2O_5/TiO_2、$V_2O_5/TiO_2\text{-}SiO_2$、$TiO_2\text{-}WO_3/TiO_2$ 等类型。

 **想一想**

由烟气脱硝催化剂材料 TiO₂ 想到的

烟气脱硝催化剂的主要材料 TiO2 与目前国内普通的 TiO2 有所不同，催化剂 TiO2 主要是锐钛型纳米级 TiO2，比表面积大，催化剂性能高，国内生产的 TiO2 一般为比表面积较小的金红石型工业级 TiO2。由中国生产的原材料经国外加工，价格涨了 10 倍多，可以看出在技术面前，落后就要挨打！作为一名环保人，在提高自身理论和技能的同时，也要有国际眼光，关注环保领域重要设备仪器的技术研发工作，提高国内环保设备和技术的国际水平。

三、催化剂相关计算

用氨催化还原法治理硝酸车间排放的含有 NO_x 的尾气。尾气排放量为 13000m³/h（标准状态），尾气中含有 NO_x 0.28%、N_2 95%、H_2O 1.6%，使用的催化剂为 ϕ5mm 球形粒子，反应器入口温度为 493K，空速为 18000h⁻¹，反应温度为 533K，空气速度为 1.52m/s。求：

　　① 催化固定床中气固相的接触时间；
　　② 催化剂床层体积；
　　③ 催化剂床层层高；
　　④ 催化剂床层的阻力。

［提示：尾气中 N_2 的含量很高，在计算时可取 N_2 的物理参数直接计算。在 533K 时 $\mu_{N_2}=2.78\times10^{-5}Pa\cdot s$，$\rho_{N_2}=1.25kg/m^3$，$\varepsilon=0.92$。］

 任务小结

一般来说，我们主要从催化性能、形式、国产和进口及性价比方面来比选催化剂。SCR 烟气脱硝时，波纹式和蜂窝式催化剂是首选，一般来说进口催化剂的性能比国产的好，国产催化剂价格低廉，但长时间运行的性能还有待观察。另外，废催化剂的处置也是一个难题。

 任务实践评价

工作任务	考核内容	考核要点
催化剂的选择和计算	基础知识	催化剂的作用
		常见脱硝催化剂的种类

续表

工作任务	考核内容	考核要点
催化剂的选择和计算	基础知识	常见脱硝催化剂的特点
	能力训练	比较思维能力
		知识的归纳和分析能力
		发散思维能力

任务五　制氨系统工艺流程的确定

情景导入

脱硝工艺路线的确定还包括还原剂制氨系统的确定。不同的还原剂，制氨工艺流程不同，相同还原剂的制氨方式不同，则制氨工艺流程也不同。假设建设项目初期投资资金较充裕，所给脱硝系统建设场地较小，企业在安全和风险成本方面关注较多，且企业要求原料运输方便。请同学们认真阅读以下内容，以小组为单位选择合适的还原剂并确定合适的制氨系统工艺流程。

一、还原剂的选择

选择哪种还原剂是 SCR 烟气脱硝工艺的关键。选择还原剂时一般考虑安全管理、运输和储存、占地面积、费用及技术比较等多方面因素。对于 SCR 烟气脱硝技术，常见的 SCR 还原剂有液氨、氨水和尿素，三者的技术比较见表 5-4。我们可以看出，液氨的投资、运输和使用费用最低，但液氨属于危险品，必须有严格的安全保证和防火措施，其运输和储存设计必须符合当地法规和劳动卫生标准，故我国现有 SCR 烟气脱硝工程中，较少使用液氨作还原剂。固体尿素无毒无害，便于运输和储存，但制氨系统复杂，初期投资较大。氨水虽然较无水氨（液氨）更安全，但运输和储存费用最高。所以，选择何种还原剂，不仅要考虑投资和运输成本，还要考虑安全等风险成本。

表 5-4　常见的 SCR 还原剂液氨、氨水、尿素的技术比较

项目内容	液氨	氨水	尿素
系统反应器费用	便宜	较贵	最贵
运输费用	便宜	贵	便宜
初投资费用	便宜	贵	贵
运行费用	单价贵,总量便宜	单价便宜,总量贵	单价便宜,总量贵
还原剂费用	较贵	便宜	略贵
还原剂用量 (生产 1kg 氨气所需原料量)	1.01kg(99%氨)	4kg(25%氨)	1.76kg
NH_3 浓度	99.6%以上	20%~25%	需水解或热解
储存设备的安全防护	国标及法规要求	需要	不需要
储存条件	高压	常压	常压、干燥

续表

项目内容	液氨	氨水	尿素
储存方式	压力容器(液态)	压力容器(液态)	料仓(固体颗粒)
安全性	有毒	有害	无害
卸料操作人员	特殊培训、持证上岗	特殊培训、持证上岗	无

二、制氨工艺流程的确定

还原剂确定后,要根据实际情况确定制氨系统工艺流程。通过前边的学习我们已经清楚地知道还原剂氨气是由液氨、氨水或尿素制备得到的,而最常用的是尿素,其次是氨水。以SCR烟气脱硝为例,采用尿素为还原剂的制氨系统有水解和热解两种方式。

（1）水解

尿素水解制氨气的典型系统流程见图5-6。尿素水解制氨气的典型系统流程包括:

① 运送至现场的颗粒尿素送入尿素颗粒储仓,经尿素计量罐加入尿素溶解罐中的工艺冷凝水（或按比例补充的新鲜除盐水）中充分溶解,以配制一定浓度的尿素溶液。溶解罐中工艺冷凝水（或除盐水）通过蒸汽加热维持在40℃左右,溶解罐设置搅拌器。溶解罐中的尿素溶液通过尿素溶液泵送入尿素溶液储罐中。

② 供给泵将尿素溶液储罐中的尿素溶液送入水解反应器。

③ 尿素溶液在水解反应器中通过蒸汽加热后发生水解反应,转化为氨气和二氧化碳,水解后的残留液体尽可能回收至系统设备中反复利用,以减少系统热损失。水解反应器的设计应保证溶液有足够的停留时间,加热蒸汽一般由汽机抽汽作为汽源。

④ 尿素水解后生成的氨气/二氧化碳进入缓冲罐,再由缓冲罐送至氨和空气混合器中与稀释空气混合后供应至锅炉SCR氨喷射系统,氨气供应管道加装电动流量调节阀门,以控制氨气供应量。

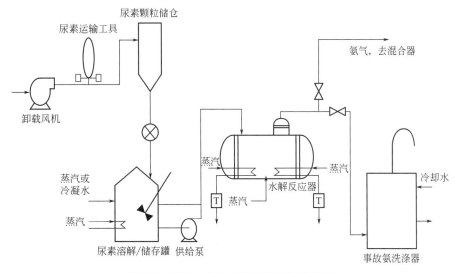

图 5-6　尿素水解制氨气典型系统流程图

（2）热解

尿素热解制氨气的典型系统流程见图5-7。尿素热解制氨气的典型系统流程包括:

① 尿素粉末储存于储仓，由螺旋给料机输送到溶解罐里，用除盐水将固体尿素溶解成 $40\% \sim 50\%$（质量分数）的尿素溶液，通过尿素溶液给料泵输送到尿素溶液储罐；

② 尿素溶液经输送与循环模块、计量与分配装置、雾化喷嘴等进入热解器，稀释空气经燃料加热后也进入热解器，雾化后的尿素液滴在热解器内分解；

③ 经稀释空气降温后的分解产物温度为 $260 \sim 350℃$，经氨喷射系统进入 SCR 反应器。

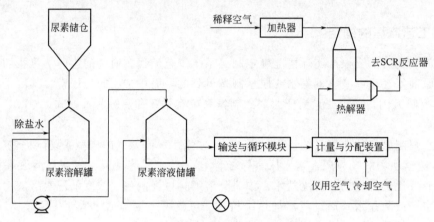

图 5-7　尿素热解制氨气典型系统流程图

 任务小结

选择还原剂时，一般考虑安全管理、运输和储存、占地面积、费用及技术等多方面因素。常见的 SCR 烟气脱硝还原剂有液氨、氨水和尿素，以尿素为主。以尿素为还原剂的制氨系统主要有水解和热解两种方式。

 任务实践评价

工作任务	考核内容	考核要点
制氨系统工艺流程的确定	基础知识	掌握常见还原剂的特点
		了解常见水解和热解的制氨工艺流程
	能力训练	比较思维能力
		知识的归纳和分析能力
		环保的安全意识

任务六　烟气脱硝重要性能指标的计算

情景导入

脱硝系统是否能正常运行，性能指标是衡量的重要标准。脱硝的性能指标有脱硝效率、脱硝装置可用率、氨氮摩尔比等。此次任务是让大家学会如何进行重要性能指标的计算。

一、脱硝效率

脱硝效率是在设计煤种及校核煤种、锅炉最大工况（BMCR）、处理100％烟气量条件下排放要求达到$NO_x \leq 100mg/m^3$（标准状况、干基）时，系统脱除的NO_x浓度与脱硝前烟气中NO_x浓度的百分比：

$$脱硝效率 = \frac{C_1 - C_2}{C_1} \times 100\% \tag{5-1}$$

式中 C_1——脱硝前烟气中NO_x浓度，mg/m^3（标准状态、干基）；

       C_2——脱硝后烟气排放口NO_x浓度，mg/m^3（标准状态、干基）。

二、脱硝装置可用率

脱硝装置可用率是指从首次喷入还原剂开始直到最后的性能验收为止的质保期内，脱硝整套装置的有效运行时间占总运行时间的百分比。脱硝装置可用率在最终验收前应不低于98％。

脱硝装置可用率的计算公式：

$$可用率 = \frac{A - B - C - D}{A} \times 100\% \tag{5-2}$$

式中 A——脱硝装置统计期间可运行小时数；

       B——若相关的发电单元处于运行状态，脱硝装置本应正常运行时，脱硝装置不能运行的小时数；

       C——脱硝装置没有达到NO_x排放要求时的运行小时数；

       D——脱硝装置没有达到其他要求时的运行小时数。

三、氨氮摩尔比

氨氮摩尔比（n）的计算公式：

$$n = C_{slipNH_3}/C_{NO_x} + \eta_{NO_x}/100 \tag{5-3}$$

式中 C_{slipNH_3}——逃逸的氨的质量浓度，mg/m^3；

       C_{NO_x}——SCR反应器入口的氮氧化物的质量浓度，mg/m^3；

       η_{NO_x}——氮氧化物脱除效率，％；

       n——NH_3与NO_x反应摩尔比。

任务小结

脱硝效率、脱硝装置可用率和氨氮摩尔比是烟气脱硝重要的性能指标，在废气系统运行时要确保这些指标在合理范围之内。脱硝工艺的比选，不仅涉及脱硝工艺路线的比选、还原剂制氨系统的确定，还有催化剂的选择和用量的计算、性能指标的计算等。

任务实践评价

工作任务	考核内容	考核要点
烟气脱硝重要性能指标的计算	基础知识	了解脱硝常见性能指标
		了解脱硝常见性能指标的作用
	能力训练	会进行脱硝常见性能指标的计算
		会根据脱硝常见性能指标的数据查找材料,简要分析当前运行情况

任务七　编制烟气脱硝运行维护手册

✿ 情景导入 ✿

　　假设你是某企业安环部中的一员,请认真学习下面内容,试着编制本企业 SCR 和 SNCR 烟气脱硝运行维护手册。

 知识链接

5-2　南方某电厂废气脱硝工艺系统现场介绍

南方某电厂废气脱硝工艺系统现场介绍

　　现在大家对湿法烟气脱硝了解多少呢?扫二维码,观看"南方某电厂废气脱硝工艺系统现场介绍"视频,复习前边所学知识,再继续本任务的学习吧。

一、SCR 烟气脱硝

1. 脱硝系统的运行

(1) 烟气脱硝设施的启停要求

① 投运前检查

a. 应按辅机通则或运行规范进行检查,确认 SCR 系统具备投运条件。

b. 长时间停用后启动时,应对供氨管线用氨气进行吹扫。吹扫压力 0.4MPa,排放、加压重复 2~3 次。

c. 启动前应对液氨储存与稀释排放系统、液氨蒸发系统、稀释风机系统、循环取样风机系统、吹灰器、SCR 烟气系统进行全面检查,保证各系统符合启动相关要求。

② 系统启动

a. 喷氨前 24 小时,启动烟气分析仪。

b. 锅炉启动后,观察烟气温度和燃烧工况,确认 SCR 区域无易燃物沉积。

c. 确认氨切断阀关闭,将氨流量控制器切换到"手动"模式,关闭氨流量控制阀。

d. 启动稀释风机,确认稀释空气总流量超过设计值;空气流量调试时已设定好,一般不宜轻易改变。

e. 启动液氨蒸发系统，确认氨气压力为 0.3MPa 左右时，调节阀切换到"自动"模式。

f. 当 SCR 进口烟气温度大于 320℃且小于 410℃时，可以打开缓冲罐出口截止门，打开氨切断阀。

g. 在氨喷入烟气前，氨/空气分配支管上的节流阀应处于全开状态。

h. 手动调节流量控制阀，为氨/空气混合器供应氨气，注意控制氨气/空气混合气中氨气体积比不大于 5%，并将氨/空气混合气通向氨喷射格栅。

i. 根据 SCR 入口烟气中的 NO_x 浓度及负荷情况，SCR 出口 NO_x 浓度、氨逃逸指标应满足环保标准，手动缓慢调节氨流量调节阀，稳定后将氨流量控制器切换到"自动"模式，确认 SCR 系统运行正常。

j. 根据锅炉运行工况检查确认 SCR 进出口温度、NO_x 与 O_2 浓度、氨流量及其供应压力和稀释空气流量等是否正常。若 SCR 出口 NO_x 浓度显示值随喷氨量的增加无变化或明显有误，应及时对整个脱硝系统进行检查处理，并暂停喷氨。

③ 系统停运

a. 正常停运前，应对脱硝系统的设备进行全面检查，将所发现的缺陷记录在有关记录簿内，并及时录入缺陷系统网，以便检修人员根据检查记录进行处理。

b. 当氨逃逸率超过设计值且经过调整不达标或氨供应系统出现故障时，应停止供氨；当催化剂堵塞严重，且经过正常吹灰后无法疏通，或仪用气系统故障、电源故障中断时，应停运脱硝系统。

c. 通过手动或自动关闭氨切断阀，停止供氨，从而达到 SCR 系统的紧急停机。

d. 发生如下情况时，应立即确认氨切断阀自动关闭：锅炉紧急停机；反应器进口烟气温度低；氨和空气混合比高；断电。

e. 宜保持稀释风机继续运行，对氨喷射管道进行吹扫。如锅炉仍在运行，一旦系统跳闸，查明原因并恢复，按正常启动步骤启动 SCR 系统；如锅炉难以恢复正常运行，应使稀释风机一直运行，将残留在混合器和管道中的氨气吹扫干净，然后按正常停机步骤停机。

f. 若不能供应仪用空气，SCR 系统应按照"正常停机步骤"进行停机。

（2）一般规定

① 脱硝系统的运行、维护及安全管理除应执行《火电厂烟气脱硝（SCR）系统运行技术规范》（DL/T 335—2010）外，还应符合国家现行有关强制性标准的规定。

② 未经当地环境保护行政主管部门批准，不得停止运行脱硝系统。由紧急事故及故障造成脱硝系统停止运行时，应立即报告当地环境保护行政主管部门。

③ 脱硝系统应根据工艺要求定期对各类设备、电气、自控仪表及建（构）筑物进行检查维护，确保装置稳定可靠运行。

④ 脱硝系统在正常运行条件下，各项污染物排放应满足国家或地方排放标准的规定。

⑤ 应建立健全与脱硝系统运行维护相关的各项管理制度，以及运行、操作和维护规程；建立脱硝系统主要设备运行状况的记录制度。

⑥ 劳动安全和职业卫生设施应与脱硝系统同时建成运行，脱硝系统的安全管理应符合 GB 12801 中的有关规定。

⑦ 若采用液氨作为还原剂，应根据《危险化学品安全管理条例》的规定建立本单位事故应急救援预案，配备应急救援人员和必要应急救援器材、设备，并定期组织演练。

（3）人员与运行管理

① 脱硝系统的运行管理既可成为独立的脱硝车间，也可纳入锅炉或除灰车间的管理范畴。

② 脱硝系统的运行人员宜单独配置，当需要整体管理时，也可以与机组合并配置运行人员，但至少应设置1名专职的脱硝技术管理人员。

2. 脱硝系统的维护

常见的烟气脱硝设施故障处理及措施如下：

① 脱硝设施发生故障时，应按规程规定正确处理，以保证人身和设备安全，不影响机组安全运行。

② 应正确判断和处理故障，防止故障扩大，限制故障范围或消除故障原因，恢复设施运行。在设施已不具备运行条件或危害人身、设备安全时，应按临时停运处理。

③ 在电源故障情况下，应确认挡板门、阀门状态，查明原因及时恢复电源。若短时间内不能恢复供电，应按临时停运处理。

④ 故障处理完毕后，运行人员应将事故发生的时间、现象、所采取的措施等做好记录，并按照DL 558的规定组织有关人员对事故进行分析、讨论、总结经验，从中吸取教训。

⑤ 当发生其他故障时，运行人员应根据自己的经验采取对策，迅速处理。首先保证蒸发器停运，中断喷氨。具体操作内容及步骤应根据电厂中系统的实际情况和运行规程中的规定灵活处理。

⑥ 应制定催化剂受潮、进入油雾或易燃物及火警处理措施。

⑦ 脱硝设施运行常见故障的处理措施见表5-5。

表 5-5　脱硝设施运行常见故障的处理措施

故障现象	原因	处理措施
脱硝效率低	供氨量不足	检查氨逃逸率； 检查氨气压力； 检查氨流量控制阀开度和手动阀门的开度； 检查管道堵塞情况； 检查氨流量计及相关控制器
	出口NO_x浓度设定值过高	检查氨逃逸率； 调整出口NO_x浓度设定值为正确值
	催化剂活性降低	取出催化剂测试块，检验活性； 加装备用层； 更换催化剂
	氨分布不均匀	重新调整喷氨混合器节流阀以便使氨与烟气中NO_x均匀混合； 检查喷氨管道和喷嘴的堵塞情况
	NO_x/O_2分析仪给出信号不正确	检查NO_x/O_2分析仪是否校准； 检查烟气采样管是否堵塞或泄漏； 检查仪用气
压损高	积灰	清理催化剂表面和孔内积灰； 烟道系统清灰； 检查吹灰系统
	仪表取样管道堵塞	吹扫取样管，清除管内杂质

二、SNCR 烟气脱硝

1. 脱硝系统的运行

（1）一般规定

① 脱硝系统的运行、维护及安全管理除应执行相关标准外，还应符合国家现行有关强制性标准的规定。

② 未经当地环境保护行政主管部门批准，不得停止运行脱硝系统。由紧急事故及故障造成脱硝系统停止运行时，应立即报告当地环境保护行政主管部门。

③ 脱硝系统应根据工艺要求定期对各类设备、电气、自控仪表及建（构）筑物进行检查维护，确保装置稳定可靠地运行。

④ 脱硝系统在正常运行条件下，各项污染物排放应满足国家或地方排放标准的规定。

⑤ 应建立健全与脱硝系统运行维护相关的各项管理制度，以及运行、操作和维护规程，建立脱硝系统、主要设备运行状况的记录制度。

⑥ 劳动安全和职业卫生设施应与脱硝系统同时建成运行，脱硝系统的安全管理应符合 GB 12801 中的有关规定。

⑦ 若采用液氨作为还原剂，应根据《危险化学品安全管理条例》的规定建立本单位事故应急救援预案，配备应急救援人员和必要应急救援器材、设备，并定期组织演练。

（2）人员与运行管理

① 脱硝系统的运行管理既可成为独立的脱硝车间，也可纳入锅炉或除灰车间的管理范畴。

② 脱硝系统的运行人员宜单独配置。当需要整体管理时，也可以与机组合并配置运行人员。但至少应设置 1 名专职的脱硝技术管理人员。

③ 应对脱硝系统的管理和运行人员进行定期培训，使管理和运行人员系统掌握脱硝设备及其他附属设施正常运行的具体操作和应急情况的处理措施。运行操作人员上岗前还应进行以下内容的专业培训：

a. 启动前的检查和启动要求的条件；

b. 脱硝设备的正常运行，包括设备的启动和关闭；

c. 控制、报警和指示系统的运行和检查，以及必要时的纠正操作；

d. 最佳的运行温度、压力、脱硝效率的控制和调节，以及保持设备良好运行的条件；

e. 设备运行故障的发现、检查和排除；

f. 事故或紧急状态下的操作和事故处理；

g. 设备日常和定期维护；

h. 设备运行及维护记录，以及其他事件的报告编写。

④ 脱硝系统运行状况、设施维护和生产活动等的内容包括：

a. 系统启动、停止时间；

b. 还原剂进厂质量分析数据、进厂数量、进厂时间；

c. 系统运行工艺控制参数记录，至少应包括：氨区各设备的压力、温度、氨的泄漏值，脱硝反应区烟气温度、烟气流量、烟气压力、烟气湿度、NO_x 和氧气浓度、出口 NH_3 浓度等；

d. 主要设备的运行和维修情况的记录；

e. 烟气连续监测数据的记录；

f. 生产事故及处置情况的记录；

g. 定期检测、评价及评估情况的记录等。

⑤ 运行人员应按照规定坚持做好交接班制度和巡视制度，特别是采用液氨作为还原剂时，应对液氨卸车储存和液氨蒸发过程进行监督与配合，防止和纠正装卸过程中产生泄漏对环境造成污染。

⑥ 在设备冲洗和清扫过程中如果产生废水，应收集在脱硝系统排水坑内，不得将废水直接排放。

2. 脱硝系统的维护

SNCR 脱硝系统主要由尿素溶液制备区和炉区两部分组成。尿素溶液制备区需要定期对蒸汽管线及阀门管件、溶解泵、溶液循环泵及溶液循环泵前的过滤器进行检查，当泵进行两路切换运行后，需要对原泵管路进行冲洗，避免残留的尿素溶液在管道内结晶。过滤器根据运行情况定期进行排污、清洗。

炉区主要包括稀释计量模块、分配模块、风机模块及喷射系统。当稀释计量模块上尿素溶液管路进口的压力开关出现低报警时，需要及时检查尿素制备区尿素溶液循环管路、溶液循环泵等设备，以免影响脱硝效果。

风机模块需要保证风机出口压力，如果压力变送器显示压力过低，则需要对风机进行检查。雾化风机的运行会影响喷枪雾化药剂跟烟气的混合，从而影响脱硝效果。当喷枪发生堵塞时，或者喷枪长时间不运行的时候，需要将喷枪抽出，密封盒套筒用盲法兰封住，防止漏风。喷枪正常运行时及短时间不运行的情况下，雾化风机要保持运行，用来保护喷枪。当系统长期停止运行时，需要对整个尿素溶液管路进行冲洗。该冲洗最好采用人工操作，控制系统打到手动挡。SNCR 系统运行一周后，建议对所有喷枪进行抽出检查，确认喷枪没有堵塞或者物理上的损坏。之后正常运行期间，建议每隔 2 个月对喷枪进行一次检查。

另外，脱硝系统的维护保养应纳入全厂的维护保养计划中，检修时间间隔宜与锅炉同步进行；维护人员应根据维护保养规定定期检查、更换或维修必要的部件并做好维修保养记录。

 任务小结

烟气脱硝运行维护手册一般来说是为了加强电厂脱硝装置的标准化管理，保证脱硝装置的正常安全运行，使脱硝装置的运行维护操作程序化、规范化。一般来说，手册中应该包括系统的具体情况，还应包含运行控制参数、运行和维护中需要特别注意的问题等。操作人员通过学习手册，可以懂得整个装置的运行、系统连接以及设备的基本结构特点，这样才可能在系统发生故障时迅速正确地采取措施。

 任务实践评价

工作任务	考核内容	考核要点
编制烟气脱硝运行维护手册	基础知识	常用烟气脱硝系统
		常用烟气脱硝工艺流程及设备

续表

工作任务	考核内容	考核要点
编制烟气脱硝运行维护手册	基础知识	烟气脱硝运行维护要点
	能力训练	实操能力
		仪器设备维护保养能力
		故障分析与处理能力
		台账记录与分析能力
		责任（安全）意识
		发现并解决问题的能力

⇄ 应用案例拓展一　火电行业 SCR 脱硝

某电厂一期 5 号机组 2006 年同步投产脱硝装置，引进丹麦 SCR 烟气脱硝技术。5 号机组 SCR 烟气脱硝工艺采用的是直通型流道，波纹板和平板间隔布置的催化剂，不易堵灰，脱硝效率高。此机组脱硝装置运行多年来，催化剂未出现严重堵灰情况，氨逃逸率小于 3ppm 的情况下，脱硝效率也能保持 80% 以上。

1. 概况

该发电厂一期 5×600MW 燃煤机组，5 号机组为 SCR 脱硝机组，已于 2006 年投产，由丹麦托普索公司联合韩国凯西公司提供 SCR 烟气脱硝技术，系统布置于省煤器之后，空预器之前，属于高尘布置方式。在设计煤种及校核煤种、锅炉最大工况（BMCR）、处理 100% 烟气量条件下脱硝装置脱硝率保证值大于 80%。

2. SCR 烟气脱硝技术特点

SCR 是 selective catalytic reduction 的缩写，是指选择性催化还原技术。目前，大型燃煤电厂烟气脱硝应用最为广泛的是选择性催化还原 SCR 技术，该技术由 Engelhard 公司发明并于 1957 年申请专利，分别于 1977 年和 1979 年在燃油和燃煤锅炉上成功投入商业运营，20 世纪 80 年代中期开始迅速在日本、西欧和美国等的电站应用。目前，SCR 已成为世界上应用最广泛、最为成熟且最有成效的一种烟气脱硝技术。SCR 反应器和辅助系统是 SCR 脱硝系统的核心部分，主要由带膨胀节的进出口烟道、导流板、均流板、灰斗、立式反应器催化剂的方形支撑、注氨格栅、催化剂和吹灰装置组成。

（1）SCR 烟气脱硝技术原理及系统

SCR 脱硝工艺中，氮氧化物在催化剂作用下被氨还原为无害的氮气和水，不产生任何二次污染，反应通常可在温度 250～450℃下进行，其化学反应如下：

$$4NH_3 + 4NO + O_2 \longrightarrow 4N_2 + 6H_2O$$
$$6NO_2 + 8NH_3 \longrightarrow 7N_2 + 12H_2O$$

SCR 脱硝系统的工艺流程如图 5-8 所示。SCR 烟气脱硝装置主要由液氨卸载/储存系统、注氨系统、SCR 反应系统、吹灰系统、干除灰系统组成，其工艺装置主要组成部分包括两个装有催化剂的反应器、两个液氨存储罐及一套氨气注入系统。来自存储罐的液氨靠自身的压力进入蒸发器中，被热水加热蒸发成氨气。从氨气积压器出来的氨气经由稀释风机来的空气在氨气/空气混合器混合稀释，通过注入系统被注入烟气中，被稀释的氨气和烟气在 SCR 前被充分混合均匀后进入两层催化剂，进而产生化学反应，氮氧化物就被脱除。

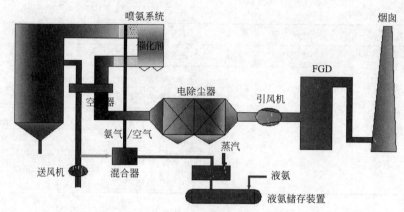

图 5-8　SCR 烟气脱硝工艺流程图

（2）SCR 烟气脱硝技术参数

脱硝装置加装于锅炉省煤器与空预器之间的烟道上，整体布置在送一次风机上部。系统不设置旁路烟道，进出口无挡板门，分为 A、B 两侧，两侧烟道独立，对称布置，烟道内部采用导流板降低系统阻力。SCR 入口处有喷氨格栅和星型混合器，氨气和稀释风经过喷氨层喷嘴进入烟道内部，然后经过星型混合器产生扰流来加强与烟气的混合均匀程度。经过两个 90°烟道弯头后，混合均匀的烟气进入催化剂上层的均流板。均流板为 500mm 高垂直布置的蜂窝状通道，起到稳流和均布烟气作用，并且保证烟气垂直进入催化剂。烟气经过均流板后进入两层催化剂，然后经出口烟道进入空预器。在每侧每层催化剂上有 4 台耙式吹灰器，采用辅汽进行吹扫。脱硝催化剂底部水平烟道上有灰斗和输灰系统，对积存的灰进行定期输送。5 号机组 SCR 脱硝装置 NO_x 脱除率≥80%，主要性能参数见表 5-6。

表 5-6　5 号机组 SCR 脱硝装置主要性能参数

项目	参数	单位
NO_x 脱除率	≥80(NH_3/NO_x<0.817)	%
NO_x 出口含量	≤110(进口 550)	mg/m³(标准状况)
氨逃逸率	≤3	ppm
SO_2/SO_3 转化率	≤1.0	%
催化剂寿命	≥3	a
脱硝装置可用率	≥98	%

3. SCR 烟气脱硝系统运行情况

该电厂一期 5 号机组脱硝系统投产以来，在机组满足脱硝投运条件的情况下，投运率达 100%，脱硝效率保持在 80% 以上，氮氧化物 2007 年至 2010 年期间，年均减排达2715t，其中 2010 年氮氧化物减排 2983.65t。

（1）SCR 烟气脱硝装置运行主要监测参数

SCR 烟气脱硝装置运行主要关注以下几个参数：

a. 反应器入口/出口氮氧化物的量；　　　　d. 氨消耗的控制；

b. 脱硝催化剂的入口温度；　　　　　　　e. 反应器氨逃逸的量；

c. 通过反应器的阻力降；　　　　　　　　f. 氧含量；

g. 烟气流量或烟气流速；　　　　　　　　　h. 吹灰情况。

（2）SCR 烟气脱硝装置运行情况

进入催化剂内部任意一点的烟气温度均要超过 280℃（低温喷氨容易形成硫酸氢氨，即 ABS），要达到这个值，则必须保证进入催化剂表面的平均烟气温度不能低于 290℃。烟气设计温度为 365℃，最高温度不超过 400℃（高报警），到 430℃时为高高报警（此时停止注氨），300℃为低报警，290℃为低低报警（此时停止注氨）。运行执行标准为高于 317℃后才能喷氨。从日常曲线可以看出，降负荷至 460MW 时，烟气温度就已经降到了 317℃，此时也停止喷氨。升负荷过程则不相同，一般运行到 510～550MW 左右才能将烟气温度升高至 320℃以上。所以脱硝的投运情况与系统负荷直接相关。另外也说明锅炉的效率设计应当考虑到脱硝系统对温度的要求，综合送一次风及锅炉排烟温度多方面因素进行考虑。

催化剂两层总压降报警值为 50H$_2$O（即 500Pa），当压差上升而无法降低时说明催化剂有堵塞情况，而堵塞可能有灰渣堵塞、硫酸氢氨黏附、催化剂本体损坏等原因。运行中整体压差有逐渐升高的趋势，说明催化剂表面情况有恶化，需要增加吹灰时间或频率。机组停运后，潮气及冷风进入催化剂，使部分飞灰黏附加剧，致使启动后压差有所上升。因此，机组停运时的催化剂保养至关重要。

氨逃逸率通过在催化剂下游安装的氨气浓度检测装置来测量。当氨气浓度大于 2ppm 时报警，当大于 5ppm 时要求停止喷氨。从投运至今的情况来看，氨逃逸率超过 5ppm 的情况非常少，但是由于脱硝入口没有氨分析仪，所以无法对实际效率及催化剂实际状态进行有效的评估。因为只有在保证实际效率超过设计值时氨逃逸率不超标才能说明催化剂状态良好。

（3）SCR 烟气脱硝装置缺陷分析

从 2006 年投产以来，到 2010 年底 5 号机组 SCR 烟气脱硝装置共出现过 310 条缺陷，投产初期，缺陷类型和数量较多，但随着投产时间的增加，设备磨损和老化问题突出并呈逐渐增多趋势，主要是设备运行环境恶劣、设备寿命周期缩短以及新设备投产运行经验不足等原因。其主要缺陷情况见表 5-7。

表 5-7 5 号机组脱硝系统主要缺陷情况　　　　　单位：条

原因	2006 年	2007 年	2008 年	2009 年	2010 年
安装工艺劣	7	2	0	0	0
检修质量劣	4	4	1	0	2
设备质量劣	3	8	4	3	2
选型不当	2	5	2	0	0
设计原因	2	2	1	0	0
维护不当	2	2	0	0	2
磨损或老化	0	50	42	88	59
操作不当	0	3	4	2	2
合计	20	76	54	93	67

5 号机组脱硝除灰系统缺陷出现 140 条，为脱硝各分系统中最多。脱硝吹灰器出现 16 条缺陷，其中吹灰器 15 和 16 号各重复出现 3 次，主要原因是吹灰器程序故障。SCR 数据分析仪缺陷 24 条，主要原因是运行环境恶劣，导致仪表易出现故障。液氨储存区出现 123 条缺陷，主要存在问题是表记测量异常或故障，以及阀门动作故障等情况。其

中还出现 4 次液氨泄漏缺陷，主要发生在供氨环节上。

从 5 号机组脱硝装置运行期间出现的缺陷来看，SCR 烟气脱硝装置运行几年来情况较好，没有出现较大的异常。通过运行和维护经验的不断完善，技术和设备的不断改良，SCR 烟气脱硝装置运行逐渐成熟。

(4) SCR 烟气脱硝装置运行中主要异常分析

① 烟道导流板断裂，脱落　脱硝入口烟道由于烟道尺寸小，风速高，导流板受力大，加上烟气中含粉尘量大，对导流板及烟道支撑均产生严重磨损。而导流板的损坏则导致进入喷氨层的烟气流场流速偏差大，流场流速偏差大则又导致喷氨层各部位喷氨量不能均匀混合，从而降低脱硝效率。

② 氨泄漏　投产至今主要发生了两类氨泄漏：一类是由焊接工艺差造成的。液氨罐温度套管由于选型不当，密封不良，套管焊接部位泄漏，后将此套管与温度计焊接后安装，投运正常。另一类则是密封材料受氨冷热变化后造成变形不能恢复，密封效果变差后泄漏，主要是阀门内的 O 形圈，更换为硬质四氟乙烯板后正常。另外氨区的各部位连接螺栓锈蚀严重，对法兰连接强度是一个隐患，建议投产前全部采用不锈钢螺栓进行连接。液氨罐泄漏是重点要防止的问题，系统上采用可以倒罐的管道布置，另外则是对密封材料及锈蚀螺栓定期更换。

③ 灰管道磨损　脱硝系统投产后，灰管多次发生磨损泄漏事件，由于灰管与氨管并列布置，动火风险大，所以一直是难题。主要问题在两个方面：一是输灰压力太高；二是管道全程焊接，无法兰连接或伸缩节，灰管弯头部位磨损后只能补焊或做耐磨层修补。治理措施主要是：对输灰压力进行调整，保证能正常输送即可；管道弯头部位采用耐磨陶瓷弯头，并且弯头采用法兰连接安装，即使损坏也便于拆卸焊接。

④ 催化剂模块密封板变形、部分催化剂堵灰　停运检查时发现部分不锈钢密封板变形，催化剂模块之间形成旁路，造成部分模块之间积灰。另外催化剂表面局部区域有积灰，无法清通，从而形成永久性堵塞。催化剂的小人孔部位有大量的积灰，每次停运进入之前应当人工清理出来，而不能直接将冷灰直接推入催化剂表面，这样将导致冷灰将催化剂局部堵塞。催化剂上层烟道导流板上设计吹灰管道，运行中应当定期投入吹扫，避免积灰过多后瞬间大量灰落到催化剂表面，形成局部堵灰。同时建议大修中将催化剂表面用防雨布遮盖，这样可以避免灰块落到催化剂表面。

4. 结束语

5 号机组脱硝装置为该电厂先期试点投产项目机组，SCR 烟气脱硝系统投入运行后，系统运行良好，在满足脱硝系统投运条件的情况下，投运率达 100%，脱硝效率保持在80% 以上，各项主要指标均达到设计值。

通过 SCR 烟气脱硝技术在该电厂 5 号机组的应用，使得我们对脱硝技术原理有了深刻的认识，目前已经有了一定的脱硝专业技术积累，并还在不断总结和吸收。这对公司今后在系统内各电厂全覆盖投产脱硝装置提供了现实的技术参考。

⇄ 应用案例拓展二　燃煤电厂 SNCR 脱硝

1. 概况

中国某燃煤电厂三期 2 台 600MW 燃煤发电机组于 2006 年同时投产。该机组锅炉采用Alstom 技术设计，由上海锅炉厂生产。锅炉采用炉膛分级燃烧以及燃尽风的低 NO_x 切圆燃烧技术，此外还配备了以尿素作为还原剂的 SNCR 脱硝装置。由于锅炉本身设有低氮燃烧器，NO$_x$ 的排放浓度已低于现行环保排放标准，故电厂要求 SNCR 的脱硝效率仅在 25% 以上。实践证明，低氮燃烧器与 SNCR 技术相结合产生了良好的脱硝效果。

2. SNCR 脱硝系统

SNCR 脱硝系统示意图见图 5-9，为便于现场设备的安装，制造商采用模块化的供货方式。每个模块在脱硝流程中都具备一定的功能。具体如下：

① 循环模块 循环模块的作用是将储存罐中 50% 浓度的尿素溶液输送至锅炉上部平台的分配模块并在尿素溶液储罐和计量模块之间循环，以保证反应剂的持续供应并保持尿素溶液维持一定的温度。

② 稀释水模块 SNCR 脱硝系统中，稀释水模块的作用是将主厂提供的除盐水加压后输送至 SNCR 计量模块，完成与氨水喷入前的稀释混合。稀释水模块设置有稀释水泵，除盐水流量及管路压力通过调节阀、稀释水泵进行精确控制，流量信号及压力信号通过流量计、压力计传输至 DCS，除盐水流量可以依据氨水流量及浓度、锅炉氮氧化物排放情况及锅炉负荷变化等多项指标进行实时精确控制，满足实际工程要求。

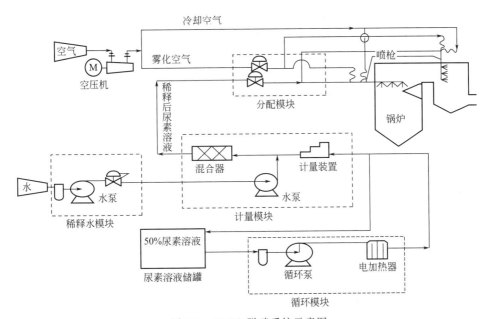

图 5-9 SNCR 脱硝系统示意图

由于多喷嘴喷射器在炉膛中的工作温度较高，故在喷射器内部通有除盐水作为多喷嘴喷射器冷却水。多喷嘴枪喷射器配带减速箱的电动伸缩机构，当喷射器不使用、喷射器套管冷却水流量不足、冷却水温度高或雾化空气流量不足时，多喷嘴枪喷射器会自动从锅炉中退出。

③ 计量模块 喷射区计量模块是脱硝控制的核心模块，用于精确计量和独立控制进到锅炉或焚化炉内每个喷射区的尿素溶液浓度。该模块采用独立的化学剂流量控制，通过区域压力控制阀与就地 PLC 控制器的结合并响应来自机组燃烧控制系统、NO$_x$ 和氧监视器的控制信号，自动调节反应剂流量，对 NO$_x$ 浓度、锅炉负荷、燃料或燃烧方式的变化做出响应，打开或关闭喷射区或控制其质量流量。

④ 分配模块 分配模块用来控制进到每个喷枪的雾化/冷却空气、混合的化学剂和

冷却水的流量。空气、混合的化学剂可以在该模块上调节，达到适当的空气与液体质量比，取得最佳的 NO_x 还原效果。

3. SNCR 脱硝技术应用注意事项

通过这个实际案例的应用，下面概括了选择 SNCR 工艺需注意的问题：

① 目前国内没有现成的 50% 尿素溶液供采购，所以电厂需从化肥厂买来袋装尿素自行配制成尿素溶液。由于尿素的溶解过程是吸热反应，其溶解热高达 -57.8cal/g（负号代表吸热，1cal≈4.1840J）。也就是说，当 1g 尿素溶解于 1g 水中时，仅尿素溶解，水温就会下降 57.8℃，而 50% 的尿素溶液的结晶温度是 16.7℃。所以，在尿素溶液配制过程中需配置功率强大的热源，以防尿素溶解后的再结晶。在北方寒冷地区的气象条件下，该问题将会暴露得更明显。

② 在整个脱硝工艺中，尿素溶液总是处于被加热状态。若尿素的溶解水和稀释水（一般为工业水）的硬度过高，在加热过程中水中的钙、镁离子析出会造成脱硝系统的管路结垢、堵塞。因此，必须在尿素中添加阻垢剂或采用除盐水作为脱硝工艺水。

③ 由于多喷嘴喷射器在炉膛内部高温区工作，为防止喷射器冷却水管路内部结垢，需采用除盐水作为多喷嘴喷射器冷却水。一般来说，除盐水来自凝汽器，由凝水泵送并经减压后进入多喷嘴喷射器，与多喷嘴喷射器换热、减压后再返回凝汽器。单个多喷嘴喷射器所需冷却水在 10～15t 之间。所以，在老机组改造中必须考虑是否有除盐水的富裕量。

④ 在 SNCR 脱硝工艺中，厂用气的耗量也是较大的。喷射雾化需要厂用气，设备的冷却需要厂用气，管路吹扫也需要厂用气。有资料表明，2×600MW 机组脱硝平均需消耗 50m³（标）/min。在老机组改造中也需要考虑厂用气的富裕量。

⑤ 电厂对粉煤灰有较好的综合利用能力或燃煤的硫分较高时，SNCR 工艺的氨逃逸率不宜超过 10ppm。

项目思维导图

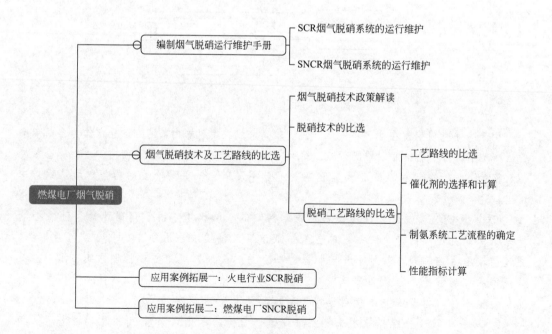

项目技能测试

一、请试着正确阐述下图某燃煤电厂的废气处理系统工艺流程图。

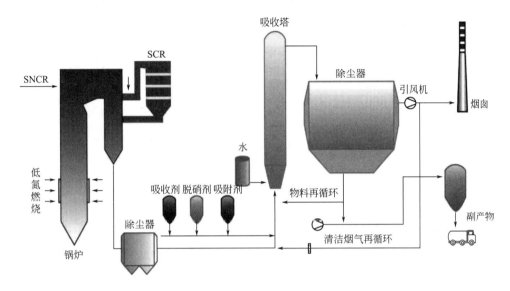

二、单选题

1. 烟气脱硝 SCR 系统中催化剂的安装顺序通常为（　　）。

A. 从上到下安装　　　　　　　B. 从下到上安装

C. 从中间到上、下　　　　　　D. 以上三种安装效果都一样

2. 三种常见的 SCR 还原剂液氨、氨水、尿素的费用从大到小描述正确的是（　　）。

A. 液氨、氨水、尿素　　　　　B. 氨水、液氨、尿素

C. 液氨、尿素、氨水　　　　　D. 尿素、液氨、氨水

3. 常见的 SCR 还原剂不需要储存设备的安全防护的是（　　）。

A. 液氨　　　　B. 氨水　　　　C. 尿素　　　　D. 都不需要

4. 烟气脱硝 SCR 系统中，一般反应器内温度控制在（　　）。

A. 200～300℃　　　　　　　　B. 300～400℃

C. 400～500℃　　　　　　　　D. 500～800℃

5. SNCR 烟气脱硝系统中比较合适的反应温度范围为（　　）。

A. 300～450℃　　　　　　　　B. 450～800℃

C. 850～1100℃　　　　　　　　D. 1100～1300℃

6. 下面说法正确的是（　　）。

A. SNCR 烟气脱硝比 SCR 所用还原剂量要少

B. SNCR 烟气脱硝比 SCR 所需反应温度要低

C. SNCR 烟气脱硝不会产生氨逃逸

D. SNCR 烟气脱硝比 SCR 脱硝效率要低

三、多选题

1. 低氮燃烧技术有以下哪些（　　）。

A. 低过量空气燃烧　　　　　　B. 空气分级燃烧

C. 燃料分段或分段燃烧　　　　D. 烟气再循环燃烧

2. 哪种技术需要有催化剂的参与（　　　）。

A. 低氮燃烧技术　　　　　　　B. SCR 烟气脱硝

C. SNCR 烟气脱硝　　　　　　D. SCR 和 SNCR 联合脱硝

四、简答题

与 SCR 烟气脱硝技术相比，SNCR 烟气脱硝技术更合适应用在什么场合？

项目六
废气收集输送系统设计

环保人&环保事

区域重污染频发、大气能见度下降和多数城市空气质量不达标已成为我国面临的最严重的环境问题。西方发达国家在工业化过程中也曾经历过严重的大气污染事件，通过大量的科学探索和持续的治理实践，这些污染问题逐步得到了有效控制，为我国开展大气污染治理和加快空气质量改善提供了借鉴。

1. 发达国家经历了漫长而艰巨的大气污染防治历程，从污染高峰到空气质量达标需要大约30~40年的艰苦努力。从发达国家大气污染的历史来看，严重的污染事件直接加快了大气污染治理的进程。

欧洲大气污染治理始于1952年发生在英国的伦敦烟雾事件，此后从煤烟型污染到酸雨与污染物跨界传输问题，欧洲采取能源替代、总量削减控制等策略，直到20世纪80年代，传统的大气污染才基本得到治理。美国大气污染治理源于20世纪50年代发生的洛杉矶光化学烟雾事件，先后颁布了《空气污染控制法》《清洁空气法》以及为解决近地面 O_3 和 $PM_{2.5}$ 污染问题而发布的《清洁空气洲际法规》。经过40多年的综合治理，美国 O_3 和 $PM_{2.5}$ 污染已大幅降低，但是仍有部分地区不能达到国家空气质量标准。日本大气污染治理源于1960年石化工厂附近患哮喘类疾病的病人数量激增事件。从1968年政府颁布《大气污染控制法》起，经过30多年的努力，日本空气质量才得到明显改善，但在大城市的中心城区，$PM_{2.5}$ 浓度达标存在较大困难。

2. 环境空气质量标准和污染物排放标准是大气污染防治体系的核心，保护公众健康是标准逐步升级的主要考虑。

国际上普遍重视对颗粒物等污染物的研究与防治，并基于对人体健康的影响逐步调整和加严标准中污染物的浓度限值。美国于1987年和1997年先后制定了 PM_{10} 和 $PM_{2.5}$ 的国家空气质量标准。欧盟从1980年起，逐步颁布了一些污染物的浓度限制和建议值标准，并不断修订和更新。我国于1982年颁布并实施了首个环境空气质量标准——《大气环境质量标准》(GB 3095—82)，历经4次修订，于2012年颁布新的环境空气质量标准。为实现空气质量达标，需要进一步严格行业污染物排放标准，包括机动车排放标准。

3. 实施多污染物和多污染源协调控制是降低空气中颗粒物浓度、全面改善空气质量的有效途径。

大气中 PM$_{2.5}$ 来源既包括直接排放的烟粉尘、扬尘和土壤尘，又包括由各前体物生成的二次颗粒物。欧美等发达国家的经验表明，有效降低环境空气中 PM$_{2.5}$ 浓度需要同时控制二氧化硫、氮氧化物、挥发性有机物、氨等污染物的排放。欧盟成员国联合中欧和东欧国家签署的哥德堡协议及美国颁布的一系列法规或计划，均对颗粒物及其前体物的排放进行了严格控制。要满足我国城市空气质量达标要求，亟待建立多污染源、多污染物综合协调控制体系。

4. 建立区域空气质量综合管理和区域污染联防联控协调机制是改善区域大气环境质量的重要保障。

欧、美、日的大气污染防治均经历了"企业污染—局域污染—城市污染—区域污染"这一治理历程。欧、美的空气质量管理经验表明，区域空气质量的改善，必须依赖于强大的区域大气污染协调控制能力。欧盟一体化的污染控制框架以及美国的系列相关法规或计划，都是区域空气质量管理的成功模式。随着城市化和工业化进程的快速发展，我国大气污染的区域复合型特征日益突出，以属地管理为主的环境管理体制不利于解决区域空气污染问题。北京奥运会、广州亚运会和上海世界博览会空气质量保障工作取得了成功，为我国建立区域联防联控机制奠定了良好的基础。

5. 能源结构调整和经济结构调整是降低污染物排放最直接有效和最根本的途径，煤炭"退出"城市是实现城市清洁空气的必要条件。

发达国家空气污染治理的历史本身就是一部能源清洁化的历史。为减少燃煤引起的煤烟型污染，欧洲国家采取以气代煤的措施，一次颗粒物排放显著下降。美国通过调整能源结构，减少煤炭使用，增加天然气消费，PM$_{10}$ 和 PM$_{2.5}$ 排放量大幅度下降。我国是世界上能源生产和消费大国，能源消费构成仍以煤炭为主，再加上空间分布不平衡、消费结构不合理和清洁高效利用水平较低等问题，在一定程度上加剧了区域与城市的大气污染。因此，从根本上解决我国空气污染问题，改变能源消费结构、能源清洁化是关键。

6. 交通运输污染控制在促进空气质量达标中起到关键作用，通过加严排放标准促进机动车技术换代和燃料清洁化。

机动车尾气排放是目前增长最快的大气污染源。欧盟通过制定机动车排放标准和燃料质量指令、发展可持续交通体系、利用经济手段等措施显著减少机动车尾气排放量。美国制订了全面的机动车污染控制计划，包括定期更新以健康为基础的空气质量标准、严格的技术要求、油品质量控制，且实施燃料管理标准先于车辆管理标准措施，从而实现减排幅度的最大化。日本于 2002 年将颗粒物浓度限值加入机动车尾气排放标准中。加拿大于 2001 年起制定了一系列法律法规来治理运输业造成的污染。我国机动车保有量随着经济发展快速增加，为有效控制移动源污染，需要从移动源管理、车用能源和城市规划等角度，制定针对"油—车—路"的综合对策，建立可持续的城市公共交通体系，优化交通管理，减少污染物排放量。

项目导航

为控制工业企业各类污染源对车间内空气和室外大气的污染，需采用各类集气装置把逸散到周围环境的污染空气收集起来，输送到净化装置中进行净化。净化后的空气再通过风机抽吸，由排气筒排入车间室外大气环境中。现在学校实训基地的一个实训车间要进行改造，车间内需放置生产时会产生大气污染物的操作台，请认真学习本项目的基础知识，完成该实训车间的废气收集输送系统的设计方案。

　　要完成该实训车间的废气收集输送系统的设计方案，需要掌握的相关知识有：

　　1. 掌握废气收集输送系统的组成；

　　2. 掌握集气罩的类型和计算；

　　3. 了解管道系统配置的原则与方式；

　　4. 掌握废气管道系统的设计计算。

技能目标

　　1. 能根据工程具体情况选择集气罩；

　　2. 会进行集气罩的初步设计计算；

　　3. 能进行简单废气管道系统的设计计算；

　　4. 会进行风机的选型。

知识目标

　　1. 了解集气罩的不同类型；

　　2. 了解集气罩设计计算的常规步骤；

　　3. 掌握管径的计算公式；

　　4. 理解压力损失的计算公式；

　　5. 掌握管道系统保护的基础知识。

任务一　操作工位集气罩设计

～⁂ 情景导入 ⁂～

　　要完成项目中金工实训车间的废气收集输送系统的设计方案，首先要对废气收集输送系统有一个系统的认知，根据废气产生源选择合适的集气罩类型，再根据实际情况对操作工位进行集气罩的设计。假设在喷漆工作台旁安装一个自由悬挂圆形侧吸罩，罩口直径为 $D_0 = 0.5\text{m}$。工作时有气流干扰，最不利点距罩的距离为 $x = 1.7\text{m}$。求罩口有边板及无边板时的排风量。请认真学习本任务的基础知识，完成实训车间操作工位集气罩的设计。

 想一想

　　请同学们以小组为单位，认真讨论后尝试写出工业企业和厨房油烟的废气收集输送系统的流程示意图吧。

　　1. 同学们在工业企业参观实习的时候，有留意到工厂车间的废气是怎样收集并输送的吗？

　　2. 在家里父母烹饪可口菜肴的时候，产生的油烟是怎样收集并输送的呢？

通过各小组的讨论，相信大家应该大致了解了废气收集输送系统的主要组成部分了吧，下面我们来进一步了解一下。通过图 6-1 餐厨油烟收集输送系统流程示意图不难看出，除了前边学习过的除尘、气态污染物的净化设备之外，废气收集输送系统还包括集气罩、通风管道和风机等。

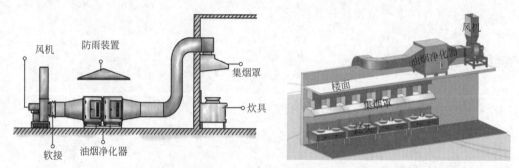

图 6-1　餐厨油烟收集输送系统流程示意图

集气罩是烟气净化系统污染源的收集装置，可将粉尘和其他气态污染物导入净化系统，同时防止其向生产车间及大气扩散造成污染。图 6-1 所示的集烟罩可以简单理解为家中的抽油烟机。通风管道的主要作用是输送气体，使净化设备和部件连成一体。风机是排风系统中气体流动的动力装置，其主要作用是为系统中的流体提供动力，保证气体流动速度，使气体流动不受压力损失的影响。为防止风机的腐蚀，一般将风机放在净化设备的后面。在工业企业，净化后的气体通常是经过烟囱排放，故烟囱是净化系统的排气装置，也称为排气筒。由于净化后烟气中仍含有一定量的污染物，这些污染物在大气中扩散、稀释后，最终还会降到地面上。为了保证污染物的地面浓度低于大气环境质量标准，烟囱必须具有一定的高度。

所以，在废气收集输送系统中，通风管道和风机起着主要的废气输送作用；在工厂车间，与家里的抽油烟机起到相同收集废气作用的，则是各种类型的集气罩。

一、集气罩的选择

集气罩又称排气罩、吸气罩、吸风罩等，通过直接安装在大气污染源的上部、侧方或下方来实现局部排风。图 6-2 是工业企业常用集气罩现场图。集气罩形式多样，目前已有十几种不同形状的集气罩广泛应用于各行业和科研单位。集气罩按罩口气流流动方式分为吸气式和吹吸式，按集气罩与污染源的相对位置及适用范围分为外部集气罩、密闭罩、排气柜、接受式集气罩等。

图 6-2　工业企业常用集气罩现场图

想一想

既然集气罩类型那么多，那如何进行集气罩的选择呢？

可以通过某生产 PVC 产品工厂废气收集处理系统改造的案例来学习如何选择集气罩。某生产 PVC 产品工厂，因原有的废气收集输送系统效果差，需要进行改造。

改造 1：生产印刷车间的密闭罩改造。车间的密闭罩由之前的图 6-3(a) 所示集气罩形式改造为图 6-3(b) 所示的集气罩形式，请同学们以小组为单位，讨论分析此次改造的原因。

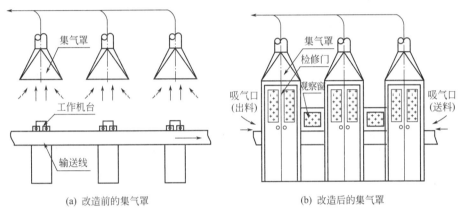

(a) 改造前的集气罩　　　　　　(b) 改造后的集气罩

图 6-3　某 PVC 产品生产印刷车间集气罩改造前后结构形式示意图

图 6-3(a) 为 PVC 产品的印刷车间原来的集气罩，由于化工原料散发出刺鼻的气味，有害气体的浓度也极高，虽然加装了大功率的抽气吸味装置，由于机台转动工件随输送线运动及风扇等横向气流的干扰，这种外部集气罩结构不理想，捕集效果不好，致使大量气体外逸。针对这种情况改成密闭型结构的集气罩，如图 6-3(b) 所示，将输送线全部密闭，由进出料口进风，通过罩口进行抽吸空气，使密闭罩内保持负压，这样有效地控制了污染空气的扩散。

知识链接

什么是外部集气罩和密闭罩？

外部集气罩即通过罩的抽吸作用，在污染源附近把污染物全部吸收起来的集气罩。此集气罩的主要特点是结构简单，制造方便，但所需排风量较大，且易受室内横向气流的干扰，捕集效率较低。其常见形式（图 6-4）有顶吸罩、侧面吸罩、底吸罩、槽边集气罩。

密闭罩是将污染源局部或整体密封起来，使污染物的扩散被限制在一定的空间内，便于捕集和净化处理的集气罩。密闭罩主要分为局部密闭罩、整体密闭罩和大容积密闭罩。表 6-1 列出了密闭罩的不同结构形式、特点和使用场合，可为密闭罩不同结构的选择提供参考依据，设计正确、密闭良好的密闭罩，可用较小的排放量就能获得良好的控制效果，设计中应优先选用。值得注意的是，密闭罩在罩口要留有必要的工作区或物料

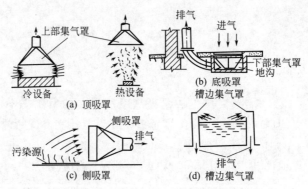

图 6-4　常见的外部集气罩结构示意图

进出口，设有观察窗和检修门。

表 6-1　密闭罩的不同结构形式、特点和使用场合

类型	密闭罩示意图	特点	使用场合
局部密闭罩		体积小，材料消耗少，操作与检修方便	产尘点固定、产尘气流速度较小且连续产尘的地点
整体密闭罩		容积大，密闭性好	多点尘源、携气流速大或有振动的产尘设备
大容积密闭罩		容积大，可缓冲产尘气流，减少局部正压，设备检修可在罩内进行	多点源、阵发性、气流速度大的设备和污染源

　　改造 2：喷漆工序密闭罩改造。图 6-5(a) 喷漆工序密闭罩在吸风口前加装了喷漆嘴及挡板；图 6-5(b) 采用了吹吸式集气罩。请同学们以小组为单位，讨论分析此次改造的原因。

　　工业生产过程中由于工艺操作的特点及现场实际情况，集气罩必须满足特殊要求，

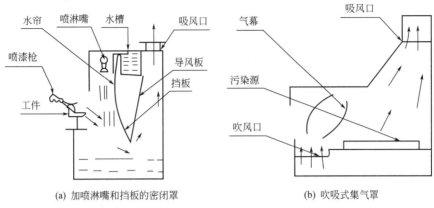

图 6-5　某 PVC 产品喷漆工序改造后的集气罩主要结构形式示意图

如图 6-5(a) 所示，根据该工艺特点在吸风口前加装了喷漆嘴及挡板，使之形成一道水帘，喷漆枪喷出雾化的油漆经过挡板阻隔及水帘过滤后，利用导风板将处理后的混合气流吸入罩内，这样有效地控制了污染向周边环境扩散，减轻了净化设备的负担，也避免了油漆黏附于管壁，简化了日后的维修清理。水帘式喷漆机台的吸气结构较为经济，有效地控制了喷漆工序造成的周边环境污染。

在某些情况下外部罩与污染源距离较远，结构上不允许将罩口靠近污染源，单纯依靠罩口的抽吸气流作用往往控制不了污染源的扩散。采用图 6-5(b) 吹吸式集气罩结构产生了较好的效果。

　知识链接

什么是吹吸式集气罩？

　　吹吸式集气罩利用吹气气流（喷射气流）比吸气气流速度衰减大数十倍的特性，即在一侧吸气的同时在另一侧吹出气流，形成一道气幕，从而组成吹吸联合集气罩，有效地阻止了有害气体外逸扩散，有效地提高了控制效果。吹吸式集气罩由于依靠吹吸气流联合对有害气体进行控制输送，具有风量小、污染控制效果好、抗干扰能力强、不影响工艺操作等的优点，近年来在国内外得到了日益广泛的应用。

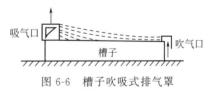

图 6-6　槽子吹吸式排气罩

　　图 6-6 是槽子吹吸式排气罩，其采用气幕抑制污染物扩散，具有气量小、抗干扰能力强、不影响工艺操作、效果好的特点。

二、集气罩的设计

　　为能设计出经济、合理、方便和美观的集气罩，设计步骤一般为先了解使用者的要求，在深入实际调查的基础上确定集气罩的结构尺寸和安装位置，确定集气罩，最后计算压力损失。排风量和压力损失是集气罩的重要性能指标。在设计时要坚持的原则有以下几点：

　　① 集气罩应尽可能将污染源包围起来，使污染物的扩散限制在最小的范围内，以便防止横向气流的干扰，减少排气量；

② 集气罩的吸气方向尽可能与污染气流运动方向一致，充分利用污染气流的初始动能；

③ 在保证控制污染的条件下，尽量减小集气罩的开口面积，以减少排风量；

④ 集气罩的吸气气流不允许经过人的呼吸区再进入罩内；

⑤ 集气罩的结构不应妨碍人工操作和设备检修。

1. 上部集气罩排风量的设计

安装于常温设备上方的集气罩叫作上部集气罩，又称为冷过程伞形罩。因罩口与发生源之间常留有一定的距离，因此比较容易受到横向气流的影响。常温设备排放出来的烟气不具有浮力，不会自动流向集气罩内，必须利用风机在罩口形成一定负压，在污染源处产生一定的上升气流，才能将烟气吸入罩内。

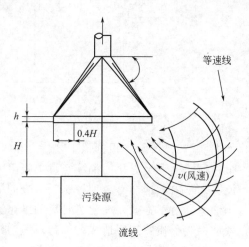

图 6-7 是上部集气罩的安装位置和尺寸图。为避免横向气流干扰，要求罩口至污染源的距离 H 尽可能小于等于 $0.3L$。为保证排气效果，罩口尺寸应大于尘源的平面投影尺寸：

$$L = a + 0.8H \qquad (6\text{-}1)$$
$$W = b + 0.8H \qquad (6\text{-}2)$$
$$D = d + 0.8H \qquad (6\text{-}3)$$

图 6-7　上部集气罩（冷过程伞形罩）
安装位置和尺寸

式中　a，b，d——尘源的长、宽、直径，m；

　　　L，W，D——罩口的长、宽、直径，m。

在四周无围挡、自由吸气时罩口的扩张角越小，风速分布越均匀。当扩张角大于 60° 时，罩口中心风速与平均风速的比值随罩口扩张角的扩大而显著增大，因此一般要求罩的扩张角应为 90°～120°。

为了避免周围空气混入排风系统，罩口宜设置法兰边，其高度 $h = 0.25A^{1/2}$，A 为罩口面积，$A = LW$ 或 $A = \pi D^2/4$。

伞形罩的排风量可按下式计算：

$$Q = KCHv \qquad (6\text{-}4)$$

式中　Q——排风量，m^3/s；

　　　K——考虑沿高度速度分布不均匀的安全系数，通常取 $K = 1.4$；

　　　C——污染源的周长，m，当罩口设有挡板时，C 为未设挡板部分的污染源周长；

　　　H——罩口至污染源的距离，m；

　　　v——敞开断面处流速，在 0.25～2.5m/s 之间选取，或按表 6-2 选取。

表 6-2　敞开断面处流速

罩子形式	断面速度/(m/s)	罩子形式	断面流速/(m/s)
四面敞开	1.0～1.27	两面敞开	0.76～0.9
三面敞开	0.9～1.0	一面敞开	0.5～0.76

在工艺操作条件允许的情况下，应尽量减小敞开面积。当两面敞开时，排风量 Q 的计算公式如下：

$$Q=K(a+b)Hv \tag{6-5}$$

当一面敞开时，排风量 Q 为：

$$Q=KaHv \text{ 或 } Q=KbHv \tag{6-6}$$

2. 侧吸罩排风量的计算

为减少排风量，侧吸罩在安装时应尽量接近污染源。不同形式的侧吸罩，其排风量的计算有所不同，如表 6-3 所示。

表 6-3　各种侧吸罩排风量的计算公式

集气罩形式			罩子尺寸比例 L/W	排气量 $Q/(\mathrm{m^3/s})$
矩形或圆形	自由悬挂，无法兰边或挡板		≥0.2(或圆形)	$Q=(10x^2+A)v$
	自由悬挂，有法兰边或挡板			$Q=0.75(10x^2+A)v$
	台上或落地式			$Q=0.75(10x^2+A)v$
	台上			有法兰边或挡板 $Q=0.75(5x^2+A)v$
				无法兰边或挡板 $Q=5(x^2+A)v$
条缝	自由悬挂，无法兰边或挡板		≤0.2	$Q=3.7Lxv$ $v=10\mathrm{m/s}$
	自由悬挂，有法兰边或挡板		≤0.2	$Q=2.8Lxv$ $v=10\mathrm{m/s}$

续表

集气罩形式			罩子尺寸比例 L/W	排气量 $Q/(\text{m}^3/\text{s})$
条缝	工作台上,无法兰边或挡板		$\leqslant 0.2$	$Q=2.8Lxv$ $v=10\text{m/s}$
	工作台上,有法兰边或挡板		$\leqslant 0.2$	$Q=2Lxv$ $v=10\text{m/s}$

注：W 为罩口宽度，m；x 为控制点至罩口的距离，m；v 为风速，m/s；A 为罩口面积，m^2；Q 为集气罩排风量，m^3/s。

3. 密闭罩排风量的计算

密闭罩的形式各不相同，排风口位置应根据工艺情况、生产设备的结构和特点、含尘气流的运动规律来确定。排风点应设置在罩内压力最高的部位，以利于消除正压。罩口风速应当选得合理，不宜过高，通常可按表 6-4 中的数据确定。

表 6-4　密闭罩罩口风速

物料或粉尘类型	罩口风速/(m/s)	物料或粉尘类型	罩口风速/(m/s)
筛落的极细粉尘	$0.4\sim0.6$	粗颗粒物料	<3
粉碎或磨碎的细粉	<2		

从密闭罩中排出的风量，不仅与罩子结构、罩内气流状况、工艺设备的种类、操作情况等因素有关，还必须与密闭罩内的进风量相平衡。其排风量 Q（m^3/h）主要由两部分组成：a. 污染源产生的气体量 Q_1（m^3/h）；b. 从孔口或不严密处吸入罩内的空气量 Q_2（m^3/h）。故排放风量为：

$$Q=Q_1+Q_2 \tag{6-7}$$

实际上，要精准计算排风量是很困难的，一般按照经验公式或计算表格来进行计算。

① 按照污染气体产生量与缝隙面积计算排风量：

$$Q=Q_1+3600Kv\sum A \tag{6-8}$$

式中　K——安全系数，一般取 $K=1.05\sim1.10$；

　　　v——通过缝隙或孔口的速度，一般取 $1\sim4\text{m/s}$；

　　$\sum A$——密闭罩上孔口及缝隙的总面积，m^2。

② 按截面风速计算排风量：

$$Q=3600Av \tag{6-9}$$

式中　A——密闭罩的截面积，m^2；

　　　v——垂直于密闭罩截面的平均风速，一般可取 $0.25\sim0.50\text{m/s}$。

此计算方法常用于大容积密闭罩排风量的计算，吸气口常设在密闭室上口部。

③ 按照换气次数计算排风量：

$$Q=60nV \tag{6-10}$$

式中 n——换气次数，当 $V>20\text{m}^3$ 时，n 取 7；

V——密闭罩容积，m^3。

由上可知，在工程设计中，用控制速度法计算排风量，应首先根据工艺设备及操作要求，确定集气罩形状及尺寸；其次，根据控制要求安排罩口与污染源的相对位置，确定罩口几何中心与控制点的距离，再确定控制速度；最后，求得罩口上的气流速度，进而计算集气罩的排风量。

4．柜式排风罩排风量的计算

柜式排风罩（又称通风柜）是密闭罩的一种特殊形式，散发有害物的工艺装置（如化学反应装置、热处理设备、小零件喷漆设备等）置于柜内，操作过程完全在柜内进行。排风罩上一般设有可开闭的操作孔和观察孔。为了防止由罩内机械设备的扰动、化学反应或热源的热压以及室内横向气流的干扰等引起有害物逸出，必须对柜式排风罩进行抽风，使罩内形成负压。

通风柜的工作原理与密闭罩相同，其排风量可按下式计算：

$$L=L_1+\beta vF \tag{6-11}$$

式中 L_1——柜内污染气体的发生量，m^3/s；

v——工作孔上的控制风速，m/s；

F——工作孔、观察孔及其他缝隙的总面积，m^2；

β——安全系数，一般取 $\beta=1.05\sim1.10$。

工作孔上的控制（吸入）速度大致在 $0.25\sim0.75\text{m/s}$ 范围内，可按表 6-5 选用。

表 6-5 通风柜的控制风速

有害物性质	控制风速/（m/s）	有害物性质	控制风速/（m/s）
无毒有害物	$0.25\sim0.375$	极毒或少量放射性有害物	$0.5\sim0.6$
有毒或有危险的有害物	$0.4\sim0.5$		

柜式排风罩设计的注意事项：

① 柜式罩排风效果与工作口截面上风速的均匀性有关，设计要求柜口风速不小于平均风速的 80%。当通风柜只开启一面工作孔时，在室内各种进风方式和柜内抽风方式下，工作口风速分布较同一抽风量开启两面工作口时均匀。因此，在不影响操作的前提下，为了使通风柜有较好的效果，以开启一面工作口进行操作为宜。

② 柜式罩安装活动拉门，但不得使拉门将孔口完全关闭。

③ 柜式罩一般设在车间内或实验室内，罩口气流容易受到环境的干扰，通常按推荐入口速度计算出的排风量，再乘以 1.1 的安全系数。

④ 柜式罩不宜设在接近门窗或其他进风口处，以避免进风气流的干扰。当不可能设置单独的排风系统时，每个系统连接的柜式罩不应过多。最好单独设置排风系统，避免互相影响。

5．压力损失的确定

集气罩的压力损失 $\Delta p(\text{Pa})$ 一般由阻力系数 ξ 和直管中的动压 p_d 计算得到：

$$\Delta p=\xi p_d=\xi\rho v^2/2 \tag{6-12}$$

式中 ξ——阻力系数；

p_d——气流的动压，Pa；

ρ——气体的密度，kg/m^3；

v——速度，m/s。

对于结构形状一定的集气罩，ξ 值为常数。表 6-6 给出了几种罩口的阻力系数。

表 6-6　几种罩口的阻力系数 ξ

罩口	喇叭口	圆台或天圆地方	有弯头的圆台或天圆地方	管道端口	有边管道端口
罩子形状					
ξ	0.04	0.235	0.49	0.93	0.49
罩口	有弯头的管道端头	有弯头有边的管道端头	排风罩（如加在化铅炉上面）	有格栅的下吸罩	砂轮罩
罩子形状					
ξ	1.61	0.825	0.235	0.49	0.56

　　如果想学习更多的集气罩的设计，可以查看相关的设计手册。

　　学习了以上集气罩设计的基础知识，此次操作工位集气罩设计任务是否可以完成了呢？下面的简要解答可以给大家做个参考。

　　查相关表格，取 $v=0.5\text{m/s}$

　　无边板时：

$$Q=(10x^2+F)v=(10\times1.7^2+\pi\times0.5^2/4)\times0.5=14.55(\text{m}^3/\text{s})$$

　　有边板时：

$$Q=0.75(10x^2+F)v=0.75\times14.55=10.9(\text{m}^3/\text{s})$$

　　加边板后节约排风量 1/4。

 任务小结

　　设计集气罩，要先了解使用者的要求，在深入实际调查的基础上确定集气罩的结构尺寸和安装位置，确定集气罩的排放量等重要参数，最后计算压力损失。

 任务实践评价

工作任务	考核内容	考核要点
操作工位集气罩设计	基础知识	常见集气罩的类型和组成部分
		常见集气罩排风量的计算方法
		集气罩压力损失的计算方法

续表

工作任务	考核内容	考核要点
操作工位集气罩设计	能力训练	计算能力
		逻辑思维能力
		知识运用能力

任务二　废气管道系统的设计计算

情景导入

在任务一中，完成了对操作工位集气罩的设计，接下来如何进行管道系统的设计呢？管道系统的设计是整个管道收集输送系统设计的重中之重，主要内容是管道的布置、管径的确定、系统压力损失的计算。金工实训室烟气经集气罩收集进入管道到实训楼顶进行净化处理，烟气温度为250℃，烟气流量为34000m³/h，除尘器的压力损失为1470Pa，引风机进口烟气温度为210℃，烟道是钢板材质，管道布置图如图6-8所示。若不考虑粉尘浓度的影响，计算管道直径及管道系统的总压力损失。请认真学习本任务的基础知识，完成实训室烟气管道系统的设计计算。

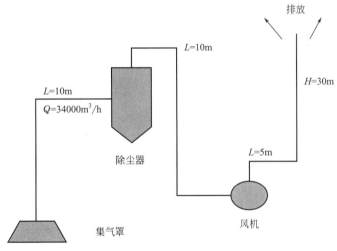

图 6-8　管道布置图

一、管道系统设计的步骤

管道设计要根据不同的对象采用的材料和风管的截面大小因情况而异。送风管一般采用镀锌铁皮，而排风管如考虑到排烟一般采用薄钢板，如不考虑排烟也可以采用镀锌铁皮。风道截面一般采用矩形，因考虑安装高度的限制，矩形风管较容易变径，圆形风管虽有省料及阻力小等优势但变截面的灵活性较差。如果是排除颗粒较大的气体，那么就尽量选择圆管，其余的一般用矩形管。

管道系统设计计算主要是确定管道截面尺寸和压力损失，以便按照系统的总流量和总压力损失选择适当的通风机和电动机。在各种设备选型、定位和管道布置的基础上，管道系统设计通常按以下步骤进行：

① 绘制管道系统的轴测投影图，对各管段进行编号，校准长度和流量。管段长度一般按两管件中心线之间的长度计算，不扣除管件（如三通、弯头）本身的长度。

② 选择管道内的流体流速。

③ 根据各管段的流量和选定的流速确定管段的断面尺寸。

④ 确定不利管路（压力损失最大的管路），计算其压力损失，并入系统的总压力损失。

⑤ 对并联管路进行压力损失平衡计算。两支管的压力损失差相对值，对除尘系统应小于 10%，其他系统可小于 15%。

⑥ 根据系统的总流量和总压力损失选择通风机械。

 知识链接

管道系统配置的原则与方式

在大气污染控制过程中，管道输送的介质可能是各种各样的，像含尘气体、各种有害气体、蒸汽等。对这些不同的介质，在设计管道时应考虑其特殊要求，但就其共性来说，管道布置应注意以下几点。

① 布置管道时应对所有管线通盘考虑，统一布置，尽量少占有用空间，力求简单、紧凑、平整、美观，而且安装、操作和检修要方便。

② 划分系统时，要考虑排送气体的性质。可把几个集气罩集中成一个系统进行排放，但是如果污染物混合后可能引起燃烧或爆炸，则不能合并。或者不同温度和湿度的含尘气体，混合后可能引起管内结露时也不能合成一个系统。对于只含有热量、蒸汽、无爆炸危险的有害物的气体可合并为一个系统。

③ 管道布置力求顺直、减少阻力。圆形风道强度大、耗用材料少，但占用空间大，矩形风道管件占用空间小、易布置。为利用建筑空间，也可制成其他形状。管道敷设应尽量明装，不宜明装时采用暗装。

④ 管道应尽量集中成列，平行敷设，并尽量沿墙或柱子敷设，管径大的和保温管应设在靠墙侧。管道与梁、柱、墙、设备及管道之间应有一定的距离，以满足施工、运行、检修和热胀冷缩的要求。各种管件应避免直接连接。

⑤ 管道应尽量避免遮挡室内光线和妨碍门窗的启闭，不应影响正常的生产操作。

⑥ 输送剧毒物的风管不允许是正压，此风管也不允许穿过其他房间。

⑦ 水平管道应有一定的坡度，以便放气、放水、疏水和防止积尘，一般坡度为 0.002~0.005。

⑧ 管道与阀门的重量不宜支承在设备上，应设支架、吊架。保温管道的支架应设管托。焊缝不得位于支架处，焊缝与支架的距离不应小于管径，至少不得小于 200mm。管道焊缝的位置应在施工方便和受力小的地方。

⑨ 确定排入大气的排气口位置时，要考虑排出气体对周围环境的影响。对含尘和含毒的排气即使经净化处理后，仍应尽量在高处排放。通常排出口应高于周围建筑 2~4m。为保证排出气体能在大气中充分扩散和稀释，排气口可装设锥形风帽，或者辅以阻止雨水进入的措施。

⑩ 风管上应设置必要的调节和测量装置（如阀门、压力表、温度计、风量测量孔和采

样孔等），或者预留安装测量装置的接口。调节和测量装置应设在便于操作和观察的位置。

⑪ 管道设计中既要考虑便于施工，又要求保证严密不漏。整个系统要求漏损小，以保证吸风口有足够的风量。

二、管道系统图的绘制

管道系统图画法的一般要求如下（参照 GB/T50114—2010）：

① 管道系统图应能确认管径、标高及末端设备，可按系统编号分别绘制。

② 管道系统图采用轴测投影法绘制时，宜采用与相应的平面图一致的比例，按正等轴测或正面斜二轴测的投影规则绘制，可按现行国家标准《房屋建筑制图统一标准》（GB/T 50001）绘制。

③ 在不致引起误解时，管道系统图可不按轴测投影法绘制。

④ 管道系统图的基本要素应与平、剖面图相对应。

⑤ 水、汽管道及通风、空调管道系统图均可用单线绘制。

⑥ 系统图中的管线重叠、密集处，可采用断开画法。断开处宜以相同的小写拉丁字母表示，也可用细虚线连接。

图面表示的一般要求：

① 在无法标注垂直尺寸的样图中，应标注标高。标高以米为单位，精确到厘米或毫米。

② 标高符号应以直角等腰三角形表示，当标准层较多时，可只标注与本层楼（地）板面的相对标高，如图 6-9 所示。

图 6-9　相对标高的画法

③ 矩形风管所注标高表示管底标高，圆形风管所注标高表示管中心标高。当不采用此方法标注时，应进行说明。

④ 圆形风管的截面定型尺寸应以直径符号"ϕ"，表示单位应为 mm。

⑤ 矩形风管（风道）的截面定型尺寸应以"$A \times B$"表示，"A"应为该视图投影面的边长尺寸，"B"应为另一边尺寸，A、B 的单位均为 mm。

⑥ 水平管道的规格宜标注在管道的上方；竖向管道的规格宜标注在管道的左侧；双线表示的管道，其规格可标注在管道轮廓线内。

⑦ 多条管线的规格标注方式如图 6-10 所示。

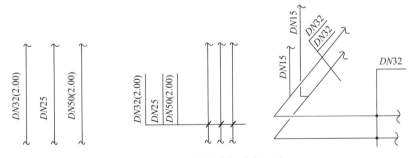

图 6-10　多条管线规格的画法

⑧ 单线管道转向的画法如图 6-11 所示。

⑨ 单线管道分支转向的画法如图 6-12 所示。

⑩ 单线管道交叉的画法如图 6-13 所示。

⑪ 管道跨越的画法如图 6-14 所示。

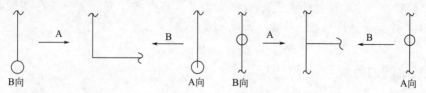

图 6-11　单线管道转向的画法　　　　图 6-12　单线管道分支转向的画法

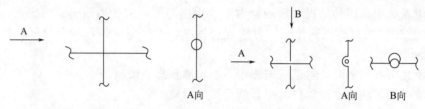

图 6-13　单线管道交叉的画法　　　　图 6-14　管道跨越的画法

三、废气流速的选择

　　风管内的风速对系统的经济性有较大影响。流速高，则风管断面小，材料消耗少，建造费用低，但是系统压力损失增大，动力消耗增加，有时甚至可能加速管道的磨损。反之，流速过低，则风管断面大，投资大，对气力输送和除尘管道还可能发生粉尘沉积而堵塞管道，但可以减少压损和运行费。所以必须进行全面的技术经济分析，选择合理的风管空气流速。根据工程经验，对于一般通风系统，其风速可按表 6-7 确定。对于除尘系统，其风管内最低空气流速可参考表 6-8。

表 6-7　一般通风系统风管内风速　　　　　　　　单位：m/s

风管部位	生产厂房机械通风		民用及辅助建筑物	
	钢管及塑料风管	砖及混凝土风管	自然通风	机械通风
干管	6～14	4～12	0.5～1.0	5～8
支管	2～8	2～6	0.5～0.7	2～5

表 6-8　除尘系统风管内最低空气流速　　　　　　单位：m/s

粉尘性质	垂直管	水平管	粉尘性质	垂直管	水平管
粉状的黏土和砂	11	13	铁和铜（屑）	19	23
耐火泥	14	17	灰土、砂土	16	18
重矿物粉尘	14	16	锯屑、刨屑	12	14
轻矿物粉尘	12	14	大块干木屑	14	15
干型砂	11	13	干微尘	8	10
煤灰	10	12	染料粉尘	14～16	16～18
湿土（2%以下水分）	15	18	大块湿木屑	18	20
钢和铁（尘末）	13	15	谷物粉尘	10	12
棉絮	8	10	麻	8	12
水泥粉尘	8～12	18～22			

四、管道断面尺寸的确定

根据各管段的风量和选定的流速，计算出各管段的断面尺寸。

计算公式：

$$D = \sqrt{\frac{4q_V}{\pi v \times 3600}} \tag{6-13}$$

式中　D——风管直径，m；

q_V——气体流量，m^3/h；

v——气体流速，m/s。

五、管道内废气压力损失的计算

对于输送气体的管道系统，因气体的密度较小，总压力损失可按下式计算：

$$\Delta p = \Delta p_1 + \Delta p_m + \sum \Delta p_i \tag{6-14}$$

式中　Δp——总压力损失，Pa；

Δp_1——摩擦压力损失，Pa；

Δp_m——局部压力损失，Pa；

$\sum \Delta p_i$——各设备压力损失之和，包括净化装置和换热器等，Pa。

（1）摩擦压力损失 Δp_1

Δp_1 是流体流经直管段时，由流体的黏滞性和管道内壁粗糙产生的摩擦力所引起的流体压力损失。Δp_1 计算公式如下：

$$\Delta p_1 = \frac{\lambda}{4R_s} \times \frac{v^2}{2}\rho \tag{6-15}$$

式中　Δp_1——单位长度摩擦压力损失，Pa/m；

v——风管内气体平均流速，m/s；

ρ——气体密度，kg/m^3；

λ——摩擦阻力系数；

R_s——风管水力半径，m。

① 线算图法计算圆管 Δp_1　圆形风管单位长度管道的摩擦压力损失，由公式 $\Delta p_1 = \frac{\lambda}{D} \times \frac{v^2}{2}\rho$ 计算较烦琐，常用线算图（图 6-15）直接计算。由图可看出，气体流量 q_V、风管管径 D、管内流速 v 和单位长度沿程摩擦压力损失 R_m 四个参数中只需要已知其中任意两个，就可以得出其他两个参数。需要注意的是，图是在大气压力 $p_0 = 101.3kPa$、温度 $t_0 = 20℃$、空气密度 $\rho_0 = 1.204kg/m$、运动黏度 $\nu_0 = 15.06 \times 10^{-6} m^2/s$、管壁粗糙度 $e = 0.15mm$ 的圆形风管等条件下得出的，当实际条件与上述条件不符时应进行修正。

② 线算图法计算矩形管 Δp_1

矩形风管在计算 Δp_1 时，可根据当量直径折算成圆管后再计算。

a. 流速当量直径 D_v：

$$D_v = \frac{2ab}{a+b} \tag{6-16}$$

按 D_v 和流速 v 在图 6-15 中查出 Δp_1。

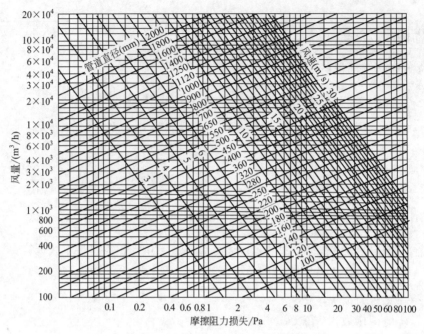

图 6-15　圆形风管沿程摩擦压力损失线算图

b. 流量当量直径 D_Q：

$$D_Q = 1.3 \frac{(ab)^{0.625}}{(a+b)^{0.25}} \tag{6-17}$$

按 D_Q 和流量 q_y 在图 6-15 中查出 Δp_1。

（2）局部压力损失 Δp_m

管件的局部压力损失 Δp_m 计算公式：

$$\Delta p_m = \xi \frac{v^2}{2} \rho \tag{6-18}$$

式中　Δp_m——局部压力损失，Pa；

　　　　ξ——局部阻力系数；

　　　　ρ——气体密度，kg/m³。

该计算式中，局部阻力系数 ξ 为重要指标，该值通常由试验确定，详见《简明通风手册》第241页。选用时需注意试验用的管件形状和试验条件，特别注意 ξ 值对应的是何处的动压值。

（3）并联管路压力平衡计算

工业企业通风系统一般来说多为并联管路，并联管路压力平衡计算要注意：一般的通风系统要求两支管的压损差不超过15%，除尘系统要求两支管的压损差不超过10%，以保证各支管的风量达到设计要求。当并联支管的压损差超过上述规定时，可用下述方法进行压力平衡。

① 调整支管管径　通过改变管径的方式，改变支管的压力损失，达到压力平衡。调整后的管径按下式计算：

$$D' = D \left(\frac{\Delta p}{\Delta p'} \right)^{0.225} \tag{6-19}$$

式中　D'——调整后的管径，m；

　　　　D——原设计的管径，m；

　　　　$\Delta p'$——为了压力平衡，要求达到的支管压力损失，Pa；

Δp——原设计的支管压力损失，Pa。

注：本方法不适用于改变三通支管的管径。

② 增大排风量　当两支管压力损失相差不大时，可不改变管径，将压力损失小的那段支管的流量适当增大，以达到压力平衡。增大的排风量按下式计算：

$$q_V' = q_V \left(\frac{\Delta p'}{\Delta p} \right)^{0.8} \tag{6-20}$$

式中　q_V'——调整后的排风量，m^3/h；

$\quad\quad q_V$——原设计的排风量，m^3/h；

$\quad\quad \Delta p'$——为了压力平衡，要求达到的支管压力损失，Pa；

$\quad\quad \Delta p$——原设计的支管压力损失，Pa。

③ 增大支管压力损失　最常用的增加局部压力损失的方法是阀门调节。它是通过改变阀门的开度，来调节管道的压力损失，这种方法简单易行，不需要严格计算，但是在改变某一支管上的阀门位置时，影响整个系统的压力分布，所以需要反复调试后才能使各支管的风量分配达到设计要求。对于除尘系统还要考虑阀门附近积灰，引起管道堵塞的问题。

（4）计算系统总压力损失 Δp

总压力损失 Δp 为最长管线（即沿程阻力最大的管线）所有干、支管压力损失总和，最后根据总压力损失和总风量选择风机。

（5）压力损失估算

在绘制通风管道系统的施工图前，必须按上述方法进行计算，确定各管段管径和压力损失。在进行系统的方案比较或申报通风系统技术改造计划时，只需要对系统的总压力损失作粗略估算即可。根据工程经验，常用通风系统风管压力损失见表 6-9，供设计参考所用，表中所列的风管压力损失只包括排风罩的压力损失，不包括处理设备的压力损失。

表 6-9　常用通风系统风管压力损失估算表

系统性质	管内风速/(m/s)	风管长度/m	排风点个数	估算压力损失/Pa
一般通风系统	<14	30	2 个以上	300～350
	<14	50	4 个以上	350～400
镀槽排风	8～12	50		500～600
炼钢电炉炉盖罩除尘	18～20	50～60	2	1200～1500（标准状况）
本工机床除尘系统	16～18	50	>6	1200～1400
砂轮机除尘系统	16～18	<40	>2	1100～1400
破碎筛分设备除尘系统	18～20	50	>3	1200～1500
	18～20	30	≤3	1000～1200
混砂机除尘系统	18～20	30～40	2～4	1000～1400
落砂机除尘系统	16～18	15	1	500～600

六、风机的选型

选择通风机时首先要根据输送气体的性质和风压范围，确定所选通风机的类型。例如：输送清洁气体时，可选择一般通风机；输送含尘气体时，选用排尘通风机；输送腐蚀性或爆炸性气体时，选用防腐蚀或防爆通风机；输送高温烟气时，选用引风机或耐温风机等。常见离心式通风机的类型和性能见表 6-10。

表 6-10 常见离心式通风机的类型和性能

型号	名称	流量/(m³/h)	介质温度/℃	功率/kW	重要用途
4-72-11No6～12	离心通风机	378～228400	20	1.1～210	一般厂房通风换气
8-18-12No4～16	高压离心式通风机	619～48800	20	1.5～410	一般冶炼炉或高压强制通风
Y4-73-11No8～20	锅炉离心式通风机	15900～32600	20	5.5～380	电站锅炉引风
G4-73-11No8～20	锅炉离心式通风机	15900～32600	20	10～550	电站锅炉引风
F4-62-1No3～12	离心式通风机	430～59580	20	1.1～5.5	输送一般酸性气体
B4-62-1No3～12	离心式通风机	430～59580	20	1.5～5.5	输送一般易挥发性气体

 想一想

以 Y4-73-11No8～20 为例解释风机具体型号数字代表的意义如下：

Y 表示用途是锅炉引风；

4 表示风机在最高效率时的全压系数乘 10 后的化整数；

73 表示风机在最高效率时的比转数；

1 表示进风形式代号（1 为单位吸，0 为双吸，2 为两级串联吸）；

1 表示第一次设计；

No8 表示风机的机号；

20 表示风机叶轮的直径为 20mm。

通风机类型确定后，即可以根据净化系统的总风量和总压力损失来确定选择通风机时所需的风量和风压。

① 风量的计算：

$$q_0 = (1 + K_1)q \tag{6-21}$$

式中 q_0——管道系统的总风量，m³/h；

K_1——安全系数，一般管道取 0～0.1，除尘系统取 0.1～0.15；

q——系统设计总风量。

② 风压的计算：

$$\Delta p_0 = (1 + K_2)\Delta p \frac{\rho_0}{\rho} = (1 + K_2)\Delta p \frac{T p_0}{T_0 p} \tag{6-22}$$

式中 Δp_0——通风机风压，Pa；

Δp——管道系统的总阻损，Pa；

K_2——安全系数，一般管道取 0.1～0.15，除尘系统取 0.15～0.20；

ρ_0, p_0, T_0——通风机性能表中给出的空气密度、压力和温度，一般 $p_0 = 1.013 \times 10^5$Pa，对于通风机 $T_0 = 20$℃、$\rho_0 = 1.2$kg/m³，对于引风机 $T_0 = 200$℃、$\rho_0 = 0.745$kg/m³；

ρ, p, T——计算运行工况下管道系统总阻损时所采用的气体密度、压力和温度。

计算出 q_0、Δp_0 后，按通风机产品样本给出的性能曲线或表格选择所需风机的型号规格。

③ 电机功率的计算：

$$N_e = \frac{q_0 \Delta p_0 K}{3600 \times 1000 \eta_1 \eta_2} \tag{6-23}$$

式中　K——电动机备用系数，对于通风机，电动机功率为 $2\sim5\mathrm{kW}$ 时取 1.2，$>5\mathrm{kW}$ 时取
　　　　　1.3，对于引风机取 1.3；

　　　η_1——通风机全压效率，一般为 $0.5\sim0.7$；

　　　η_2——机械传动效率，一般直联传动为 1，联轴器直接传动取 0.98，三角皮带传动取 0.95。

**知识链接**

管道系统的保护

1. 管道系统的防腐

废气净化系统的设备和管道大多采用钢铁等金属材料制作。金属被腐蚀后会影响工作性能，缩短使用年限，甚至造成跑、冒、滴、漏等事故（图 6-16）。因此防腐蚀是安全生产的重要手段之一。

对净化系统的防腐蚀，常采用耐腐蚀性能好的材料制作设备和管道，或在金属表面上覆盖一层坚固的保护膜。

图 6-16　管道腐蚀

（1）防腐材料的选择

通常使用的材料有以下几种：

① 各种不同成分和结构的金属材料（不锈钢、铸铁、高硅铁、铝等）。

② 耐腐蚀的五级材料（陶瓷材料、低钙硅酸盐水泥、高铝水泥等）。

③ 耐腐蚀的有机材料（聚氯乙烯、氟塑料、橡胶、玻璃钢等）。

（2）金属表面覆盖保护膜

① 在设备或管道外表面涂上防腐材料。

② 在设备表面上喷镀或电镀一层完整的金属覆盖膜。

③ 用具有较高的化学稳定性的橡胶做衬里。

④ 使用具有高度耐磨和耐腐蚀性能的铸石衬里。

2. 管道系统的防爆

在处理含有可燃性物质的气体时，净化系统必须有充分可靠的防爆措施。从理论上讲，只要使可燃物的浓度处于爆炸极限范围之外，或消除一切导致着火的火源，就足以防止爆炸的发生。但实际中由于受到一些不可控制的因素的影响，会使某一种措施失去作用。因此在防火防爆时应尽可能地杜绝一切爆炸因素的存在。常用的防火防爆措施如下：

① 保证设备、管道系统的密闭性，并把设备内部压力控制在额定范围内。

② 向可燃混合气体中加入 N_2、CO_2、水蒸气等惰性气体，使可燃物的浓度处于爆炸极限范围之外。

③ 可能引起爆炸的火源有明火、撞击与摩擦、使用电气设备等。因此，对有爆炸

危险的场所，应根据具体情况采取各种可能的措施消除火源。

④ 对有爆炸危险的净化系统，必须安装必要的检测仪器，以便能经常监视系统的工作状态，并能自动报警，以采取措施使设备脱离危险。

⑤ 在管道上设置数层金属网或砾石的阻火器，在设备出口处可设置水封式回火防止器。

⑥ 在容易发生爆炸的地点或部位（如粉料贮仓、电除尘器、袋式过滤除尘器、气体输送装置等），应设置特制的安全门。

3. 管道系统的防振

机械振动不仅会引起噪声，而且会发生共振，造成设备损坏。因此，隔振、减振也是安全生产的重要措施之一（图 6-17）。

隔振：隔振是通过弹性材料防止设备与其他结构的刚性连接，通常作为隔振基座的弹性材料有橡胶、软木、软毛毡等。

减振：减振是通过减振器降低振动的传递。在设备的进出口管道上应设置减振软接头，风机、水泵连接的风管、水管等可使用减振吊钩，以减小设备振动对周围环境的影响。它具有结构简单、减振效果好、坚固耐用等特点。

阻尼材料通常由具有高黏滞性的高分子材料做成，它具有较高的损耗因子。将阻尼材料涂在金属板材上，当板材弯曲振动时，阻尼材料也随之弯曲振动。由于阻尼材料具有很高的损耗因子，因此在做剪切运动时，内摩擦损耗就很大，使一部分振动能量变为热能而消耗掉，从而抑制了板材的振动。

图 6-17　管道防振措施

 任务小结

合理配置和设计管道系统是净化系统设计的重要环节，只有对净化装置和管道进行配置和设计计算，才能合理地选择设计净化系统的通风机和泵等流体输送设备，以及进行运行控制设计等。

 任务实践评价

工作任务	考核内容	考核要点
废气管道系统的设计计算	基础知识	常用集气罩的类型
		管路系统设计的步骤和方法
		风机的类型和结构

续表

工作任务	考核内容	考核要点
废气管道系统的设计计算	能力训练	知识的归纳和分析能力
		对比思维能力的训练
		计算能力
		系统思维的训练

项目思维导图

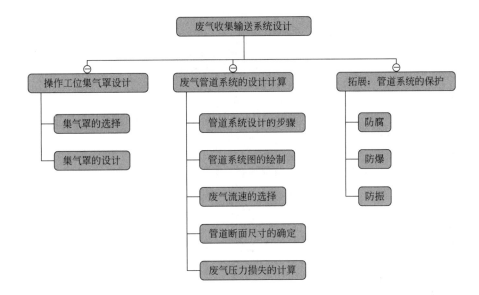

项目技能测试

1. 根据现场测定，已知某外部集气罩连接管直径 $D=200\text{mm}$，连接管中的静压 $p=-55\text{Pa}$，且已知该罩的流量系数为 0.82，罩口尺寸 $A×B=500\text{mm}×600\text{mm}$，假定气体密度 $\rho=1.2\text{kg/m}^3$，试确定：

(1) 该集气罩的排风量；

(2) 集气罩罩口的吸入速度；

(3) 集气罩的压力损失。

2. 某台上侧吸条缝罩，罩口尺寸 $B×L=150×800\text{mm}$，距罩口距离 $x=350\text{mm}$ 处吸捕速度为 0.26m/s，试求该罩吸风量。

参考文献

[1] GB 3095—2012 环境空气质量标准.

[2] GB 13271—2014 锅炉大气污染物排放标准.

[3] HJ 2.2—2018 环境影响评价技术导则 大气环境.

[4] HJ 633—2012 环境空气质量指数（AQI）技术规定（试行）.

[5] 刘世昕. $PM_{2.5}$ 数据：环保部门为何和美国使馆"打架"[N].中国青年报,2012-6-6(1).

[6] HJ 194—2017 环境空气质量手工监测技术规范.

[7] 潘琼. 大气污染控制工程案例教程[M]. 北京：化学工业出版社,2014:1-10.

[8] 吴忠标. 实用环境工程手册 大气污染控制工程[M]. 北京：化学工业出版社,2001:1-13.

[9] 郭正,杨丽芳. 大气污染控制工程[M]. 北京：科学出版社,2013:1-43,86-98.

[10] HJ 953—2018 排污许可证申请与核发技术规范 锅炉.

[11] 第一次全国污染源普查工业污染源产排污系数手册第 10 分册[M].国务院第一次全国污染源普查领导小组办公室.4430 热力生产和供应行业（包括工业锅炉）.

[12] 环保部. 纳入排污许可管理的火电等 17 个行业污染物排放量计算方法（含排污系数、物料衡算方法）（试行）[R].环发〔2017〕81 号,2017:202-253.

[13] 徐衍忠. 环境监测报告编写规范与管理[J]. 甘肃环境研究与监测,2002,15(4):253-255.

[14] 孟志浩. 燃煤锅炉烟气量及 NO_x 排放量计算方法的探讨[J]. 环境污染与防治,2009,31(11):107-109.

[15] 国家环境保护总局. 关于修改《火电厂烟气脱硫工程技术规范 烟气循环流化床法》（HJ/T 178—2005）等两项国家环境保护标准的公告[EB/OL].[2008-01-23] http://www.sepa.gov.cn/info/gw/gg/200801/t20080123116760.htm.

[16] 国务院. 十二五节能减排综合性工作方案[R]. 国发〔2011〕26 号,2011.

[17] GB 13223—2011 火电厂大气污染物排放标准.

[18] GB 28662—2012 钢铁烧结、球团工业大气污染物排放标准.

[19] 煤电烟气污染控制技术与装备发展报告[C]. 中国环境保护产业协会.

[20] 燕中凯,刘媛,岳涛,闫骏,韩斌杰. 我国烟气脱硫工艺选择及技术发展展望[J]. 环境工程,2013:58-61.

[21] 宋立华. 火力发电厂氨法烟气脱硫技术研究[D]. 天津：天津大学,2008.

[22] 杨松. 分析火力发电中的机组锅炉烟气脱硫技术[J]. 科技创业家,2012(21):67-68.

[23] 汤静芳,李富智,郑建新. 武钢烧结旋转喷雾干燥法脱硫运行实践[J]. 武钢技术,2016,54(5):1-5.

[24] 赵玉. 长三角地区钢铁行业烟气污染控制技术评价研究[D]. 杭州：浙江大学,2017.

[25] 李守信,于军玲,纪立国,方小宝. 石灰石-石膏湿法烟气脱硫工艺原理[J]. 华北电力大学学报,2002,29(4):91-94.

[26] 卢艺刚. 工业锅炉废气治理的必要性及相关工艺探讨[J]. 中国资源综合利用,2018,36(2):103-105.

[27] 陈观福寿,黄斌香. 聚四氟乙烯覆膜无缝滤袋在水泥行业粉尘的"超净排放"应用探讨[J]. 新材料产业,2017(12):47-50.

[28] 刘江峰. 新型复合滤料在水泥高温烟气净化中的应用[A]. 中国建材集团水泥科技培训中心.2017 水泥工业污染防治最佳使用技术研讨会会议文集[C]. 中国建材集团水泥科技培训中心：中国硅酸盐学会,2017:3.

[29] 叶猛. 新型干法水泥窑颗粒物排放特性研究[A]. 北京：工业建筑杂志社,2017:7.

[30] 何宏. 芳纶纤维过滤材料的应用[J]. 玻璃纤维,2017(4):32-35,39.

［31］ 吴军平．窑头和窑尾袋式除尘器滤料的应用分析［J］．新世纪水泥导报，2017，23（2）：66-69.

［32］ 罗如生．不同烟温下低低温电除尘器粉尘脱除能力的比较分析［J］．龙岩学院学报，2016，34（2）：133-136.

［33］ 赵明杰．湿式电除尘器对燃煤电厂细颗粒物去除的研究［D］．秦皇岛：燕山大学，2016.

［34］ 李海英，张滔，滕军华，姬爱民，吴海东．转炉干法除尘系统粉尘特性实验研究［J］．工业加热，2016，45（2）：51-54，57.

［35］ 樵献兰．5000t/d水泥生产线收尘系统的工艺设计［J］．水泥工程，2014（3）：5-8.

［36］ 吴刚，穆璐莹，王健，施勇．袋式除尘技术与水泥工业 $PM_{2.5}$ 粉尘的控制［J］．中国环保产业，2013（6）：26-28.

［37］ 翁杰．电除尘器除尘效率的影响因素分析［J］．水泥技术，2013（3）：102-104.

［38］ 邵毅敏，郭廷立，熊绍武，雷钦平，王定国，王杰．烟气和粉尘性质对除尘效率影响的仿真研究［J］．环境工程学报，2012，6（5）：1647-1652.

［39］ 蔡新春，武卫红，张玉平，苗琦，周继选．循环流化床锅炉除尘设备的选择及现状［J］．山西电力，2008（2）：25-28.

［40］ 高军凯，黄超，田莉．提高电除尘器除尘效率措施的研究进展［J］．环境污染与防治，2007（10）：763-766，780.

［41］ 朱峰．电除尘器除尘效率影响因素分析及应用［J］．湖北电力，2007（3）：58-60.

［42］ 王丽萍，周敏，张红梅．粉尘性质对电除尘器性能影响的试验研究［J］．环境污染与防治，2004（1）：75-77.

［43］ 王富勇．湿式石灰石-石膏法脱硫技术及分析［J］．上海电力学院学报，2005，21（2）：132-136.

［44］ 赵毅，沈艳梅．湿式石灰石-石膏法烟气脱硫系统的防腐蚀措施［J］．腐蚀与防护，2009（7）：495-498.

［45］ 吴杨．湿式石灰石-石膏法脱硫工艺的改进［J］．宁夏电力，2009（2）：40-43.

［46］ 汪波．巧雾干燥法烟气脱硫工艺［J］．环境保护，1995（9）：15-17.

［47］ 杨源田，赵世霞，冯振堂．喷雾干燥法烟气脱硫技术及其应用［J］．氮肥技术，2009，30（4）：16-17，44.

［48］ 谷吉林．旋转喷雾干燥法（SDA）脱硫工艺系统的应用研究［J］．中国环保产业，2007（6）：38-42.

［49］ 周敏．电厂烟气喷雾干燥法脱硫的理论研究［J］．煤矿环境保护，1994，8（3）：28-30.

［50］ 陈丽萍，邓荣喜．喷雾干燥法与石灰石-石膏法脱硫工艺比较［J］．广州化工，2009，37（6）：179-181.

［51］ 李小丽．旋转喷雾干燥法在大型烧结烟气脱硫中的应用［A］．中国金属学会、中国金属学会炼铁分会．2010年全国炼铁生产技术会议暨炼铁学术年会文集（下）［C］．中国金属学会、中国金属学会炼铁分会：中国金属学会，2009：6.

［52］ 颜岩，彭晓峰，王补宣．循环流化床内烟气脱硫模拟分析［J］．中国电机工程学报，2003，23（11）：177-181.

［53］ 姜自荣，马双忱，赵怀逮．烟气循环流化床脱硫技术的应用［J］．吉林电力，2005（3）：42-44.

［54］ 贾吉林．烟气循环流化床脱硫后净烟气达标排放的研究［D］．北京：华北电力大学，2008.

［55］ 卞京凤，郭斌．半干法循环流化床脱硫副产物的综合利用［J］．河北工业科技，2009，26（1）：40-43.

［56］ 汪波，王莹．喷雾干燥法在垃圾焚烧尾气净化中的应用［J］．中国环保产业，2005（7）：26-29.

［57］ 杨冬，徐鸿．SCR烟气脱硝技术及其在燃煤电厂的应用［J］．电力环境保护，2007，10（1）：49-51.

［58］ 管一明，张伯溪，关越．选择性非催化还原法烟气脱氮氧化物工艺［J］．电力科技与环保，2006，22（4）：15-19.

［59］ Miller J A, Bowman C T. Erratum: Mechanism and modeling of nitro-gen chemistry in combustion［J］. Progress in Energy & Combustion Science, 1990, 16（4）: 287-338.

［60］ 程宏亮．脱硝技术及研究进展［J］．轻工科技，2017，33（4）：103-105，112.

［61］ 中华人民共和国环保部．2016年环境状况公报［R］. http://www.zhb.gov.cn/hjzl/zghjzkgb/lnzghjzkgb.

［62］ 顾庆华，胡秀丽．SCR脱硝反应区域运行温度影响因素研究［J］．洁净煤技术，2015，21（2）：77-80.

［63］ 王天泽，楚英豪，郭家秀，等．烟气脱硝技术应用现状与研究进展［J］．四川环境，2012，31（3）：106-110.

［64］ 曹铭. 浅析工业锅炉 SCR 烟气脱硝技术［J］. 内燃机与配件，2010：33-34.

［65］ 周俊虎，卢志民，王智化，等. 氨还原剂 NO_x 还原反应剂热分解的试验研究［J］. 电站系统工程，2006，22（1）：4-7.

［66］ 胡浩毅. 以尿素为还原剂的 SNCR 脱硝技术在电厂的应用［J］. 电力技术，2009，3：22-25.

［67］ 姜成春. 大气污染控制技术［M］. 北京：中国环境出版社，2009.

［68］ 何昆. 一种燃煤锅炉烟气 NO_x-SO_2 合脱除新工艺的研究［D］. 北京：北京交通大学，2012.

［69］ 中国环境保护产业协会脱硫脱硝委员会. 我国脱硫脱硝技术的发展及应用［J］. 中国环保产业，2014（8）：18-21.

［70］ 李继莲. 烟气脱硫实用技术［M］. 北京：中国电力出版社，2008.

［71］ 郝正平. 挥发性有机污染物排放控制过程、材料与技术［M］. 北京：科学出版社，2016.

［72］ 李守信. 挥发性有机物污染控制工程［M］. 北京：化学工业出版社，2017.

［73］ 叶代启. 工业挥发性有机物的排放与控制［M］. 北京：科学出版社，2016.

［74］ 王纯，张殿印，王海涛. 废气处理工程技术手册［M］. 北京：化学工业出版社，2013.

［75］ 郝吉明，马广大. 大气污染控制工程［M］. 3 版. 北京：高等教育出版社，2010.

［76］ 刘琪，刘泽航. 印刷行业有机废气治理工程实例［J］. 环境科技，2016（29）：47-49.